실전편
Fusion 360 한글판 with Arduino

자동펌핑기/리쏘페인 무드등 만들기

실전편

Fusion 360 한글판 with Arduino

자동펌핑기/리쏘페인 무드등 만들기

2021년 11월 11일 1판 1쇄 발행

저　　자　이건호
발 행 자　정지숙
마 케 팅　김용환

발 행 처　(주)잇플ITPLE
주　　소　서울 동대문구 답십리로 264 성신빌딩 2층
전　　화　0502.600.4925
팩　　스　0502.600.4924
홈페이지　www.itpleinfo.com
이 메 일　itpleinfo@naver.com
카　　페　http://cafe.naver.com/arduinofun

ISBN　979-11-91198-12-6　13500

3D

Fusion 360 한글판 실전편 with Arduino

머리말

어렸을 적 종이비행기를 접고, 찰흙으로 조형물을 만들었던 경험이 다들 있을 것입니다. 어쩌면 무언가를 만들고 싶어 하는 것은 인간의 본능이 아닐까요? 문자가 없던 고대시대에도 인간은 동굴에 무언가를 그리며 창작 활동을 해왔습니다. 창작 활동은 인류만이 할 수 있는 고유한 능력입니다. 인류는 이러한 활동을 통해 창의성을 발휘하고 융합적인 사고를 하며 더 나아가 자아실현을 하게 됩니다.

그러면 단순한 창작 활동을 넘어서 조금 더 쓸 만한(?) 무언가를 개인이 만들 수 있을까요? 예전까지만 해도 개인이 수준 높은 무언가를 만드는 것은 쉬운 일이 아니었습니다. 외형을 만들기 위해서는 금형을 제작해 주물을 찍어내야 하며 전문가들이 사용하는 프로그래밍 언어를 알아야만 각종 부품을 원하는 대로 작동시킬 수 있었습니다. 금형 제작에는 수천만 원이 들며 전기 회로와 프로그래밍 언어를 다루는 것은 일부의 사람만이 가능한 것으로 여겨졌습니다.

그러나 3D프린터와 아두이노의 대중화는 일반인들에게 적은 노력과 수고로 원하는 것을 손쉽게 만들 수 있게 해줬고 개인의 창의성을 무한하게 발휘할 수 있게 해주었습니다. 즉, 3D프린터와 아두이노만 있으면 우리의 독특한 아이디어를 실제 사물로 만들어 낼 수 있게 된 것입니다.

저는 무작정 생각나는 아이디어를 바탕으로 직접 만들기 시작했습니다. 간단히 만들 수 있는 무드등부터 고려할 요소가 많은 자동 손 세정제, 아이언맨 헬멧까지……. 3D모델링과 코딩 이외에도 해결해야 할 문제들이 많이 발생했고, 아이디어를 현실로 만드는 과정은 생각보다 녹록하지가 않았지만, 그 과정에서 얻을 수 있는 것은 생각보다 많았습니다. 보통 제작자들이 고민하는 제품 디자인, 부품들 간의 호환성, 사용자의 편의성 등의 융합적인 사고 과정을 저도 모르는 사이 체득하고 있었습니다. 그렇게 만든 결과물은 제가 생각했던 것 이상으로 반응이 좋아 메이커로서의 자신감을 키울 수 있었습니다.

이 책은 제가 겪었던 메이킹 과정을 여러분들이 경험해 볼 수 있도록 하자는 마음으로 출간된 책입니다. 그래서 이 책이 지향하는 것은 정해진 작품을 단순히 따라 만드는 것이 아니라 나만의 아이디어로 원하는 것을 직접 만들어 내는 것입니다. 아두이노, LED, 각종 모터와 센서 등 여러 부품을 이용하여 여러분의 아이디어를 현실로 만들어 내는 것입니다.

하지만 아무 기초 없이 무언가를 만들어 낸다는 것은 굉장히 어려운 일입니다. 그래서 책에 제시된 예제를 따라 하면서 3D 모델링과 아두이노 코딩에 대한 기초를 익히고 그것들을 바탕으로 새로운 무언가를 만드는 것이 이 책의 목표입니다. 책에 있는 내용은 정답이 아니라 하나의 가이드라인입니다. 따라서 여러분은 이 책을 읽고 창의적인 아이디어를 반영하여 더 멋진 작품을 만들 수 있습니다.

3D프린터와 아두이노의 융합 작품인 리쏘페인 무드등, 자동 손 세정제 등의 예시 작품을 제시하고 있으며, 여러분의 의도대로 쉽게 바꿀 수 있도록 노력하였습니다. 예를 들어 스마트 폰으로 조종하는 무드등의 갓으로 저자는 3D프린팅을 이용한 리쏘페인을 사용하였으나, 다이소 상점에서 판매하는 것을 이용할 수도 있습니다. 또는 한지나 여러 재료를 이용하여 얼마든지 다르게 제작하는 것이 가능합니다.

저자는 메이킹(Making)에서 그냥 똑같이 따라 하는 것은 바람직하지 않다고 생각합니다. 어느 정도 개념과 원리를 이해하고 여러분의 생각을 최대한 반영하여 여러분만의 작품을 만드시길 바랍니다. 그 과정에서 이 책에서 강조하고 있는 문제해결력과 창의적 사고, 융합적인 사고를 자연스럽게 기를 수 있을 것입니다.

이 책이 나오기까지 임신 중의 힘든 몸으로도 집필에 대한 지지를 아끼지 않았던 아내와 우리 부부를 이 세상에 존재하게 해주신 부모님께 무한한 감사를 드리며 그 와중에 예쁘게 태어난 사랑스러운 딸, 예린이에게 이 책을 바치고 싶습니다.

차 례

Fusion 360 한글판 실전편 with Arduino

Chapter 1

퓨전360

1. 퓨전360 프로그램 설치

2. 화면 구성(인터페이스)

01 퓨전360 프로그램 설치

프로그램을 다운 받아보겠습니다. 퓨전360은 윈도우와 MAC 운영체제 모두에서 사용 가능하지만 운영체제가 64비트인 경우에만 설치가 됩니다. 하드웨어의 성능에 따라 처리 속도는 달라질 수 있습니다.

포털사이트의 검색창에 오토데스크(autodesk)라고 입력합니다. 또는 인터넷 주소창에 www.autodesk.co.kr 를 입력합니다. 아래와 같은 창이 열리면 지구 모양의 버튼을 눌러 언어를 한국어로 바꾸고 로그인 버튼을 누릅니다.

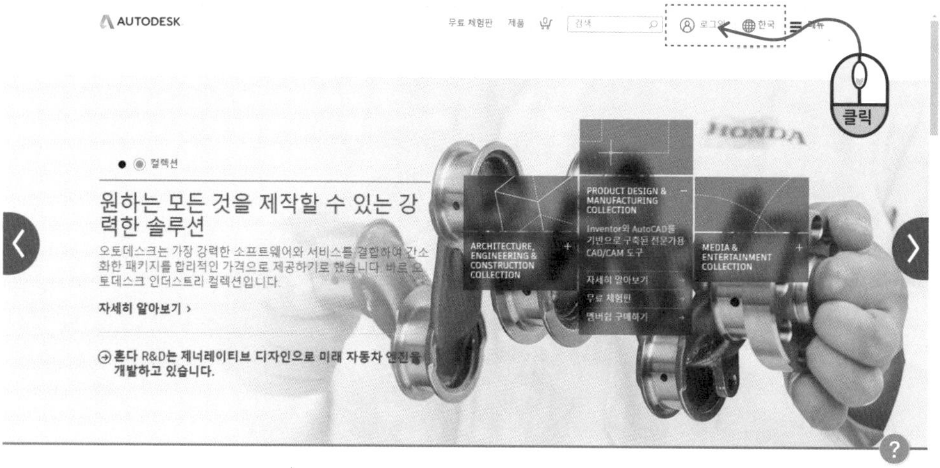

계정이 있는 경우에는 로그인하면 되고 없는 경우에는 회원가입을 합니다.

회원가입을 해야 한다면 계정 작성 버튼을 누릅니다.

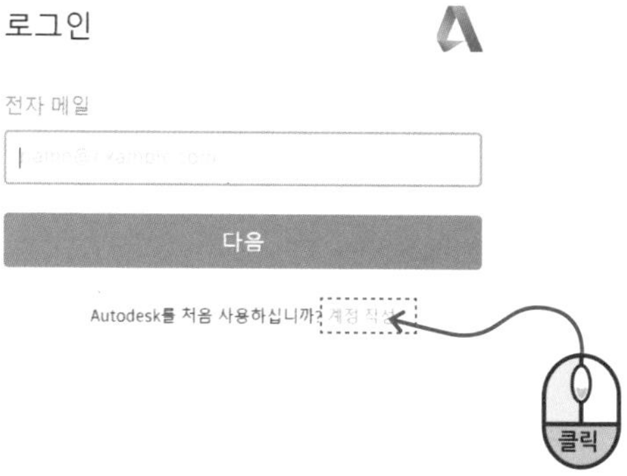

빈칸의 내용을 입력하고 계정작성 버튼을 누르면. 또 하나의 창이 열립니다.

완료 버튼을 누릅니다.

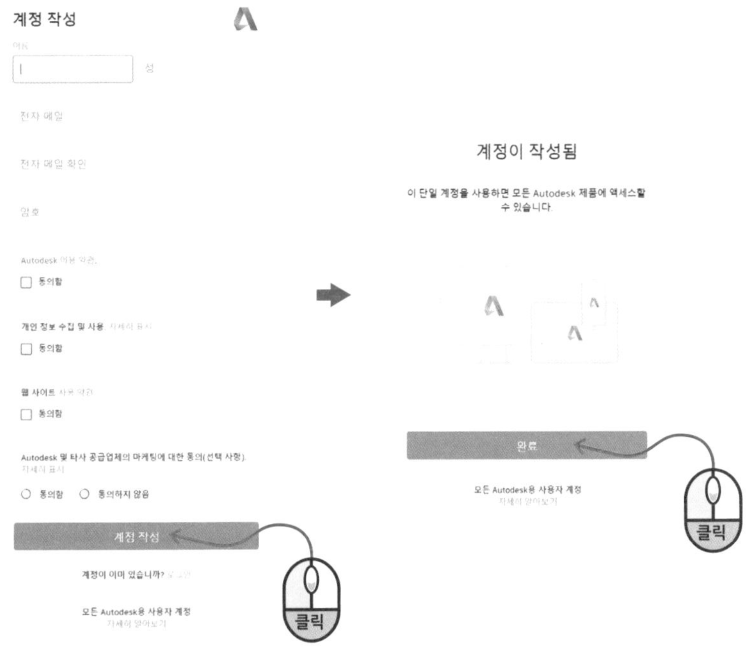

이메일에서 확인하는 것이 필요하다고 나옵니다. 확인 메일 받기를 누르고 입력했던 이메일로 가보면 오토데스크에서 메일이 와있을 것입니다.

메일을 열어서 확인 버튼(Verify)을 누르면 계정이 생성이 완료됩니다.

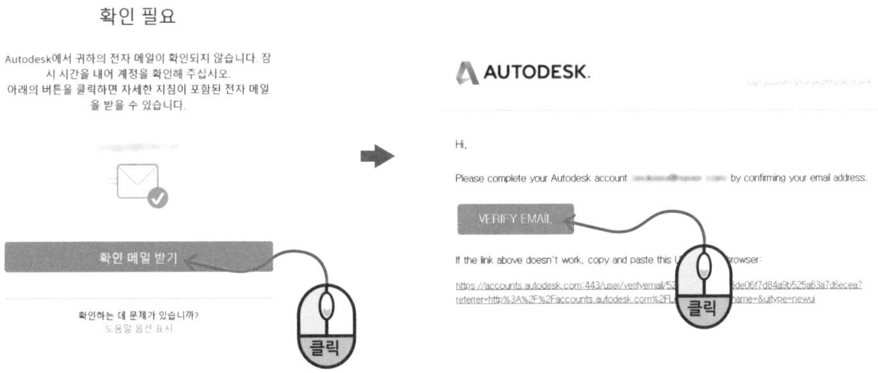

오토데스크(Autodesk) 홈페이지에서 생성된 계정으로 로그인을 하면 계정의 2차 보안을 할 수 있는 창이 열립니다. GET STARTED를 눌러 실행할 수 있으며 아래의 REMIND ME LATER(나중에 합니다)을 눌러 나중에 실행할 수 있습니다.

REMIND ME LATER를 누릅니다.

Protect your account
Set up an extra layer of protection with 2 step verification
With 2 step verification, you will need to enter a security code that is generated to your authentication app each time you sign in
It's free and you will enjoy a more secured experience. All it takes is a couple of minutes
GET STARTED
NOT READY? REMIND ME LATER
클릭

화면의 아래쪽으로 내려가면 그림과 같은 화면이 보입니다. 여기서 무료체험판을 클릭합니다.

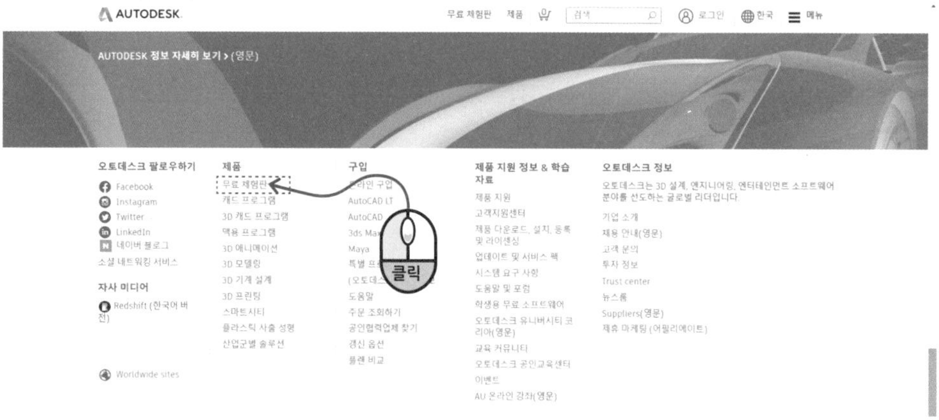
AUTODESK
오토데스크 팔로우하기
제품
구입
제품 지원 정보 & 학습 자료
오토데스크 정보
클릭

그러면 다음과 같은 화면이 나옵니다.

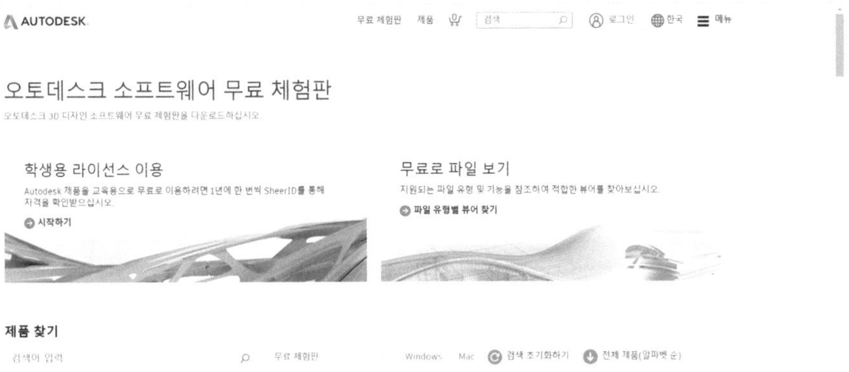

아래쪽으로 스크롤을 내려 보면 Fusion360이 있습니다. FUSION 360을 클릭합니다.

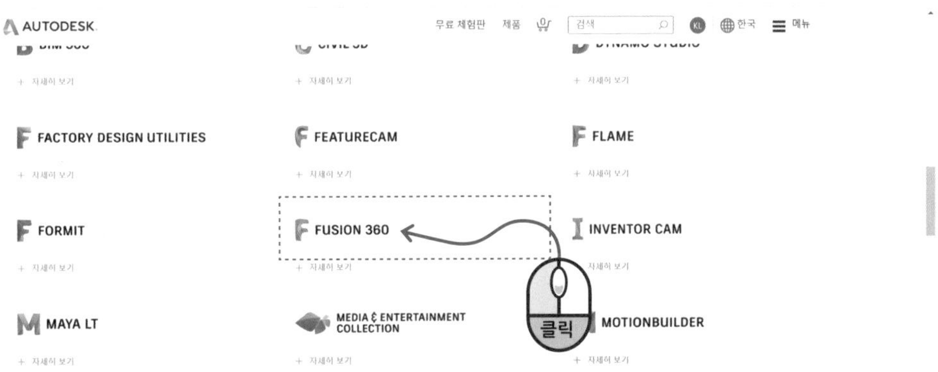

사용 용도에 따라 3가지 중 하나를 선택해야 합니다.

개인 · 취미 사용, 무료 평가판 사용(1개월), 교육적 사용 등 3가지로 구분됩니다.

개인사용과 교육적 사용은 1년간만 사용할 수 있는 것은 아니고 1년마다 갱신을 하면 계속 사용할 수 있습니다. 개인 · 취미용을 선택합니다.

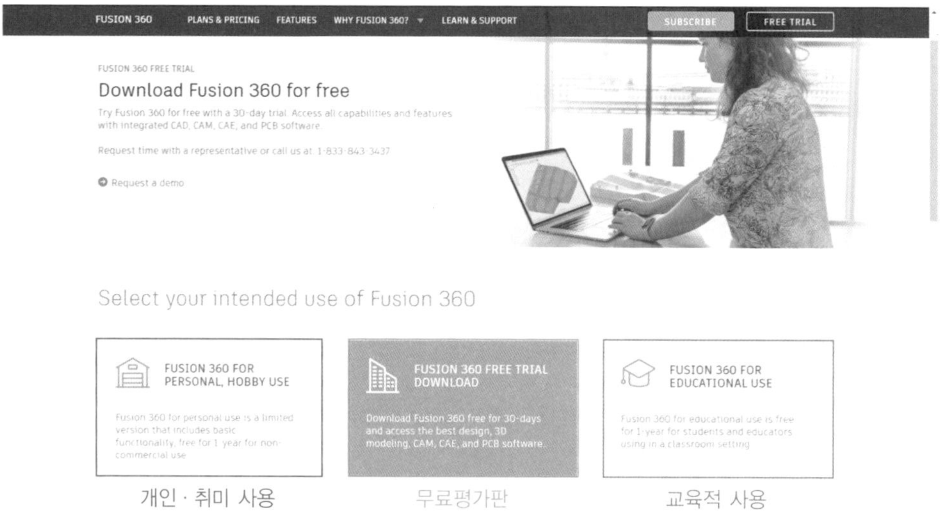

창이 열리면 〈무료〉–〈시작〉 버튼을 누릅니다.

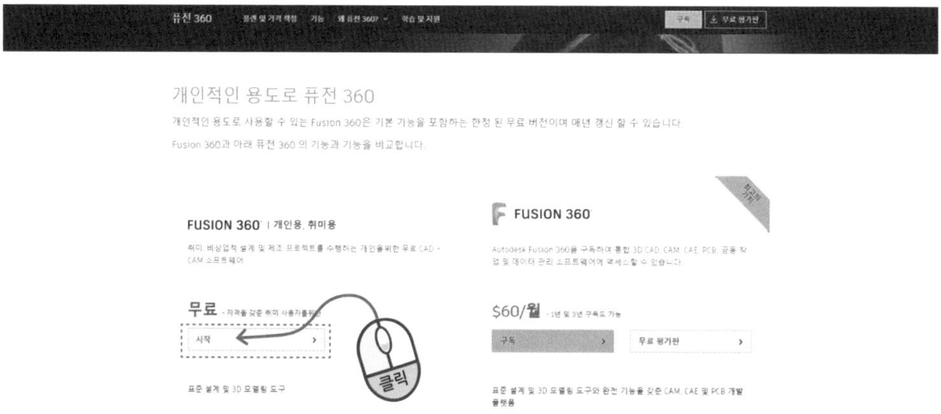

오토 데스크 로그인을 하기 위해 입력하였던 정보 외에 추가 정보를 입력하고 다음 버튼을 누릅니다.

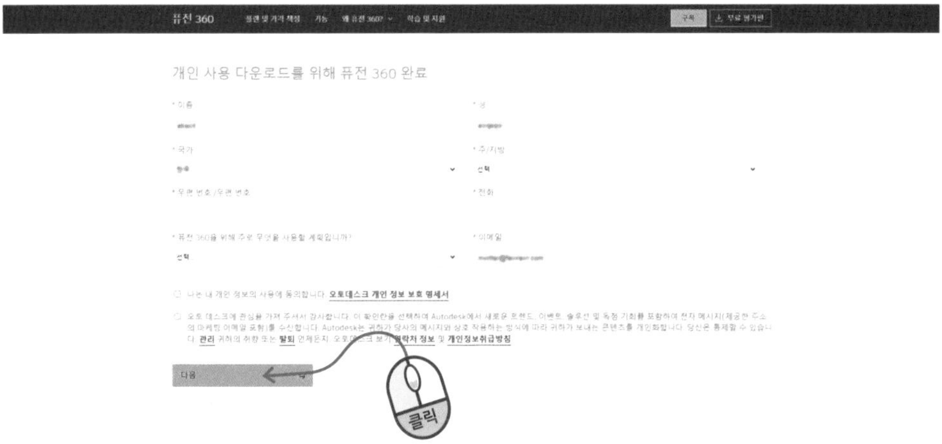

무료다운로드를 누르면 프로그램 설치 파일을 다운 받을 수 있습니다. 일반적으로 다운로드된 파일은 다운로드의 경로를 변경하지 않았다면 다운로드 폴더에 저장됩니다.

다운로드 받은 파일을 실행하여 프로그램을 설치합니다.

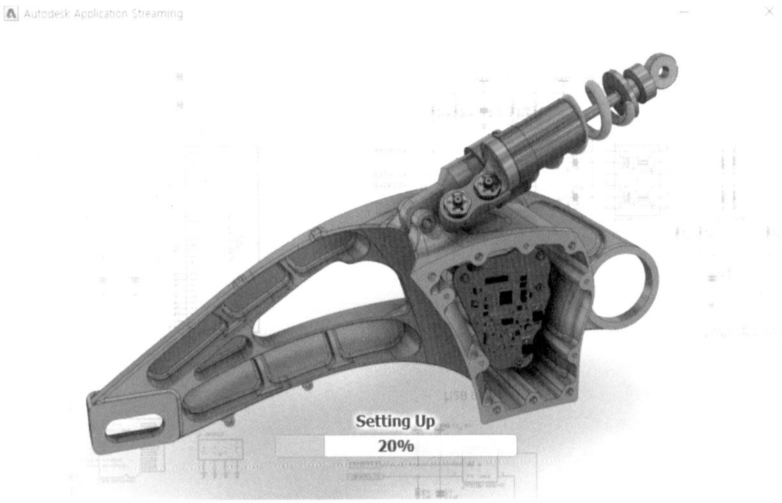

설치가 완료되면 Create a Team(팀 만들기)이라는 화면이 나옵니다. 퓨전 360은 팀워크로 모델링 작업이 가능하므로 제공하는 메시지입니다. 이름은 만들고 싶은 이름으로 만들면 되고 수정할 수도 있습니다.

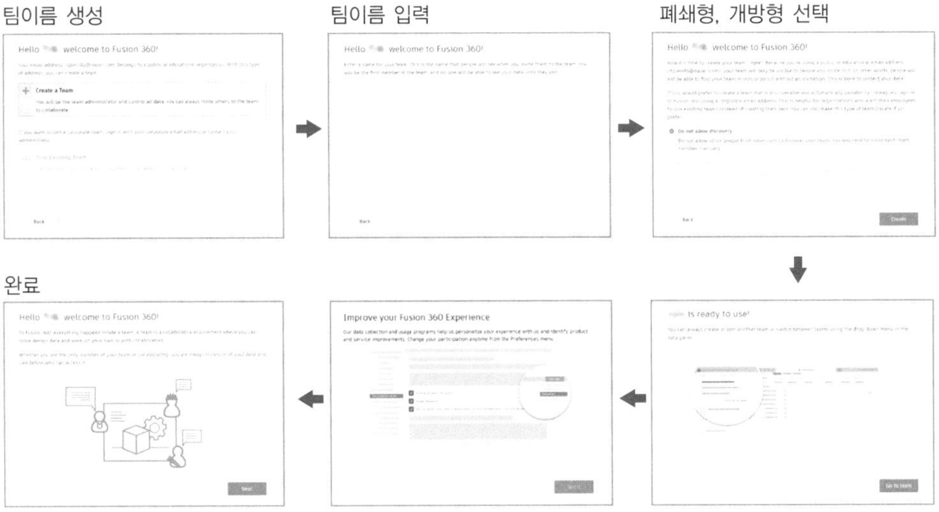

프로그램이 설치되고 프로그램이 열립니다. 다음과 같은 화면이 보인다면 퓨전360이 성공적으로 설치된 것입니다.

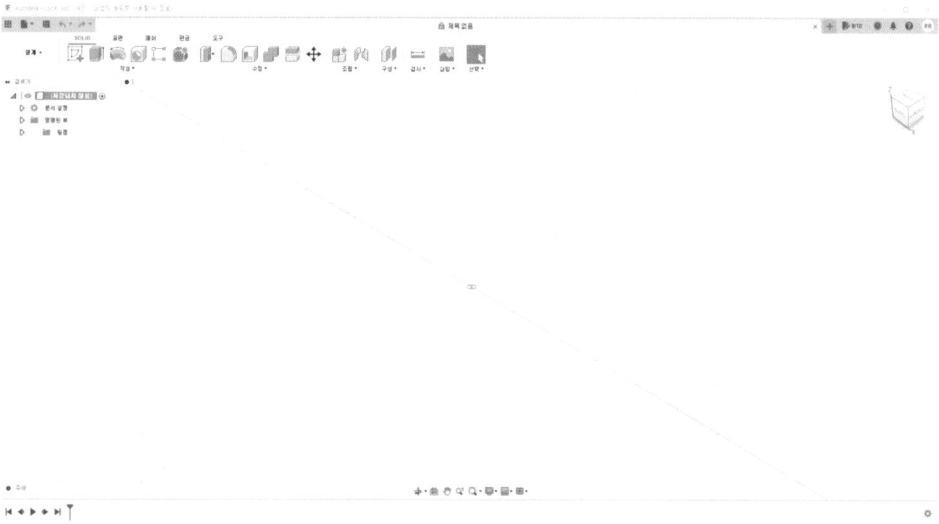

위쪽에 (개인 - 상업적 용도로 사용할 수 없음)라는 것이 뜨면 개인 취미 사용자용으로 1년간 사용할 수 있고 그 이후에도 갱신을 통해 계속 사용할 수 있습니다.

02 화면 구성(인터페이스)

비슷한 기능을 하는 메뉴들을 묶어서 나눠보니 전부 12개의 부분으로 이루어져 있습니다.

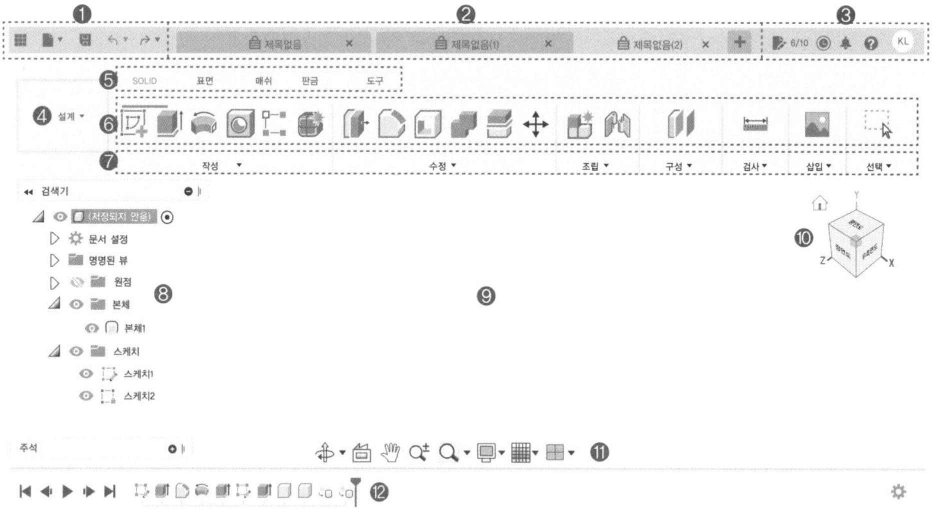

❶ 파일 메뉴 ❷ 파일 탭 ❸ 개인 설정 창 ❹ 작업모드
❺ 세부모드 ❻ 실행 아이콘 모음(Tool bar) ❼ 세부 메뉴 ❽ 검색기(Browser)
❾ 작업창 ❿ 뷰큐브(View Cube) ⓫ 네비게이션바(Navigation Bar) ⓬ 타임라인(Time line)

1. 파일 메뉴

❶ 데이터 패널 표시(Show Data Pannel) ❷ 파일(File) ❸ 저장(Save)
❹ 명령취소(Undo) ❺ 명령복귀(Redo)

❶ 클라우드 파일 보기(Show data panel) / 클라우드 파일 감추기(Hide data panel)

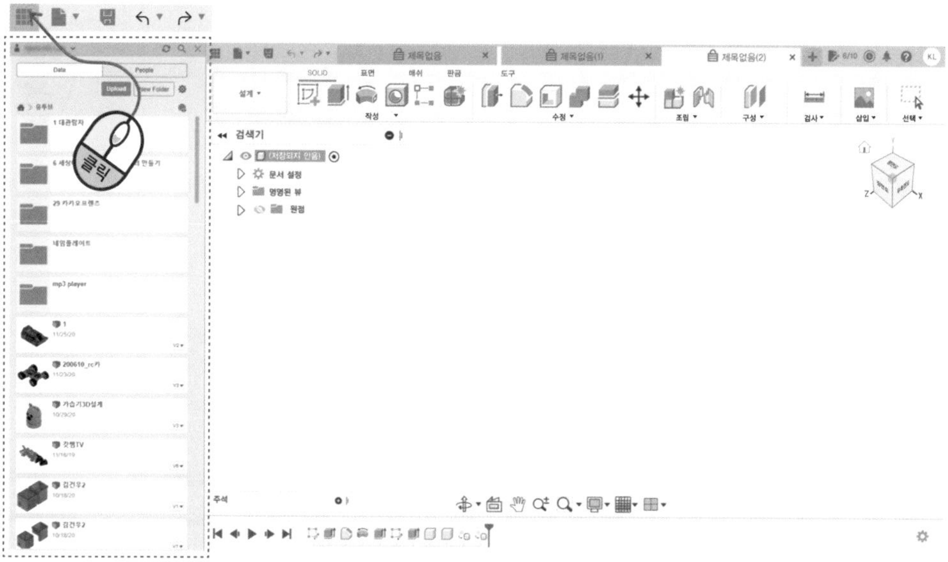

클라우드에 저장되어 있는 파일들을 볼 수 있습니다. 폴더처럼 저장하는 방식으로 가장 상위가 프로젝트이고 그 하위에 폴더 또 그 하위에 파일이 있습니다. ▦ 버튼을 누르면 나타나고 다시 누르면 사라집니다. 이 패널에서 열고 싶은 파일을 더블 클릭하면 파일이 열립니다. 여러 컴퓨터에서 작업하더라도 파일을 이동하지 않아도 되기 때문에 편리합니다.

또, 저장 시점에 따라 버전별로 구분되어 저장되기 때문에 실수가 있는 경우도 예전 파일로 작업할 수 있습니다. 파일을 보면 V1, V2 등의 표시가 있는데 이건 저장 시점에 따른 파일 버전을 나타냅니다. 예를 들면 "V3"이라고 표시돼 있다면 3개의 버전이 존재한다는 것입니다. "V3" 옆에 역삼각형을 누르면 아래에 버전별 파일이 나타납니다. 버전에 간단한 메모도 할 수 있습니다.

폴더를 만들려면 새 폴더(New Folder) 버튼을 누르면 됩니다. 폴더 안에 폴더를 만들 수도 있습니다. 폴더에 마우스 오른쪽 버튼을 누르면 폴더 이름을 바꾸거나 삭제할 수 있습니다.

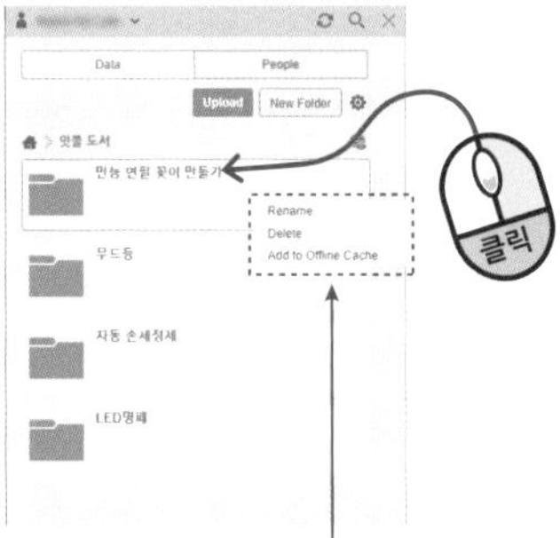

❷ 파일(File) : 파일을 열거나 저장하기, 내보내기 등 파일과 관련된 메뉴들이 모여 있습니다. 버튼을 누르면 메뉴가 나타납니다.

❶ 새로운 디자인 파일을 엽니다.

❷ 새로운 전자설계 디자인 파일을 엽니다.(PCB관련)

❸ 새로운 전자 라이브러리를 엽니다.(PCB관련)

❹ 디자인이나 애니메이션에서 작업한 파일을 바탕으로 도면을 생성합니다.

❺ 새로운 도면 템플릿을 만듭니다.

❻ 클라우드나 컴퓨터에 저장돼 있는 파일을 엽니다.

❼ 프로그램이 비정상적으로 종료되었을 때 파일을 복구합니다.

❽ 컴퓨터에 있는 파일을 클라우드로 업로드 합니다.

❾ 파일을 저장합니다.

⓬ stl파일로 변환하거나 다른 프로그램으로 내보냅니다.

⓭ 현재 화면을 이미지로 내보냅니다.

⓮ 특정 사이트에 파일을 공유합니다.

⑩ 다른 이름으로 파일을 저장합니다.

⑪ 다양한 형태의 파일 형식으로 내보내기를 합니다.
f3d, jpt, dwg, dxf, fbx, jgs, jges, obj, sat, skp, smt, stp, step, stl 파일로 내보낼 수 있습니다.
퓨전360의 확장자는 f3d입니다.

⑮ 인터넷 웹페이지에서 클라우드에 저장된 파일을 엽니다.
웹상에서도 파일을 업로드하거나 이동, 삭제, 폴더 생성 등의 관리를 할 수 있습니다.

⑯ 화면 구성 요소 중에서 뷰큐브, 브라우저, 코멘드, 텍스트 코멘드, 네비게이션바, 데이터 패널 등을 보이게 또는 보이지 않게 설정할 수 있습니다.

❸ 저장하기(Save)

❹ 명령취소(Undo)

❺ 명령복구(Redo)

2. 파일 탭

현재 작업하고 있는 파일의 파일명이 나타납니다. 동시에 여러 파일을 작업하고 있는 경우 여러 탭이 나타납니다. 해당 탭 끝의 X버튼을 누르면 파일을 닫을 수 있고 우측의 +버튼을 누르면 새로운 파일을 열 수 있습니다.

3. 개인 설정 창

❶ **용량** : 편집가능한 문서의 개수를 보여줍니다.

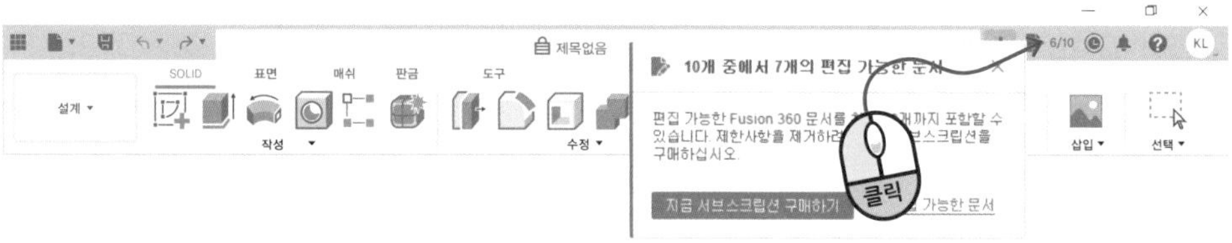

❷ **작업상태** : 온라인과 오프라인을 선택할 수 있는 곳입니다. 오프라인으로도 작업이 가능합니다. 작업 상태 보기는 업데이트 등이 있으면 그것을 안내하는 곳입니다.

❸ **알림 센터** : 알림을 제공합니다.

❹ **도움말** : 사용자를 위한 다양한 내용이 안내됩니다. 학습, 퀵셋업, 커뮤니티 등의 기능을 제공합니다.

❺ **사용자명** : 오토데스크 계정 확인

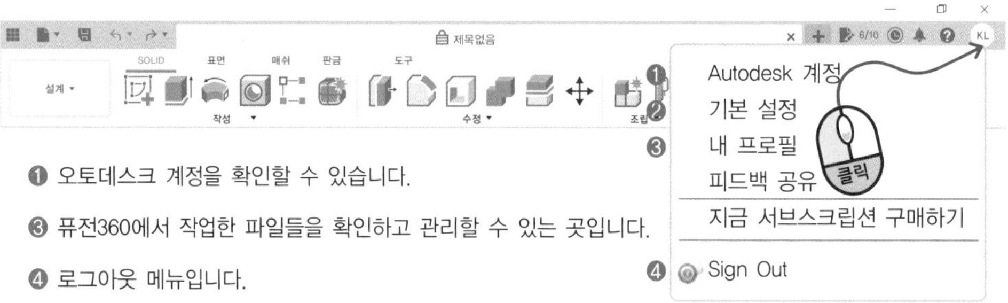

❷ 이곳에서 사용자가 원하는 대로 설정을 바꿔줄 수가 있습니다. 가장 기본적인 것이 사용자 언어를 선택하는 것입니다.

퓨전360은 다양한 언어로 설정할 수 있습니다. 독일어, 영어, 스페인어, 프랑스어, 이탈리아어, 일본어, 한국어, 중국어 등을 선택할 수 있습니다. 사용자명을 클릭하고 기본 설정(Preferences)를 선택하면 설정 창이 나타납니다.

일반(General)에 있는 사용자 언어(User language)에서 원하는 언어를 선택합니다.

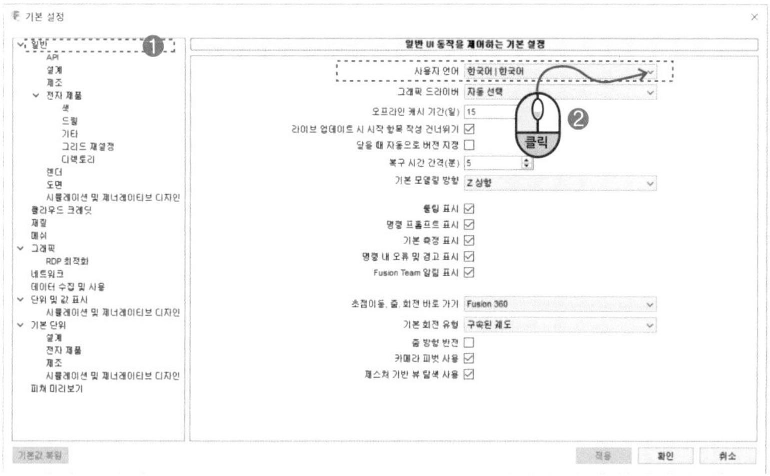

언어를 바꾸면 프로그램이 다시 시작되고 나서 바뀐 언어가 적용됩니다.
본 도서에서는 한국어를 기본으로 하되 영어도 함께 표기하였습니다.
(예) 돌출(Extrude)

4. 작업모드

퓨전360에는 7개의 모드가 존재합니다. 설계(DESIGN), 제에레이디브 디자인(GENERATIVE DESIGN), 렌더링(RENDER), 애니메이션(ANIMATION), 시뮬레이션(SIMULATION), 제조(MANUFACTURE), 도면(DRAWING) 중 하나를 선택할 수 있습니다.

본 도서에서는 주로 설계(DESIGN)모드에 대한 내용을 다룹니다.

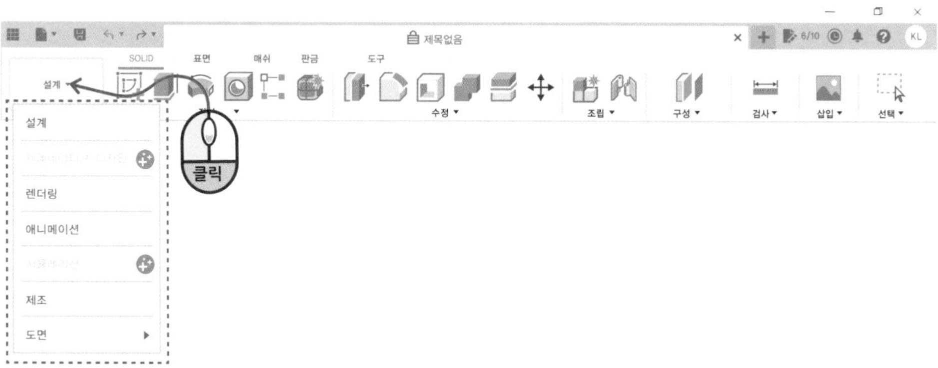

5. 세부모드

위의 7개 파일모드에서 1개를 선택하면 그 모드에 따른 세부모드가 나타납니다. 설계(DESIGN)모드의 경우 솔리드(SOLID), 표면(SURFACE), 매쉬(MESH), 판금(SHEETMETAL), 도구(TOOLS), 스케치(SKETCH) 등의 세부모드가 있습니다. 스케치모드는 스케치 작성(Create Sketch) 버튼을 눌러 작업할 면을 선택하면 모드가 생성됩니다.

궁금해요? 메뉴가 실행이 되지 않습니다.

초보자의 경우, SOLID모드와 SKETCH모드를 헷갈리는 경우가 많습니다. SOLID모드에서는 스케치 수정이 안되고 SKETCH모드에서는 SOLID모드의 메뉴가 나타나지 않습니다. 속이 꽉 찬 3D 본체를 만드는 게 SOLID모드이고 2D 스케치를 그리는 게 SKETCH모드입니다. 대부분의 기능이 모드를 구분해서 실행이 되니, 혹시 특정 기능이 실행되지 않는 다면, 현재의 모드를 확인해 보는 것이 좋습니다. 하나의 디자인을 하더라도 모드를 바꿔가며 디자인해야하기 때문에 자유롭게 두 모드를 변경할 수 있어야 합니다.

6. 실행 아이콘 모음(Tool bar)

빨리 쓸 수 기능을 아이콘으로 실행할 수 있습니다. 세부모드에 따라 다른 종류의 아이콘이 나타나며 표시되는 아이콘은 사용자가 변경할 수 있습니다.

7. 세부 메뉴

실행 아이콘 모음(Tool bar)에는 자주 쓰는 일부 메뉴만 나타나 있습니다. 버튼을 누르면 나타나지 않은 세부 메뉴들을 볼 수 있습니다. 대부분의 메뉴들이 이곳에 모여져 있습니다.

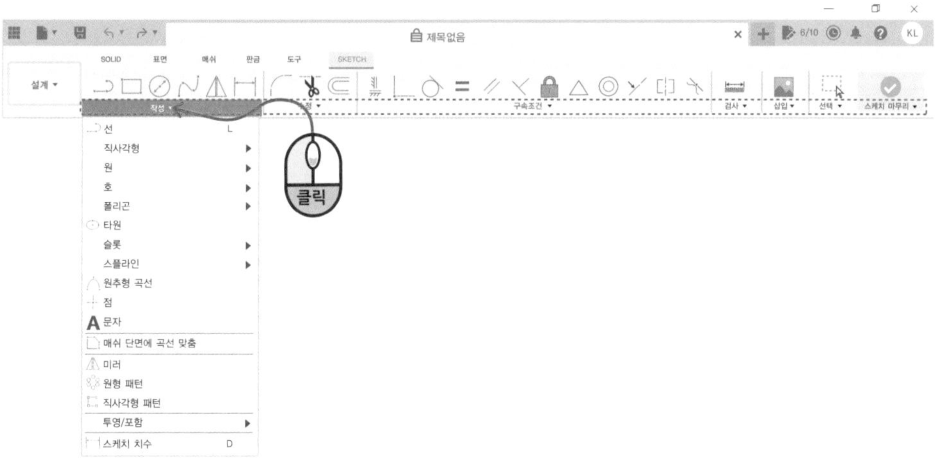

8. 검색기(BROWSER)

원점(Orgin), 생성되는 스케치(Sketch)와 본체(Body), 구성요소(Component)등이 계층 구조로 나타납니다. 제작한 본체와 스케치 옆에 있는 눈을 누르면 보이게 또는 보이지 않게 할 수 있습니다. 또 원점과 본체, 구성요소를 이곳에서 선택할 수 있습니다.

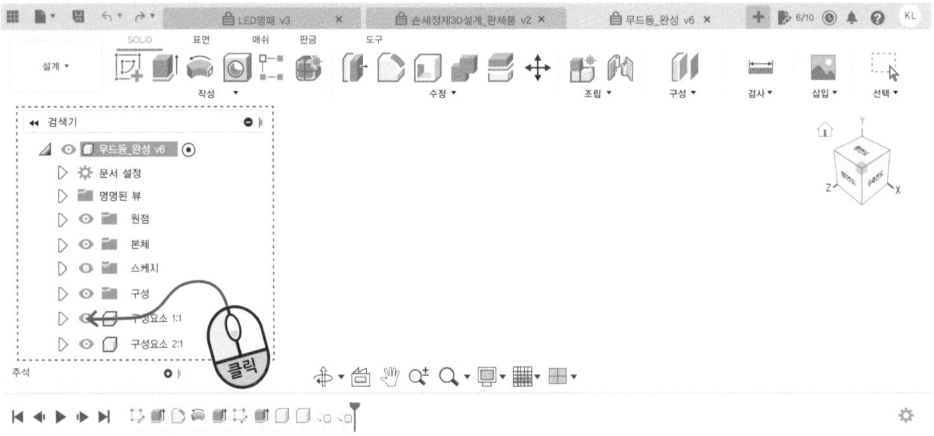

9. 작업창

모델링한 것들이 나타나는 곳입니다. 이곳에서 모델링한 것을 시각적으로 확인할 수 있습니다.

10. 뷰큐브(View Cube)

화면을 빠르게 회전하여 화면 시점을 바꿀 수 있는 도구입니다.

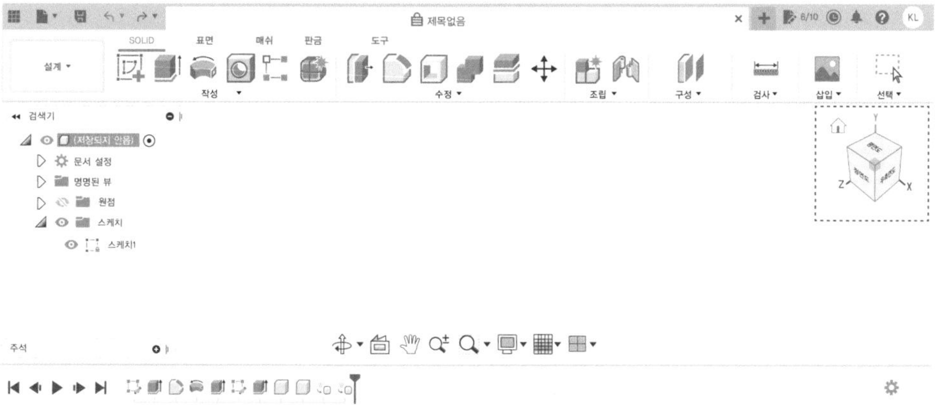

11. 네비게이션바(Navigation Bar)

디스플레이와 관련된 기능들이 모여 있는 도구 모음입니다.

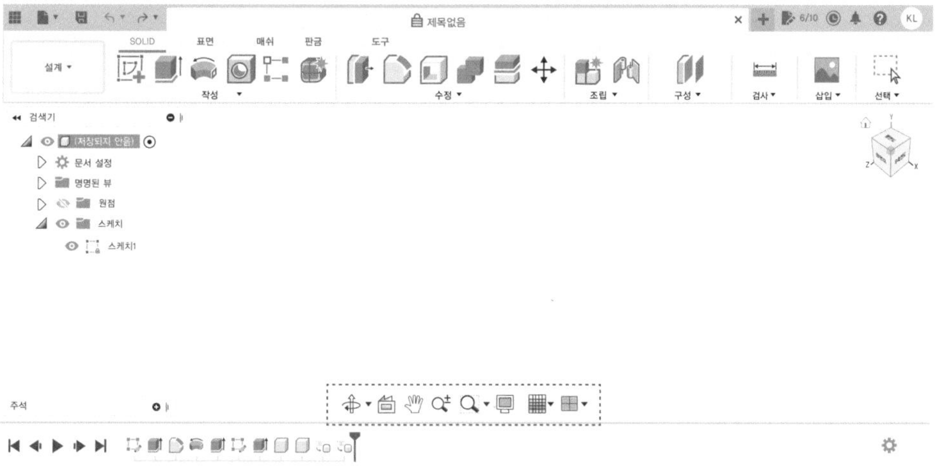

12. 작업 히스토리(Time line)

디자인한 순서에 따라 작업한 피쳐(Feature)들이 나타납니다. 아이콘 모양에 따라 그 작업 내용이 무엇인지 확인할 수 있고 더블 클릭하면 그 작업 내역으로 돌아가 수정할 수 있습니다. 수정한 피쳐(Feature) 이후의 작업 내용은 수정 내용을 반영하여 자동으로 변경됩니다.

❶ 마커 이동 조절　❷ 피쳐 히스토리 기록 창　❸ 타임라인 표시설정

❶ 마커 이동 : 마커이동 조절 아이콘은 MP3플레이어와 비슷하게 재생, 다음곡, 이전곡, 처음곡, 끝곡과 같은 버튼으로 구성되어 있습니다. 피쳐 재생 버튼을 누르면 처음 피쳐부터 마지막 피쳐까지 자동 재생됩니다. 타임라인 마커를 드래그해서도 마커를 이동시킬 수 있습니다. 마커를 이동하면 현재 마커의 시점을 기준으로 형상이 화면에 나타납니다.

처음 피쳐로 이동　이전 피쳐로 이동　피쳐 재생　다음 피쳐로 이동　마지막 피쳐로 이동

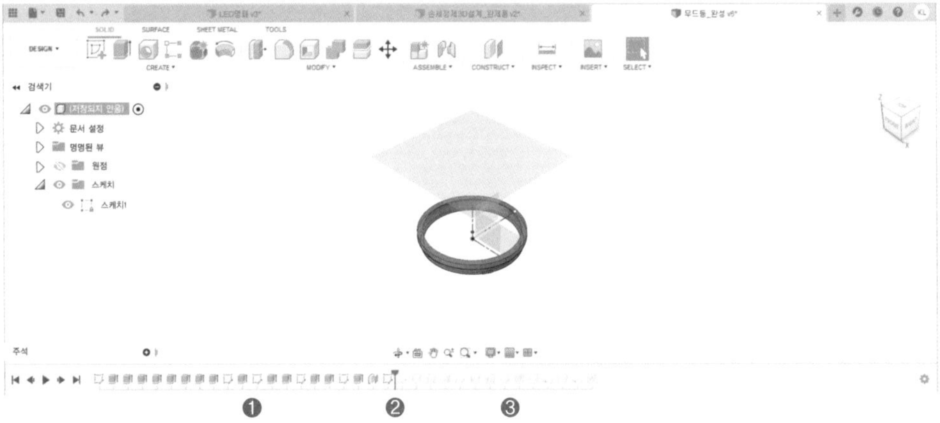

❶ 피쳐들이 누적된 작업결과가 화면에 나타남　❷ 마커　❸ 마커 이후에 있는 피쳐들은 활성화 되지 않음

❷ **피쳐(Feature)의 수정 및 제거** : 피쳐를 더블클릭하거나 마우스 우측 버튼을 눌러 그 피쳐에서의 작업을 수정할 수 있습니다. 타임라인에서 피쳐를 제거할 때는 선택 후 삭제(delete)키를 누르거나 마우스 우측 버튼을 눌러 실행할 수 있습니다.

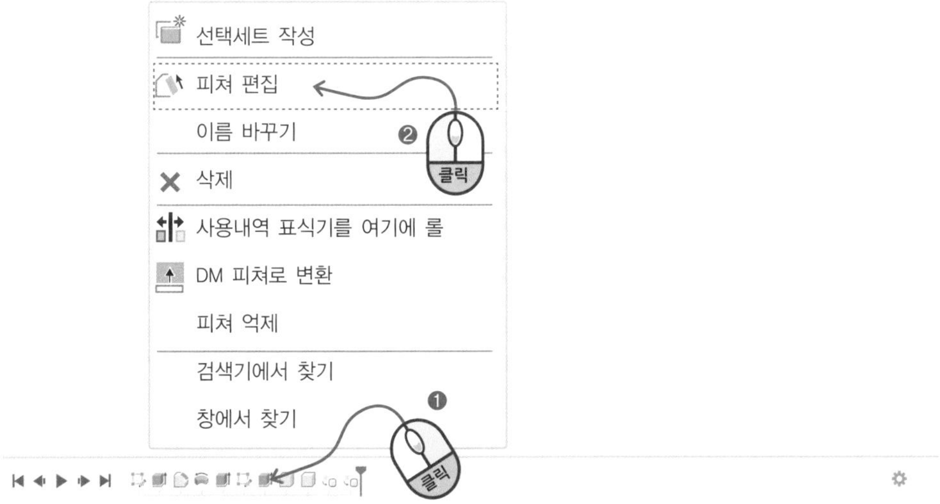

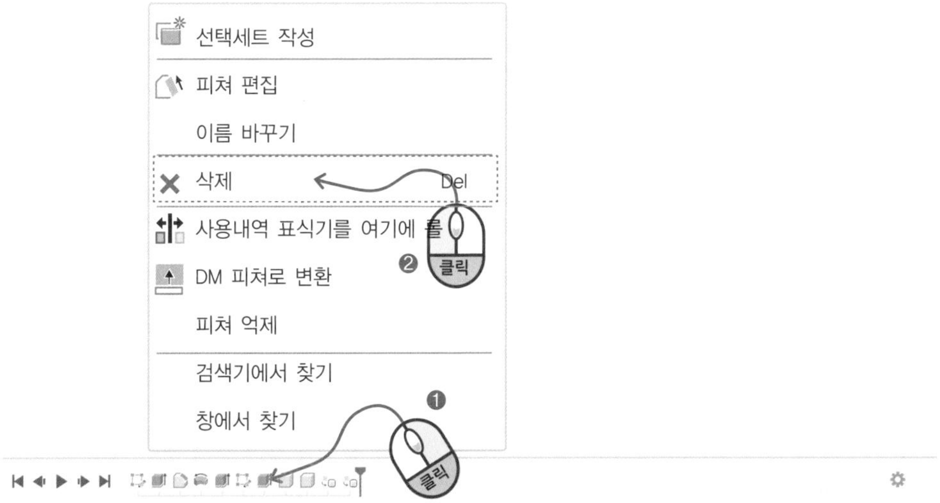

퓨전360의 가장 기본이라고 할 수 있는 화면 조종에 대해서 알아보겠습니다.

3D

Fusion 360 한글판 실전편 with Arduino

Chapter 2

아두이노

1. 아두이노란?
2. 아두이노의 구성
3. 디지털 신호와 아날로그 신호
4. 전자회로 기초
5. 아두이노와 함께 사용되는 전자 부품
6. 아두이노 IDE(아두이노 통합 개발환경) 설치하기
7. 아두이노 IDE 스케치 언어

01 아두이노란?

아두이노(Arduino)는 초소형 컴퓨터라고 할 수 있습니다. 컴퓨터는 입력에 따라 출력이 존재하는 것인데 아두이노도 여러 부품이 연결되어 입출력이 가능하기 때문입니다.

아두이노는 2005년 이탈리아의 마시모 반지(Massimo Banzi)가 만들었습니다. 그리고 아두이노가 어떻게 만들었는지 누구나 알 수 있도록 모든 정보를 공개하였습니다. 이렇게 하드웨어에 대한 정보를 모두 공개한 것을 오픈소스 하드웨어라고 합니다. 또한 아두이노 코딩프로그램인 아두이노 IDE(Intergrated Development Environment, 아두이노 통합 개발환경) 프로그램을 개발하여 무료로 배포하였습니다.

오픈소스 하드웨어이면서 무료 프로그램이 배포되었기 때문에 아두이노는 전 세계적으로 사용되었습니다. 세계의 많은 메이커들이 아두이노를 이용하여 작품을 만들고 이를 다른 사람과 공유함으로써 또 다른 사람들이 아두이노를 사용하는 구조가 된 것입니다. 실제로 우리나라의 많은 온라인 커뮤티니에는 아두이노를 활용한 다양한 작품의 코드가 공유되어 있습니다.

아두이노는 아이디어만 있다면 정말 많은 것을 만들 수 있습니다. 제가 아두이노로 제작한 것들도 그 중의 일부입니다. 전 세계 사람들이 만든 아두이노 작품을 살펴보면, 사소한 발상으로 좋은 작품을 만드는 경우가 많다는 것을 알 수 있습니다. 의지만 있다면 상상한 것을 아두이노로 만들 수 있습니다. 학교에서의 간단한 프로젝트부터 멋진 사업 아이템에 이르기까지 아두이노로 가능합니다.

아두이노는 종류가 굉장히 다양합니다. 아두이노 우노(UNO) 보드, 아두이노 나노(NANO) 보드, 아두이노 메가(MEGA) 보드, 아두이노 레오나르도(LEONARDO) 보드 등 20여 가지 이상이 존재합니다. 이렇게 다양한 종류의 아두이노가 존재하는 이유는 약간씩 기능상의 차이가 있기 때문입니다. 사용자는 제작할 작품의 기능을 고려해서 쓰임새에 맞는 보드를 선택하면 됩니다.

많은 보드 중에서 우리가 사용할 아두이노 보드는 우노(UNO) 보드입니다. 우노는 이태리어로 1이라는 뜻입니다. 우노 보드는 아두이노의 표준 보드로써 대다수의 코드나 자료가 우노 보드를 기준으로 공유되는 경우가 많습니다. 따라서 초보자의 경우 표준 보드인 우노 보드로 학습을 시작하는 것이 좋습니다.

다음에 제시된 5개의 예시는 제가 아두이노와 3D프린터를 활용하여 만든 작품입니다.

예시 1 헬멧이 개폐되는 아이언맨 헬멧

실제로 착용할 수 있는 아이언맨 헬멧입니다. LED바를 눈 주변에 넣어 불이 들어오도록 하고 헬멧의 전면부가 모터에 의해 개폐되도록 제작하였습니다. 블루투스 통신으로 스마트폰에서 모든 작동이 가능합니다.

핵심 부품 : 아두이노 나노보드, 서보모터, LED바, 블루투스 모듈

예시 2 전동 관람차

관광명소에서 자주 볼 수 있는 대관람차를 모형으로 만들었습니다. 프레임은 아크릴을 소재로 레이져커터기로 만들고, 관람차는 3D프린터로 제작하였습니다. 꽤 무거운 무게를 회전시켜야 해서 용량이 큰 모터를 사용하였습니다.

핵심 부품 : 아두이노 우노보드, DC모터, LED바, 블루투스 모듈

예시 3 RC카

3D프린터를 사용하다 보면 인기있는 캐릭터를 이용하여 무언가를 만들고 싶은 경우가 있습니다. 이 작품은 아두이노로 흔하게 만들 수 있는 RC카와 카트라이더 캐릭터를 연계하여 만든 작품입니다.

핵심 부품 : 아두이노 우노보드, DC모터, 모터드라이버, 블루투스 모듈

예시 4 어몽어스 가습기(왼쪽), 어몽어스 무드등(오른쪽)

3D모델링을 직접하면 좋은 점이 비슷한 형상을 약간씩 변형해서 다양하게 활용할 수 있다는 것입니다. 어몽어스 무드등을 먼저 만들고 그것을 약간 수정하여 가습기를 만들었습니다

가습기 핵심 부품 : 아두이노 우노보드, 가습기 모듈, 전구물통

무드등 핵심 부품 : LED바, 전원선

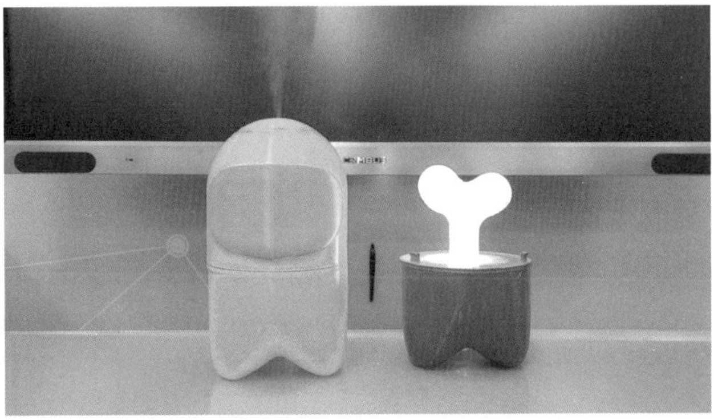

예시 5 자동 손세정제

이 책에서 여러분들과 함께 만들 작품입니다. 손 세정제 뿐만 아니라 펌프형 용기로 된 것은 모두 사용할 수 있도록 설계하였습니다.

핵심 부품 : 아두이노 우노보드, 서보 모터, 초음파 센서

아두이노가 다양한 역할을 할 수 있기 때문에 아두이노의 성능이 굉장히 뛰어나다고 생각할 수 있지만 아두이노는 그렇게 성능 좋은 컴퓨터는 아닙니다. 1980, 90년대에 나온 286컴퓨터(8비트 CPU) 정도의 성능입니다. 최근에 출시된 컴퓨터에 비하면 많이 부족한 성능이지만 아두이노의 작은 크기와 저렴한 가격, 다양한 부품들과의 호환성으로 인해 많은 사람들에게 사랑받고 있습니다.

아두이노는 최근에 각광 받고 있는 코딩교육에서도 많이 활용되고 있는데, 특히 피지컬 컴퓨팅(physical computing) 분야에서 많이 쓰이고 있습니다. 피지컬 컴퓨팅이란 실제 사물에 코딩을 해서 그 결과를 눈으로 확인할 수 있는 것을 의미합니다. 컴퓨터 화면에서만 코딩 결과를 확인하는 것보다 좀 더 현실적이고 실제적인 코딩교육이 될 수 있습니다. 최근에는 아두이노 코딩으로 실생활의 문제를 해결하는 프로젝트가 많이 이뤄지고 있습니다.

저자는 아두이노와 3D프린터를 함께 사용하는 것에 매력을 느꼈습니다. 3D프린터만 사용할 때는 원하는 대로 작동시키는 것에 한계를 느꼈고, 아두이노만 사용할 때는 외형의 조잡함으로 결과가 만족스럽지 못했습니다. 그래서 아두이노와 3D프린터를 연계해서 사용하기 시작했고 결과는 대만족이었습니다. 물론 모든 작품을 그렇게 만들 필요는 없습니다. 움직임이 필요하거나 높은 퀄리티의 작품을 원한다면 두 가지를 함께 사용하시길 권장합니다.

02 아두이노의 구성

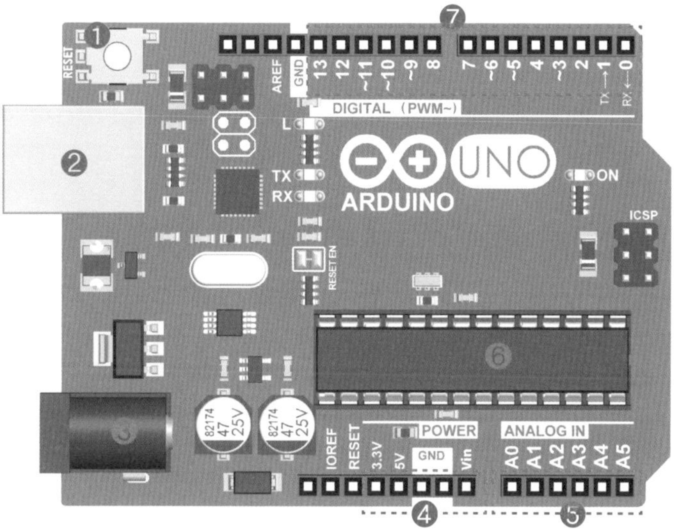

❶ 리셋버튼　❷ USB포트　❷ 외부 전원 소켓　❹ 전원 공급 관련 핀
❺ 아날로그 입력 핀　❻ 마이크로 컨트롤러 칩　❼ 디지털 입출력 핀

❶ 리셋버튼

아두이노를 재 부팅하는 역할을 합니다. 기존에 입력된 코드들이 지워져서 초기화 되는 것은 아니고 프로그램이 꺼졌다 켜지면서 다시 시작됩니다.

❷ USB포트

컴퓨터와 연결하기 위한 USB포트입니다. 컴퓨터와 연결되면 전원이 공급되고 데이터를 주고받으며 통신이 가능합니다.

❸ 외부 전원 소켓

추가적인 전기 공급이 필요할 때 사용되는 소켓으로 전원 어댑터를 이곳에 연결합니다.

❹ 전원 공급 관련 핀

전력 공급과 관련된 핀이 모여 있습니다. Vin(voltage in, 입력전압), GND(groudn) 핀으로 아두이노에 전원을 공급할 수 있습니다. 전력원의 +극은 Vin핀에 -극은 GND핀에 연결합니다. 3.3V, 5V 핀은 아두이노에 연결된 부품에 전원을 공급하는 핀입니다.

❺ 아날로그 입력 핀

아날로그 부품을 연결하여 아날로그 신호를 입력 받는 역할을 합니다. A0부터 A4까지 5개의 핀이 있습니다. 이 핀으로는 아날로그 출력은 할 수 없습니다.

❻ 마이크로 컨트롤러 칩(Micro Controller Unit)

아두이노의 중간에 사각형 모양의 긴 칩이 있는데 이것이 MCU(Micro Controller Unit)입니다. 사람의 두뇌와 같은 역할을 하며, 마이크로프로세서와 입출력 모듈을 하나의 칩으로 만든 것입니다. 우리가 코딩한 내용을 여기서 0과 1로 바꾸어 전기신호를 이용해 연결된 부품에 명령을 내립니다.

❼ 디지털 입출력 핀

아두이노에 다른 부품을 연결하는 역할을 합니다. 디지털 입력과 출력을 모두 사용할 수 있기 때문에 어떤 용도로 사용할 지를 지정해 주어야 합니다. 디지털 이외에 아날로그 출력도 가능합니다. 0부터 13까지의 핀이 있습니다.

03 디지털 신호와 아날로그 신호

1. 디지털 신호

디지털 신호란 0과 1로 나타내는 신호입니다. 전등을 켜고 끄는 것과 같은 on, off 방식의 전기 신호가 여기에 해당됩니다. 전등이 켜질 때는 1, 꺼질 때는 0으로 표현하는 것입니다. 아두이노 보드에서 0은 0V, 1은 1V를 가리키는데, 이런 표현보다 LOW와 HIGH라는 표현을 더 많이 사용합니다. 디지털 신호는 이렇게 두 가지 신호만으로 나타내기 때문에 중간 값을 갖지 않습니다

디지털 신호 종류	아두이노 스케치 프로그램	아두이노 전압
0	LOW	0V
1	HIGH	5V(또는 3.3V)

2. 아날로그 신호

아날로그 신호는 0과 1 뿐만 아니라 연속하는 값을 표현할 수 있는 신호입니다. 아두이노에서 아날로그 신호는 5V(HIGH) 또는 0V(LOW) 뿐만 아니라 연속적인 신호를 말합니다. 즉 0~5V 사이의 어떤 값이라도 내보낼 수 있습니다. 1.2V, 2V, 4.5V 등과 같이 중간 값이 존재하는 것이 아날로그 신호입니다.

아두이노에는 아날로그 디지털 변환기(Analog Digital Converter)가 내장되어 아날로그 신호를 입력받아 디지털 신호로 변환할 수 있습니다.

아두이노에서 아날로그 출력은 엄밀히 말하면 불가능합니다. 0과 1만 표현할 수 있기 때문입니다. 하지만 디지털 신호를 이용하여 아날로그 신호와 비슷하게 나타낼 수 있습니다. 그것이 펄스폭 변조(PWM)입니다. 이것은 "4.아날로그 출력"에서 자세히 설명합니다.

3. 디지털 입 · 출력

DIGITAL 0번부터 13번까지 14개의 핀에서 디지털 입출력이 가능합니다. 입력과 출력 모두 가능하기 때문에 어떤 용도로 사용할지를 지정해 주어야 합니다. 5V(HIGH)또는 0V(LOW)가 들어오거나 나가는 방식으로 디지털 신호의 입출력을 가능하게 합니다.

1 디지털 입력

아두이노에서 연결된 부품으로부터 HIGH 또는 LOW의 신호를 읽어 들이는 것입니다.
예) 버튼이나 스위치로 값을 입력 받는 것, 센서의 값을 읽어 들이는 것

2 디지털 출력

아두이노에서 연결된 부품으로 HIGH 또는 LOW의 신호를 보내는 것입니다.
예) 아두이노에 LED를 연결하여 켜고 끄는 것

4. 아날로그 출력

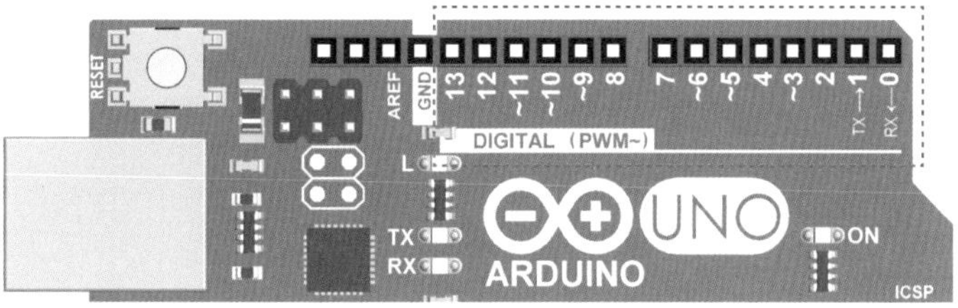

디지털 입출력 핀 중 ~표시가 있는 3, 5, 6, 9, 10, 11번 핀에서 아날로그 신호를 출력할 수 있습니다. 아두이노 보드에는 3.3V와 5V 밖에 없기 때문에 아날로그를 표현하기 위해 펄스폭 변조(Pulse Width Modulation : PWM)를 사용합니다.

그럼 PWM은 어떻게 디지털 신호로 아날로그 신호를 표현할 수 있을까요? 이는 한 번의 신호가 아니라 연속된 신호를 평균내서 값을 만든다고 생각하면 됩니다.

예를 들면 성적 편차가 심한 한 학생이 있다고 생각해 봅시다. 시험을 10번 보았는데, 5점 만점이었다고 하고 결과는 다음과 같았습니다.

시험 회차	1	2	3	4	5	6	7	8	9	10	평균 점수
점수	0	0	5	5	5	0	0	5	0	5	2.5

이 학생은 공부를 할 때와 안 할 때가 확연히 차이가 나서 5점 아니면 0점을 받았고 10회 시험의 평균은 2.5입니다. 물론 매회 시험 점수는 다르지만 간단히 얘기해서 매 시험마다 2.5점을 받았다고 생각할 수 있습니다. 시험 점수를 V로 생각하면 2.5V를 평균값으로 표현할 수 있는 것입니다. 즉, 순간 값은 디지털이기 때문에 0V와 5V만 표현할 수 있지만 일정 시간을 단위로 평균을 내면 0~5V 사이의 어떤 값도 표현할 수 있는 것입니다.

아두이노는 2ms 간격으로 0또는 1의 신호를 보낼 수 있습니다. PWM핀은 8비트이기 때문에 핀 하나에 256(0~255)개의 신호를 보낼 수 있습니다.

비트는 0아니면 1을 나타낼 수 있는 상자라고 생각하면 됩니다. 상자를 열면 0 또는 1이라고 적혀 있는 것입니다. 이 상자는 2개의 값을 나타내니까 비트가 여러개일 때는 2씩 곱하면 됩니다.

8비트는 2를 8번 곱하니까 2×2×2×2×2×2×2×2=256이 됩니다.

~표시가 있는 핀은 HIGH와 LOW의 시간을 정해주지 않아도 알아서 시간을 계산해 주기때문에 아날로그 출력 시에 편리하게 사용할 수 있습니다.

04 전자회로 기초

아두이노도 전자 부품이기 때문에 전기에 대한 학습이 필요합니다. 즉 전압, 전류, 저항에 대해서 알아야 합니다.

전기는 물에 비유해서 설명하는 경우가 많은데, 그만큼 비슷한 점이 많기 때문입니다. 물이 높은 곳에서 낮은 곳으로 흐르게 되면 수압이 생깁니다. 물이 높은 곳에서 낮은 곳으로 흐르듯이 전기가 높은 곳에서 낮은 곳으로 흐르는 힘을 전압이라고 합니다.

전류는 물의 양에 비유할 수 있습니다. 흐르는 전자의 양을 전류라고 합니다.

저항은 물의 흐름을 조절하는 수도꼭지에 비유할 수 있습니다. 이런 저항 부품들은 전류가 너무 빨리 흐르는 것을 방지하는 역할을 합니다.

과학자 옴은 전압(V)=전류(I)×저항(R) 이라는 법칙을 발견하였습니다.

V=IR이라는 수식을 이용하면 2개의 값으로 나머지 하나를 계산할 수 있습니다.

LED를 예로 들어보겠습니다. 최대 전류가 20mA인 LED를 연결 할 때, 아두이노 전압은 5V이므로 R=5V/0.02A=250Ω의 저항이 필요하다는 것을 알 수 있습니다.

05 아두이노와 함께 사용되는 전자 부품

1. 브레드보드 · 점퍼선 · LED · 저항

1 브레드보드

브레드보드는 아두이노에 다른 부품을 쉽게 연결하기 쉽도록 하는 부품입니다.

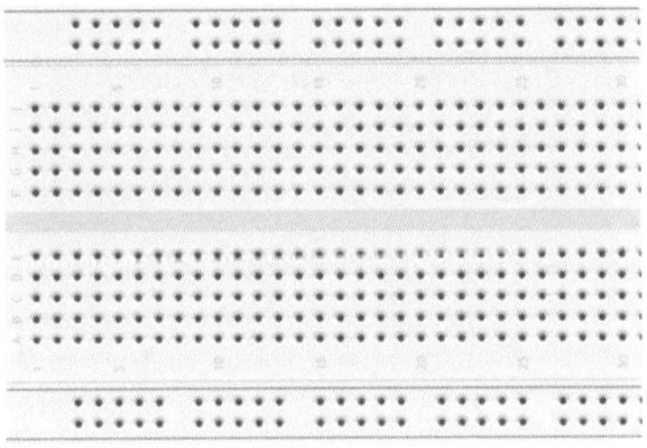

〈브레드보드〉

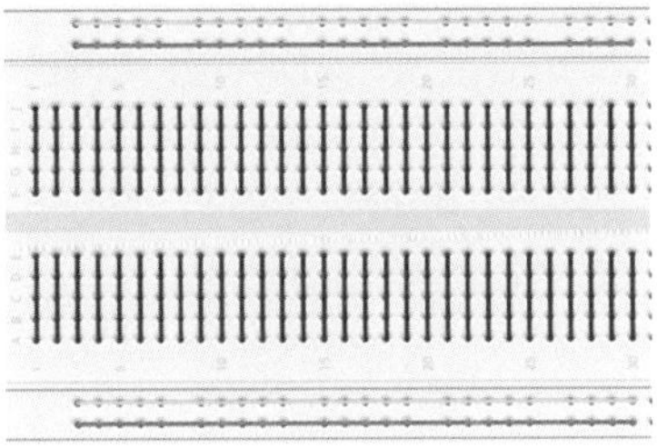

〈파랑, 빨강, 검정색으로 표시된 선이 서로 연결되어 있음〉

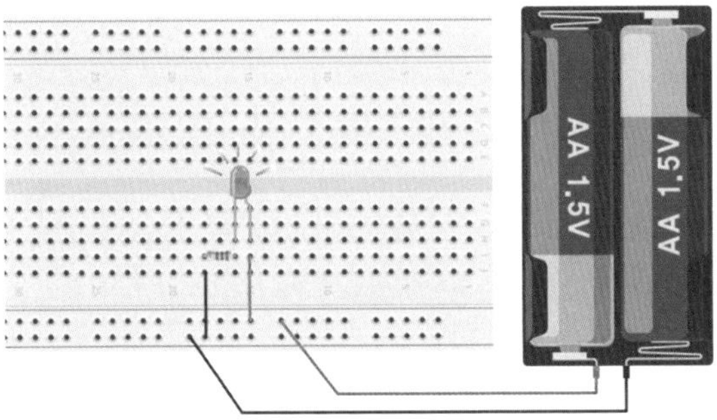

〈브레드보드 사용 예시〉

아두이노에 부품을 연결하기 위해서는 납을 녹여서 붙이는 납땜을 해야 합니다. 하지만 브레드보드를 이용하면 납땜 없이 연결이 가능합니다.

브레드보드는 바깥쪽에 있는 구멍은 가로로 연결되어 있고, 가운데는 세로로 연결되어 있습니다.

2 점퍼선

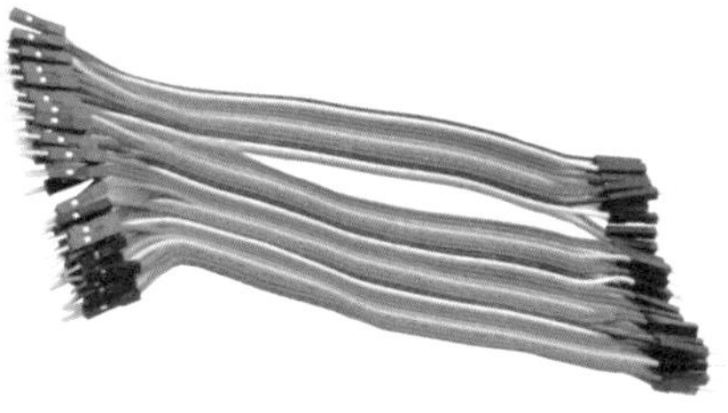

점퍼선은 전기가 흐르는 전선입니다.

아두이노에 부품을 연결할 때 사용되며 핀이 튀어나와 있는 것과 구멍이 있는 것이 있습니다. 핀이 튀어나온 것은 수, 구멍이 있는 것을 암이라고 표현합니다. 예를 들어 양쪽에 핀이 모두 튀어나와 있는 선은 수-수 점퍼선입니다. 점퍼선의 색상은 기능적으로 모두 똑같지만 +극과 −극을 명확하게 구분하기 위해서 +극은 빨간색, -극은 검은색을 사용합니다.

3 LED

LED는 빛을 내는 부품입니다.

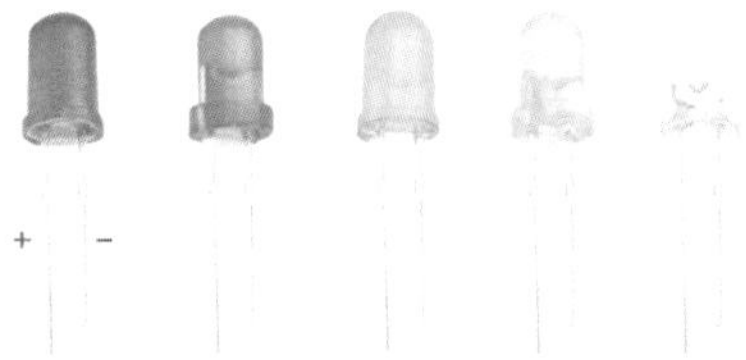

저렴하고 쉽게 사용할 수 있어 많이 활용됩니다. LED는 극성이 있으므로 (+)극과 (-)극을 구분해야 합니다. 긴 다리가 (+)극이고 짧은 다리가 (-)극 입니다.

4 저항

아두이노에 연결하는 부품에 따라 과전류를 방지하기 위해 저항을 사용해야 할 수도 있습니다.

2. 모터

메이커들이 많이 사용하는 모터는 세 가지가 있습니다.

서보(Servo)모터, 스텝(Stepper)모터, DC모터 입니다. 이 모터들은 각각의 특징이 다르므로 차이점을 알고 용도에 맞게 잘 선택해야 합니다.

〈서보(Servo)모터〉

〈스텝(Stepper)모터〉

〈DC모터〉

서보모터는 원하는 각도만큼 회전할 수 있는 모터입니다. 서보모터 안에 톱니바퀴가 여러 개 있어서 원하는 만큼 회전할 수 있는 것입니다. 로봇의 관절이나 조향장치 등에 사용되며, 보통 180도의 범위에서 작동시킬 수 있습니다. 세 가닥의 선이 있는데 빨간색은 +전원선, 갈색은 −전원선, 주황색은 신호선입니다.

스텝모터는 서보모터와 유사하나 더 세밀한 각도로 움직여야 할 때 사용합니다.

DC모터는 지속해서 회전하는 모터입니다. 회전 방향과 회전 속도는 제어할 수 있지만, 서보모터처럼 30도, 50도 등 일정한 각도를 회전한 다음 정지하는 것은 불가능합니다.

3. 초음파 센서

초음파란 사람의 귀에 들리지 않을 정도로 높은 주파수(약 20kHz 이상)의 소리를 말하며, 이를 이용한 것이 초음파 센서입니다. 초음파 신호를 내보내고 사물에 닿아 돌아오는 시간을 파악하여 거리를 측정합니다.

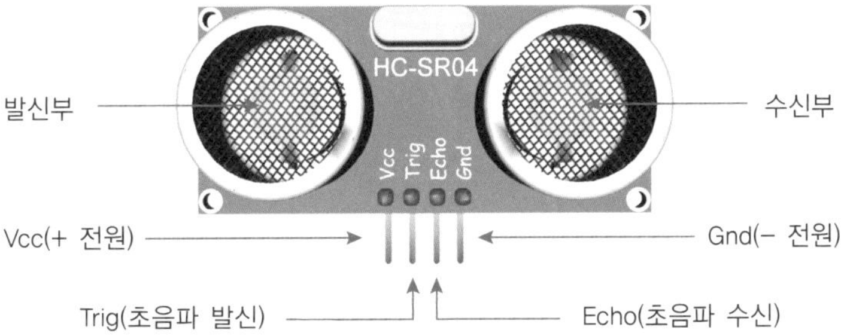

본 도서의 자동 손 세정제 작품에 이용하는 초음파 센서는 HC-SR04입니다. 초음파를 이용해 거리를 측정할 수 있는 센서입니다.

원 2개가 있는데 한쪽(Trigger)은 초음파를 내보내는 곳이며 또 다른 원(Echo)은 돌아오는 초음파를 수신하는 곳입니다.

초음파가 돌아오는 시간을 계산해서 손이 근처에 있다는 것을 확인하고 추가 동작(서보모터 작동)을 실행하도록 만들 것입니다.

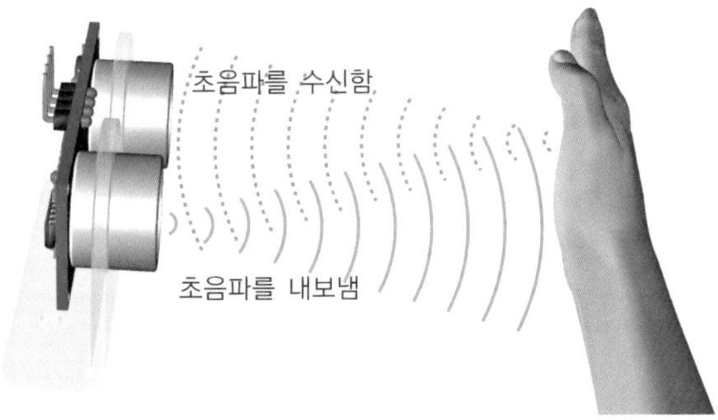

4. 블루투스 모듈(HC-06)

아두이노를 블루투스 통신이 가능하도록 만드는 모듈입니다.

〈HC-06 블루투스 모듈〉

블루투스는 1994년에 최초로 개발된 근거리 무선 통신을 위한 산업 표준입니다.

HC-06은 아두이노에서 시리얼 통신을 이용하여 데이터값을 주고받을 수 있는 모듈이며, 10미터 정도의 범위 내에서 무선으로 데이터를 주고받을 수 있습니다.

스마트폰으로 아두이노를 제어하고 싶을 때 이 모듈을 사용하며 통신을 위해서 추가적인 앱이 필요합니다.

4개의 핀(VCC, GND, TXD, RXD)이 있는데 VCC와 GND는 전원공급 핀이고 나머지 2개는 블루투스 통신을 위해 수신, 발신하는 핀입니다.

06 아두이노 IDE(아두이노 통합 개발환경) 설치하기

아두이노에 코딩하는 프로그램이 아두이노 IDE(아두이노 통합 개발환경)입니다. 아두이노 IDE에서 코드로 작성한 파일을 스케치라고 합니다.

요약하면 아두이노 코드로 작성된 파일이 스케치이며, 그 스케치를 작성하거나 수정하려면 아두이노 IDE가 필요한 것입니다.

아두이노 IDE는 https://www.arduino.cc/ 에서 다운로드 받을 수 있습니다.

〈소프트웨어〉–〈DOWNLOADS〉를 클릭합니다.

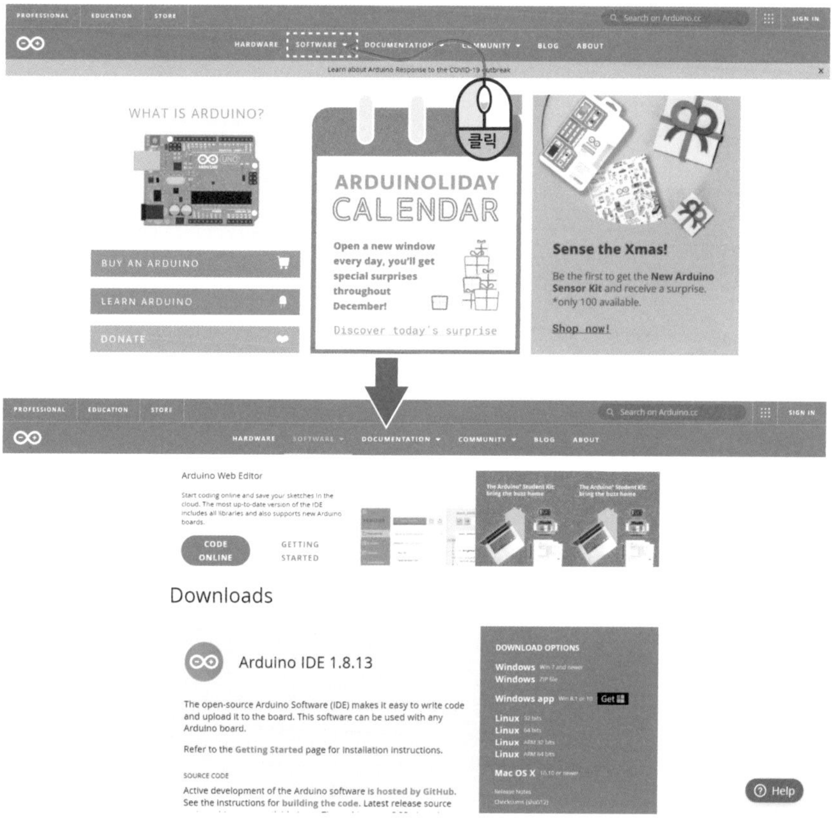

아두이노 IDE는 무료지만 후원을 받고 있으므로 가격이 표시되는 것입니다.

JUST DOWNLOAD를 클릭하면 무료로 프로그램이 다운로드 됩니다.

다운로드 받은 파일을 실행해서 설치합니다.

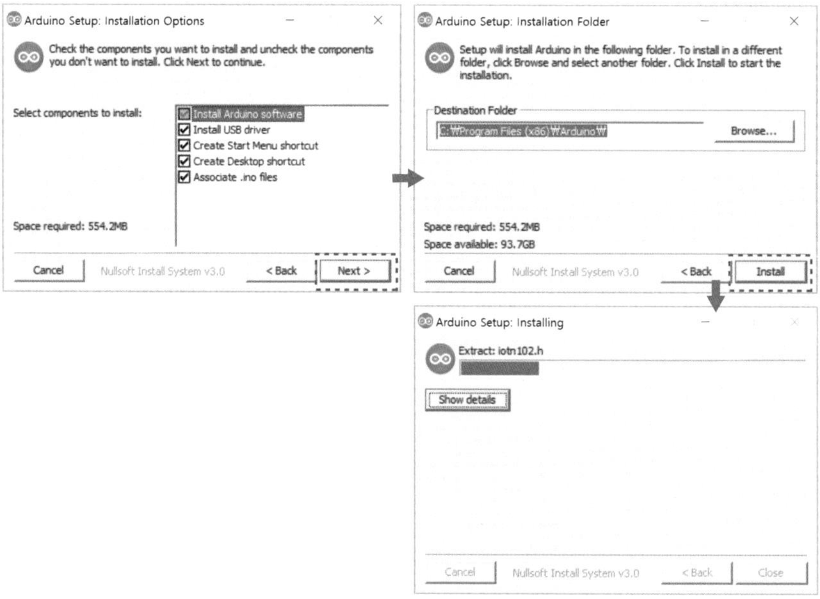

프로그램 설치가 끝나고 실행하면 다음과 같은 창이 뜹니다. 이 화면이 보이면 설치가 성공한 것입니다.

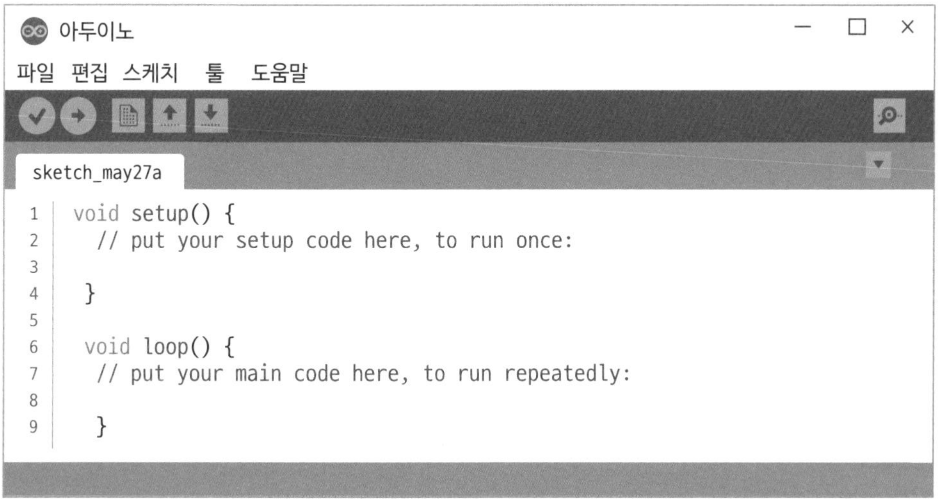
아두이노
파일 편집 스케치 툴 도움말
sketch_may27a
void setup() {
// put your setup code here, to run once:
}
void loop() {
// put your main code here, to run repeatedly:
}

궁금해요? 아두이노에 코딩할 수 있는 프로그램은 어떤 것이 있나요?

아두이노 코딩을 사용하는 기본 프로그램은 IDE(아두이노 통합 개발환경)입니다.

교육을 목적으로 사용하는 엔트리나 스크래치(mblock)의 블록코딩을 이용해서도 코딩할 수 있습니다. 하지만 아두이노 형식의 코드로 데이터를 변환하는 과정에서 오류가 발생할 수 있으므로 주의를 기울여야 합니다.

아두이노와 다양한 부품이 없어도 가상으로 실행할 수 있는 시뮬레이터 프로그램도 있습니다. 바로 오토데스크사의 틴커캐드입니다. 이 프로그램을 이용하여 LED를 켜고 끄거나 모터를 작동시킬 수 있으며, 회로나 코딩 상의 문제를 예측해 볼 수 있습니다. https://www.tinkercad.com/에서 틴커캐드를 다운 받을 수 있습니다.

07 아두이노 IDE 스케치 언어

스케치 프로그램은 C언어 또는 C++ 언어를 기반으로 작동됩니다.

자주 사용되는 아두이노 명령어를 살펴보겠습니다.

void setup()

스케치에 반드시 있어야 하는 명령어입니다. 작업을 준비시키는 명령어로 void는 이 셋업 작업에서 나온 결과를 다른 곳에서 사용하지 않는다는 의미입니다. 바로 이어지는 중괄호 { } 안의 명령어가 셋업에서 한 번만 실행됩니다.

void loop()

이것도 스케치에 반드시 포함되야 하는 명령어입니다. 바로 이어지는 중괄호 { }안의 명령어가 반복적으로 실행됩니다.

1. void setup의 중괄호 { } 내에서 사용되는 명령어

1 pinMode(핀 번호, INPUT/OUTPUT)

디지털 핀은 입력과 출력 모두 사용될 수 있으므로 어떤 용도로 사용할지를 지정해 주어야 합니다. 핀을 입력 또는 출력으로 사용할지를 결정합니다.

예) pinMode(12, OUTPUT)

12번 핀을 출력용으로 사용한다는 의미입니다.

예) pinMode(12, INPUT)

12번 핀을 입력용으로 사용한다는 의미입니다.

2 Serial.begin(속도)

시리얼 통신의 속도를 정해주는 명령어입니다. 속도의 단위는 비트/초입니다.

예) Serial.begin(9600);
초당 9600비트의 속도로 전송합니다.

2. void loop의 중괄호 { } 내에서 사용되는 명령어

1 digitalWrite(핀 번호, HIGH/LOW)

디지털 핀이 출력으로 설정되었다면 HIGH(5V)를 출력할지 아니면 LOW(0V)를 출력할지를 결정하는 명령어입니다.

예) digitalWrite(13, HIGH)
13번 핀에 5V 전압을 보냅니다.

예) digitalWrite(13, LOW)
13번 핀에 0V 전압을 보냅니다.

2 analogWrite(핀 번호, 아날로그값)

아날로그 출력을 위한 명령어입니다. digitalWrite 명령어와 유사한데 HIGH, LOW 대신에 아날로그값을 입력합니다. 아두이노의 PWM은 8비트이기 때문에 2^8=256개의 아날로그값을 나타낼 수 있습니다. 즉 0부터 255까지의 숫자를 입력할 수 있습니다.

예) analogWrite(9, 233)
PWM이 가능한 9번 핀에 233이라는 아날로그값을 출력합니다.

3 Serial.print(출력 내용), Serial.println(출력 내용)

이 두 명령어는 데이터를 직렬 모니터에 출력하는 것입니다. 둘의 차이점은 Serial.println()명령어는 줄 바꿈이 있다는 것입니다. 출력 내용에 따라 줄 바꿈이 있어야 보기가 편할 때도 있습니다. 이 명령어를 통해 아두이노의 작동 상태를 확인할 수 있습니다.

예) Serial.println(ultra_distance)

ultra_distance라는 변숫값을 직렬 모니터에 출력합니다.

4 delay(지연 시간)

delay는 명령어 사이에 들어가 특정 명령어의 지속 시간을 연장해주는 역할을 합니다. LED를 깜박거리는 것을 예로 들면, 너무 빨리 LED가 켜졌다 꺼지면 사람이 이를 감지하기가 힘듭니다. 이런 경우에 LED가 켜져 있는 시간을 delay 명령어로 지연시키는 것입니다. 단위는 밀리초(millisecond, ms)입니다. 1ms는 1/1000초(s)입니다.

예)
```
digitalWrite(13, HIGH);
delay(1000);          //13번 핀이 HIGH인 상태를 1초 동안 지연합니다.
digitalWrite(13, LOW);
delay(1000);          //13번 핀이 LOW인 상태를 1초 동안 지연합니다.
```

5 delayMicroseconds(지연 시간)

delay와 유사하게 명령어의 지속 시간을 지연합니다. 다만 단위로 ms가 아닌 마이크로초(microsecond, ㎲)를 사용합니다. 1㎲는 1/1000000초(s)입니다.

예) delayMicroseconds(10)

0.00001초 동안 지연합니다.

6 digitalRead(핀 번호)

특정 디지털 핀 번호의 값이 HIGH인지 LOW인지를 감지합니다.

7 analogRead(핀 번호)

아날로그 핀에 입력되는 아날로그 값을 감지합니다.

8 pulseIn(핀 번호, HIGH/LOW)

초음파 센서를 사용할 때 자주 사용됩니다. 초음파 센서에서 내보낸 초음파가 사물에 닿고 돌아올 때까지 걸리는 시간을 측정하는 명령어입니다.

9 int 변수이름

정수를 저장하는 변수를 만듭니다. '=='는 같다는 의미입니다

예) int cmd;   // cmd라는 정수형 변수를 만듭니다.
   // 아직 값이 지정되지 않아 사용할 수 없습니다.
   cmd == 1   // cmd 값을 1로 저장합니다.
   cmd == 2   // cmd 값을 2로 저장합니다.

10 float 변수이름

실수를 저장하는 변수를 만듭니다. 주로 소수점을 쓰는 숫자를 다룰 때 사용합니다.

```
01 : float ultra_duration = pulseIn(echoPin, HIGH);
02 : float ultra_distance = ultra_duration / 2 * 0.0343;
```

1행에서 ultra_duration이라는 실수형 변수를 만들고 초음파를 내보내서 돌아올 때까지 걸리는 시간을 저장합니다.

2행에서 ultra_distance라는 변수를 만들고 ultra_duration / 2 * 0.0343 계산식에 의해 나오는 값을 저장합니다.

11 char 변수이름

문자를 저장하는 변수를 만듭니다.

⑫ if–else

조건문의 참과 거짓을 판별해 참일 때 실행하는 명령과 거짓일 때 실행하는 명령이 다르게 할 수 있습니다. '==' 기호는 같다는 의미입니다.

```
예) if(cmd == '0' {
    analogWrite(ledPin, 0);
    }
    else if (cmd == '1' {
    analogWrite(ledPin, 64);
    }
    else if (cmd == '2' {
    analogWrite(ledPin, 128);
    }
    else if (cmd == '3' {
    analogWrite(ledPin, 192);
    }
    else if (cmd == '4' {
    analogWrite(ledPin, 255);
    }
```

cmd의 5개의 값에 따라 서로 다른 아날로그 값이 출력되도록 하였습니다.

주의 사항

1. 대문자와 소문자는 전혀 다른 문자로 인식하기 때문에 명령어 입력 시 주의하여야 합니다.
2. // 기호가 앞에 있으면 그 뒤에 내용은 명령어로 인식하지 않습니다.
3. ;는 명령 하나가 끝났다는 것을 알리는 것입니다.

3D

실전편
Fusion 360 한글판
with Arduino

Chapter 3

실전 프로젝트

1. 모든 펌프 용기를 자동으로 만드는 장치(자동 손 세정제)
2. 리쏘페인 무드등

01 모든 펌프 용기를 자동으로 만드는 장치(자동 손 세정제)

일상생활에서 펌프형 용기를 많이 사용합니다. 손 세정제, 로션, 샴푸, 주방세제에 이르기까지 다양한 용도로 사용합니다. 최근에는 코로나 때문에 어디서나 펌프형 손 세정제를 볼 수 있습니다. 손으로 눌러서 써도 되지만 여러 사람이 함께 쓸 때는 자동으로 나오면 더 위생적이겠다는 생각을 했습니다.

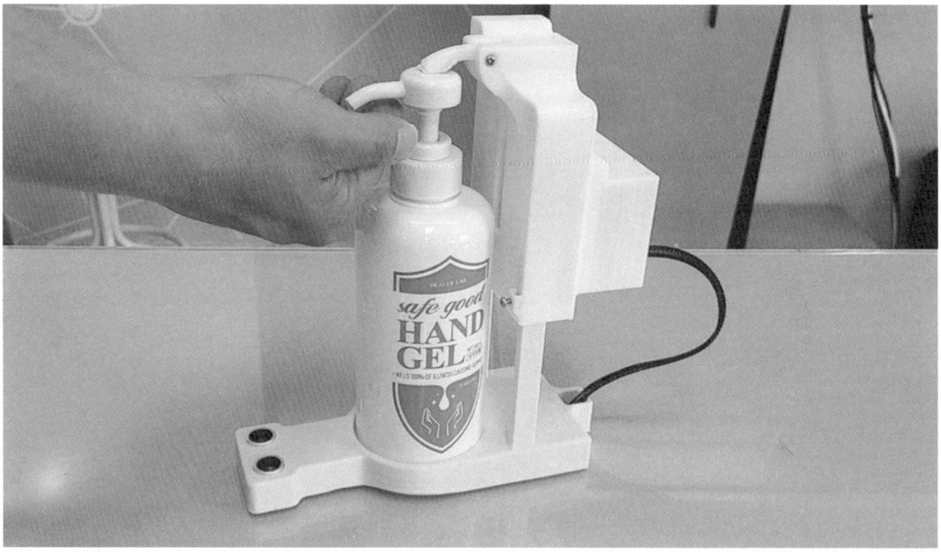

그래서 간단한 장치를 하나 고안했습니다. 손 세정제 뿐만 아니라 어떤 펌프 용기든 손만 대면 나오는 자동 펌핑기입니다. 대부분의 펌프 용기를 끼울 수 있고 손을 근처에 대면 펌프를 자동으로 눌러주는 장치입니다.

작동 원리는 간단합니다. 손을 대면 초음파 센서가 이를 감지하고 서보모터를 움직여 펌프 누르개를 밀어주는 것입니다.

준비물

1
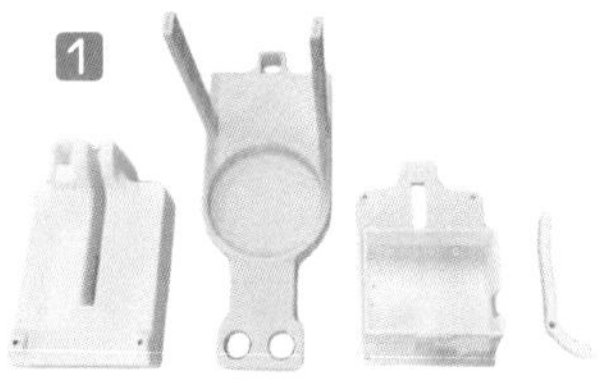

2

3

4

5
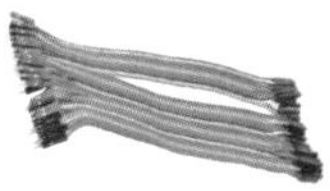

6

7

8

1 3D프린터 출력물 4개 파트
2 아두이노 우노보드
3 초음파 센서(HC-SR04)
4 서보모터(MG945)
5 점퍼선
6 USB 연결선
7 USB 포트 아답터
8 각종 나사

- M3×10mm 나사 2개 : 높이 조정 장치 고정용
- M3×25mm 볼트, 너트 각 1개 : 펌프 누르개 고정용
- M2×6mm 나사 4개 : 우노 보드 고정용
- M2×10mm 나사 4개 : 상부 프레임 앞판과 뒤판 고정용

제작 포인트

초음파 센서에 손을 대면 서보모터가 움직이게 코딩해야 합니다.

원하는 기능	기능을 구현할 핵심 부품
손을 댔거나 뗐을 때, 이를 감지할 수 있음	초음파 센서
손이 감지 되면 펌프를 눌러 줌	서보 모터

1. 퓨전360으로 모델링하기

정해진 규격대로 똑같이 모델링을 해야 하는 것은 아닙니다. 여러분의 취향과 용도를 고려해서 독특한 작품을 만들기를 권장합니다. 다만 조립을 할 때는 공차를 고려해서 제작해야 합니다. 공차는 부품들이 서로 잘 끼워지도록 연결 부위에 틈을 주는 것입니다. 3D 프린팅 출력물끼리 연결하거나 추가 부품을 끼울 때는 공차를 꼭 고려해야 합니다.

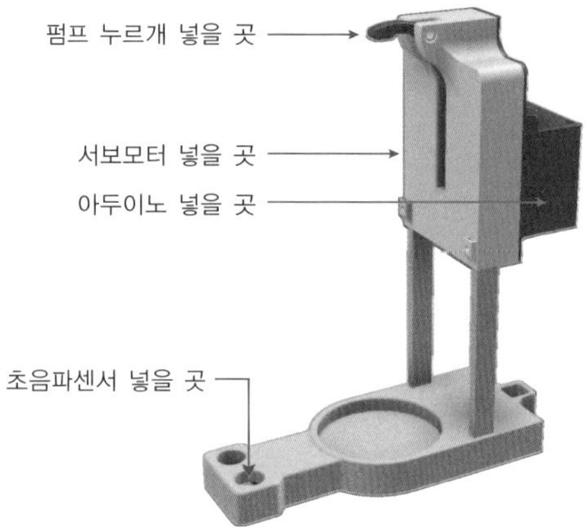

이번 주제의 모델링에서는 우선 스케치를 대충해서 윤곽만 잡아주고 그 후에 위치와 치수를 정확히 바꿔주는 방식으로 진행할 것입니다.

저자의 방식은 이렇게 모델링할 수도 있다는 참고 자료로 생각하고 더 나은 모델링 방식을 생각해 보시기 바랍니다.

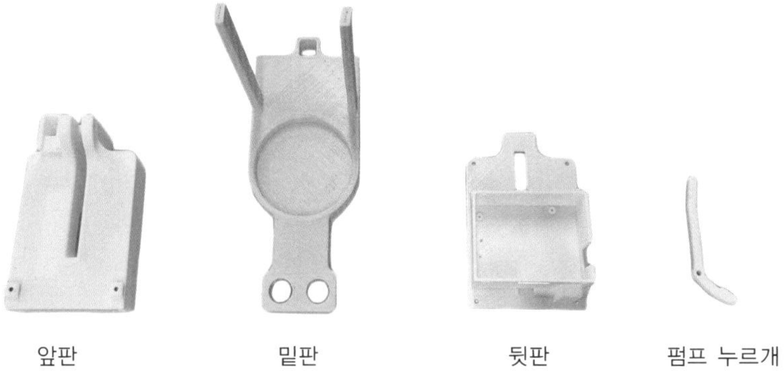

1 하부 프레임

펌프 용기를 거치하고 초음파센서를 내장할 수 있는 곳

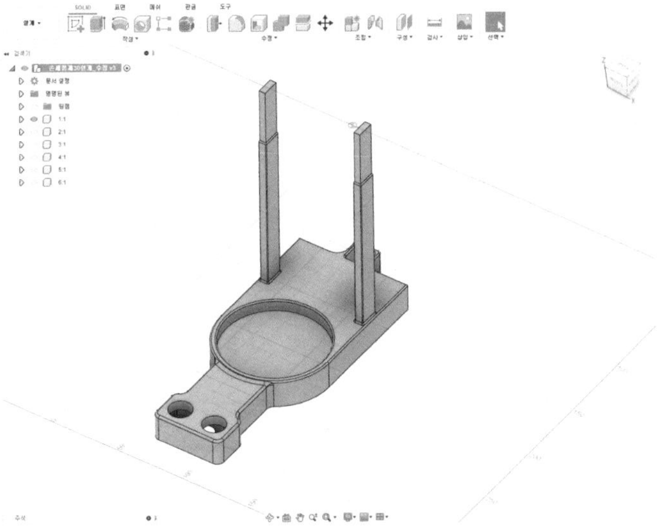

2 상부 프레임1

서보모터를 내장하고 펌프 누르개와 연결되는 프레임 (서보모터는 상부 프레임 1, 2 사이에 들어가는 구조임)

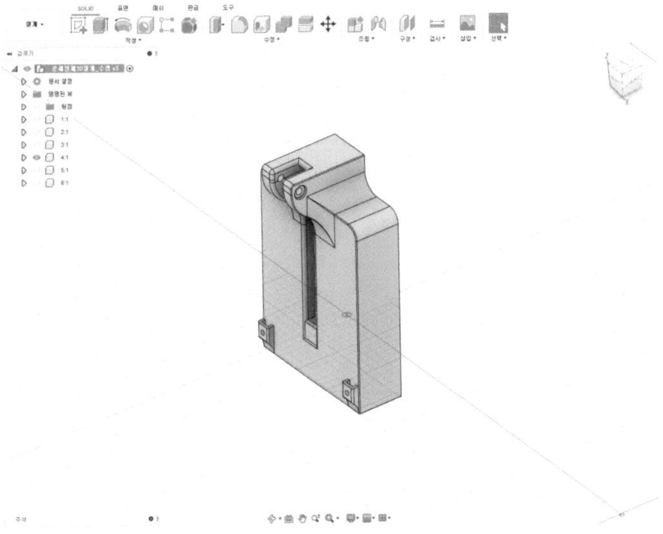

3 상부 프레임2

아두이노를 내장하는 프레임

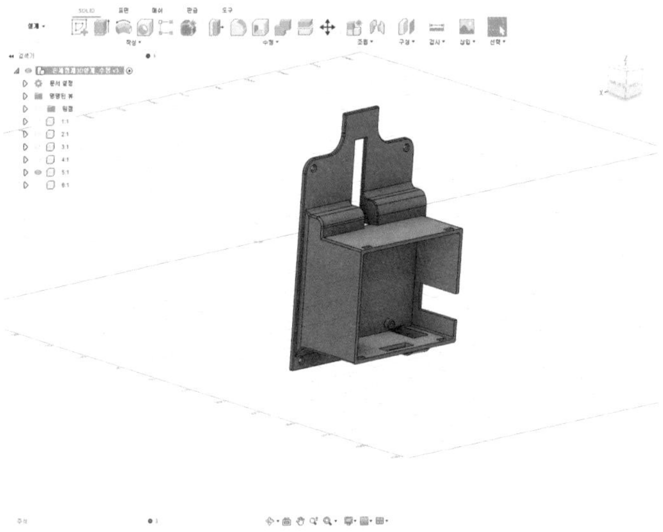

4 펌프 누르개

이 부품은 한쪽은 서보모터의 날개와 연결되며 반대쪽은 펌프와 닿게 됨.

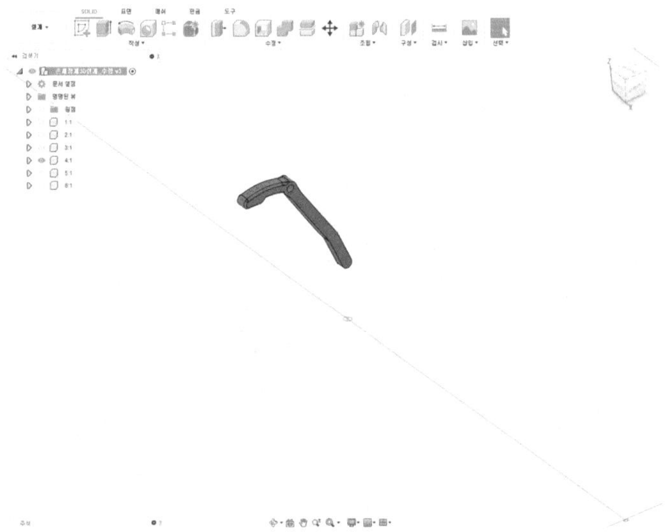

서보모터는 다음 사진처럼 펌프 누르개 출력물과 맞닿아 있어 서보모터의 각도 변화에 따라 누르개를 움직이게 합니다.

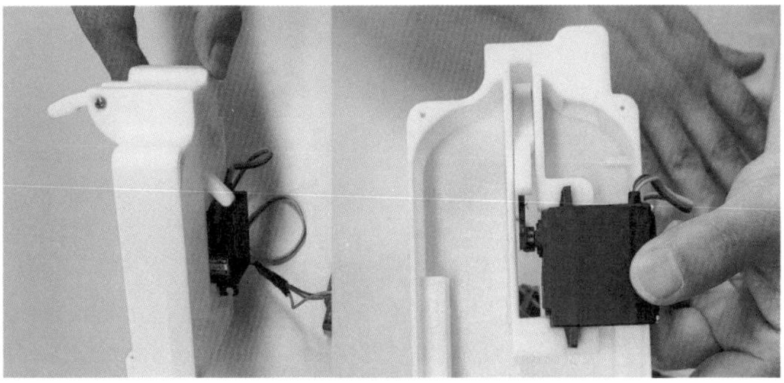

2. 하부 프레임 모델링하기

스케치 작성(Create Sketch) 버튼을 누르고 XY평면을 선택합니다.

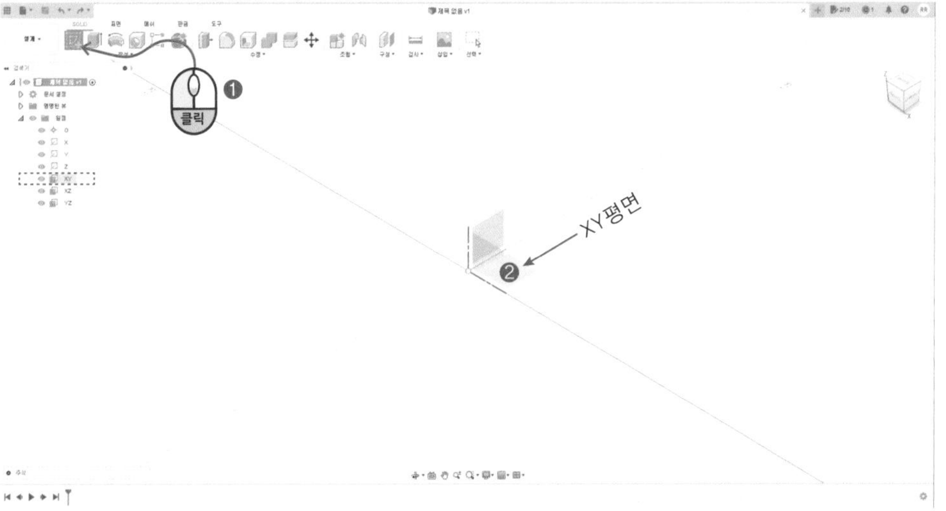

〈작성(CREATE)〉-〈중심 지름 원(Center Diameter Circle)〉을 실행합니다.

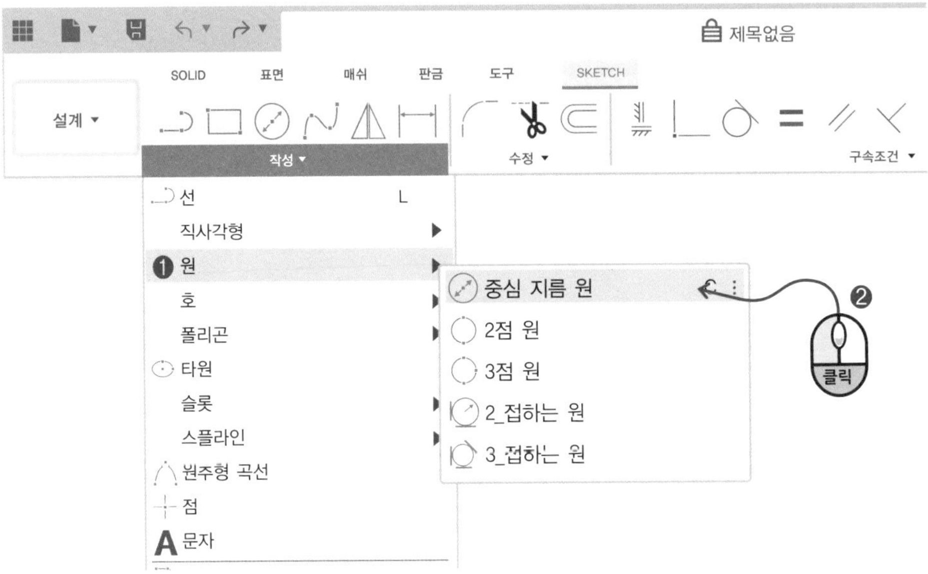

원점을 중심으로 지름 75mm의 중심 지름 원(Center Diameter Circle)을 그립니다.

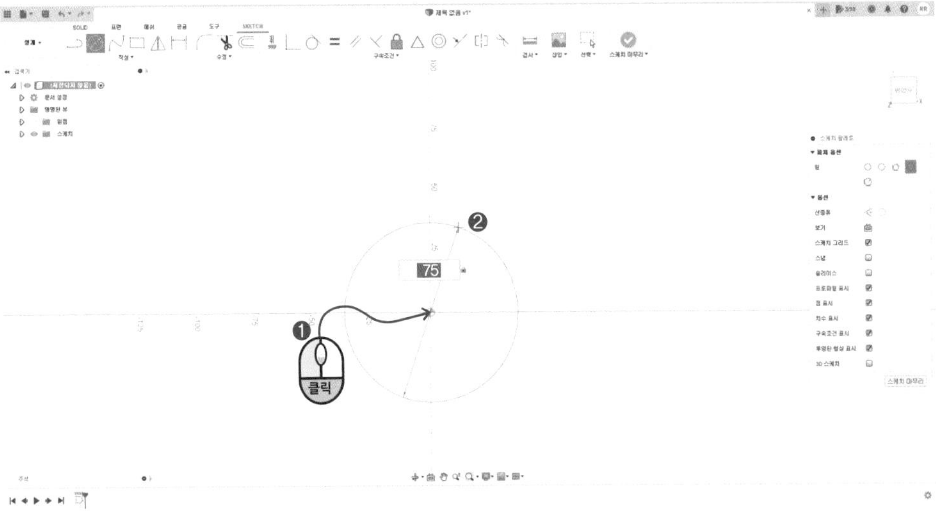

원과 선이 서로 만나도록 그림과 같은 스케치를 그립니다.

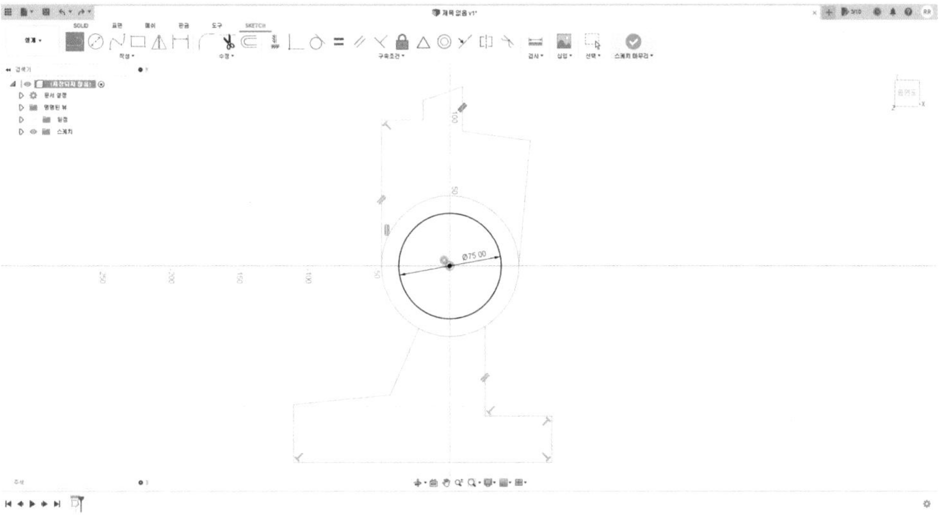

수평/수직(Horizontal/Vertical) 구속으로 기울어진 선들을 수평이나 수직이 되도록 합니다.

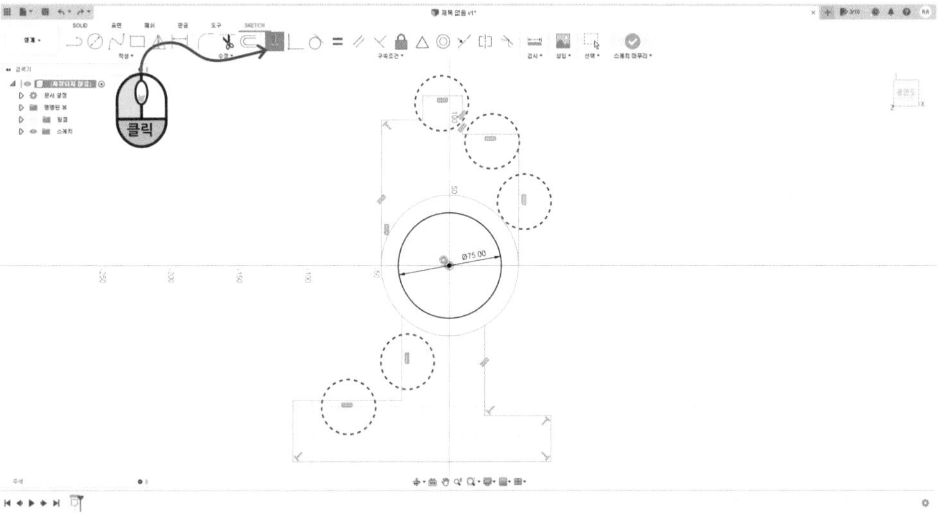

처음에 어떻게 스케치를 그리느냐에 따라 구속을 주는 것은 달라질 수 있습니다. 그림에 표시된 곳에 구속을 똑같이 주는 것보다 결과가 같아지도록 하는데, 신경을 쓰면 됩니다.

접선(Tangent) 구속으로 두 선이 원과 접하도록 합니다.

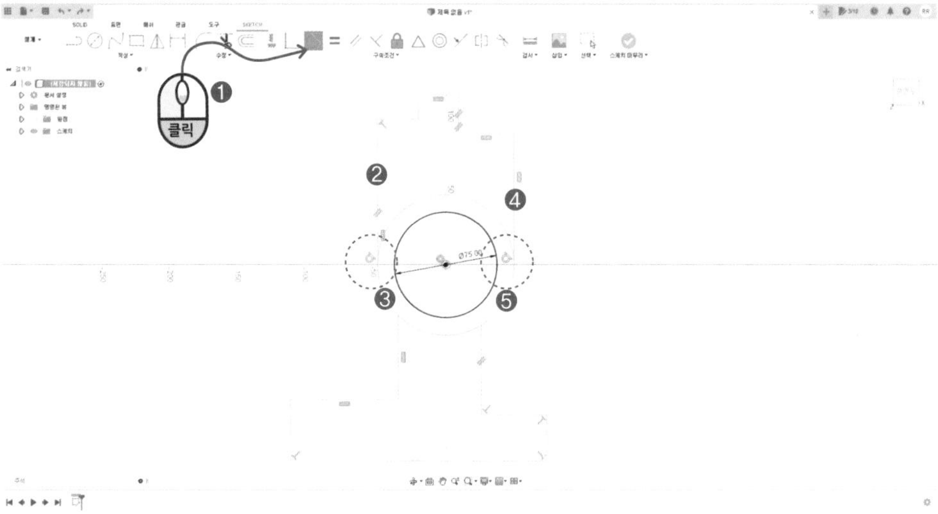

동일 선상(Collinear) 구속으로 같은 선상에 있어야 하는 선들의 위치를 잡아줍니다.

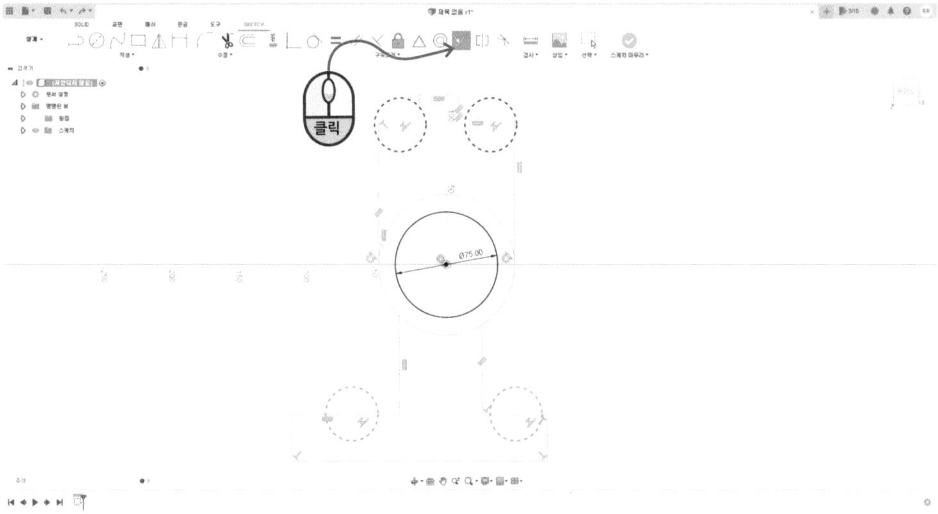

같음(Equal) 구속으로 길이가 같아야 하는 선들을 선택합니다.

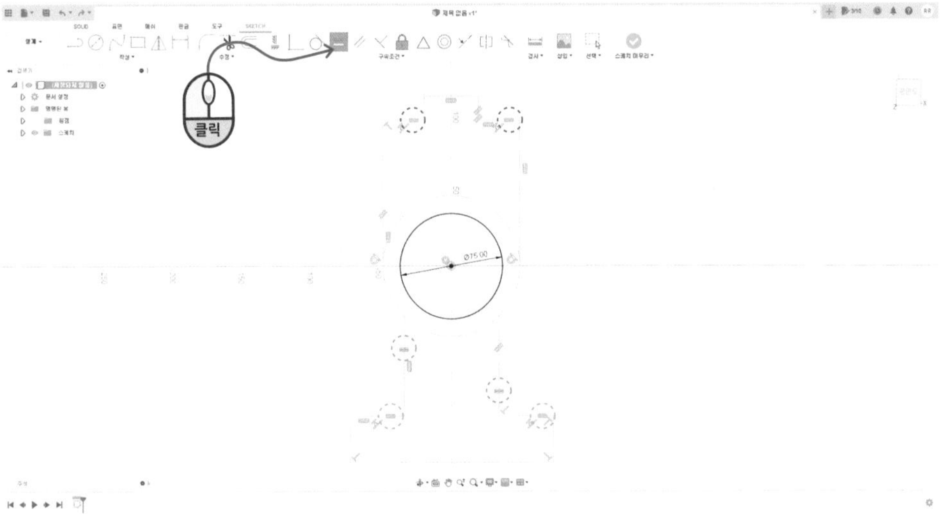

형상은 다잡아주었습니다. 치수를 입력해 주겠습니다.

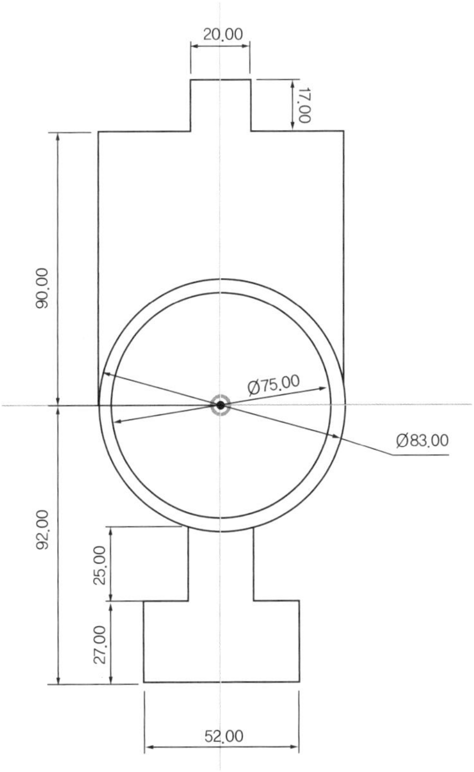

원점에 수직인 선을 하나 그리고 구성(Construction)선으로 변경합니다.

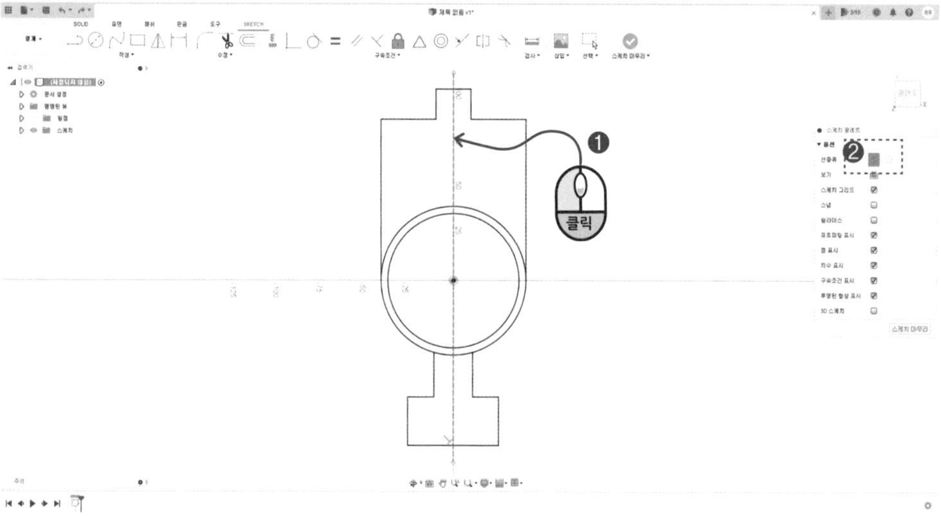

중심이 구성(Construction)선을 지나도록 중심 사각형(Center Rectangle)을 그리고 사각형과 원을 그림과 같이 그립니다.

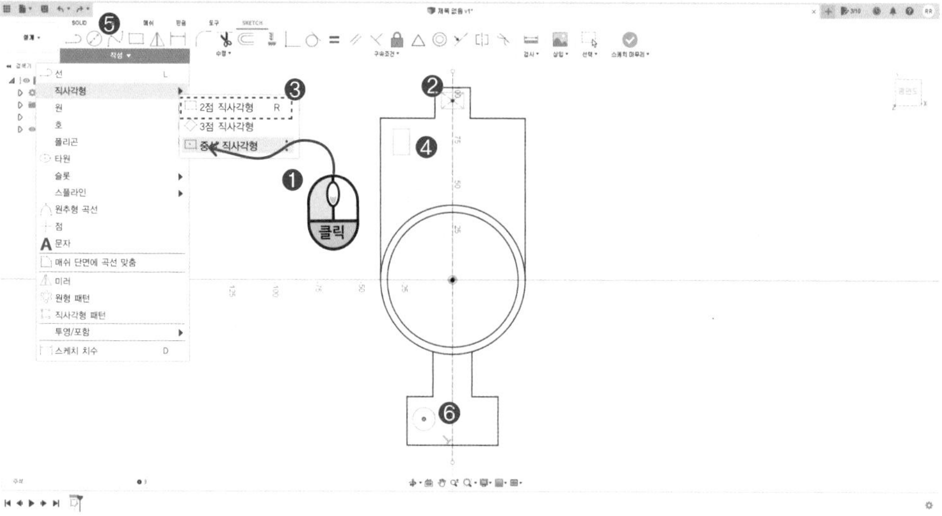

두 사각형과 원에 치수를 입력합니다.

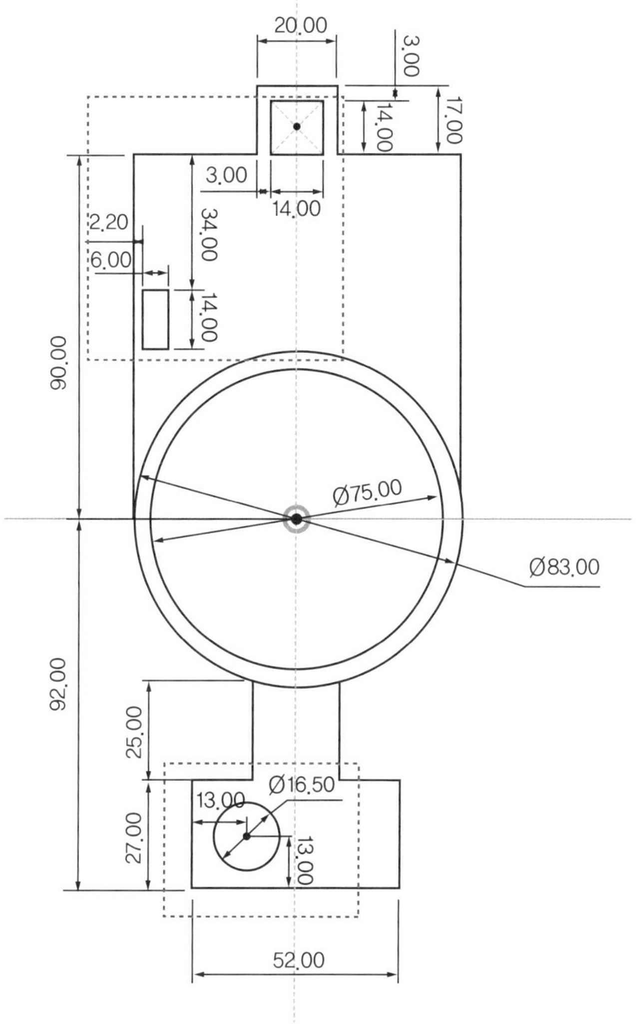

〈작성(CREATE)〉-〈대칭(Mirror)〉을 실행하고 프로파일(Profile)로 사각형과 원을 선택합니다. 미러 선(Mirror Line)은 구성(Construction) 선을 선택합니다.

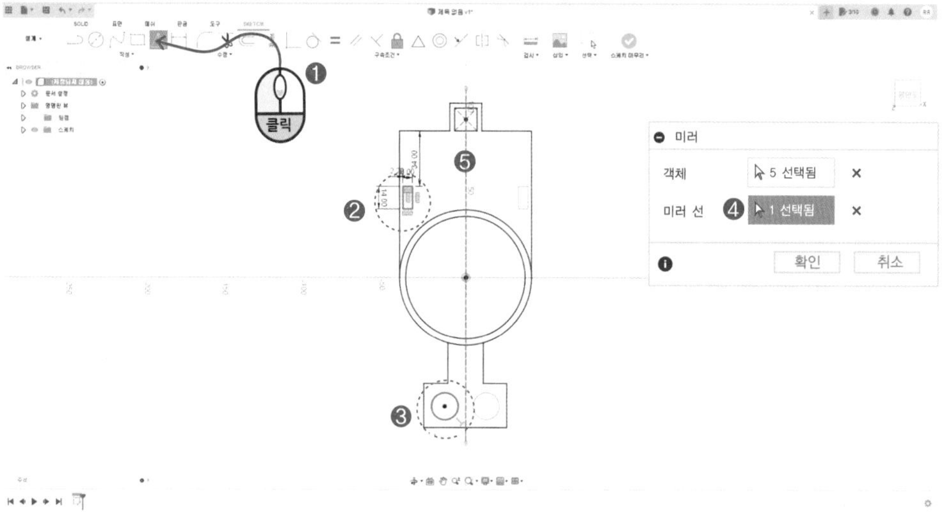

스케치 마무리(FINISH SKETCH)버튼을 눌러 스케치 모드에서 나갑니다.

돌출(Extrude)을 실행하고 파랑색으로 표시된 프로파일을 선택하고 20mm 돌출시킵니다.

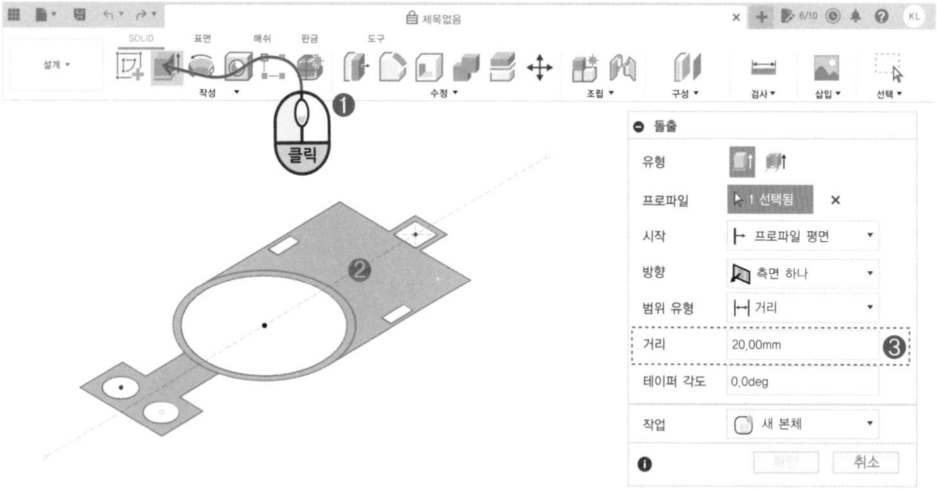

스케치1(Sketch1)의 눈을 켜고 다음 원을 선택한 후 11.5mm 돌출(Extrude)시킵니다.

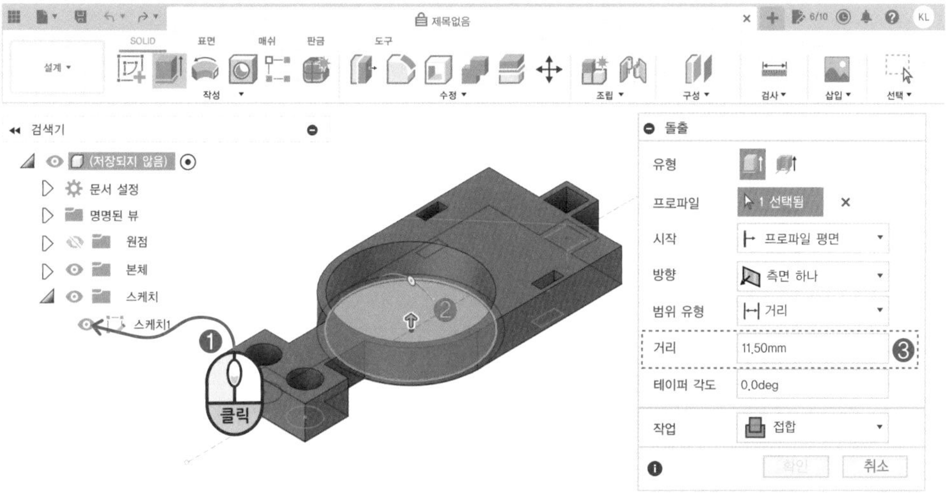

그림과 같이 빨간색으로 표시된 2개의 프로파일을 선택해 133mm 돌출(Extrude)시킵니다.

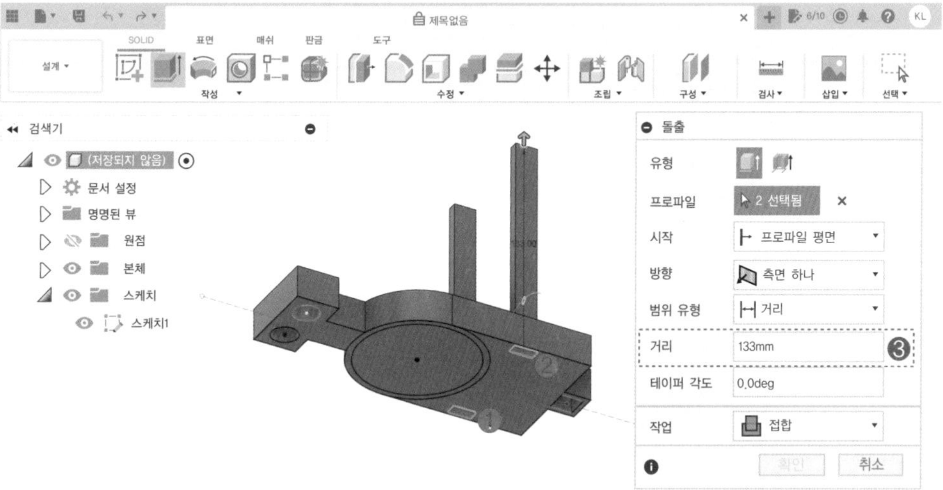

모깎기(Fillet)를 실행하고 파란색으로 표시된 모서리 10개를 선택합니다. 모깎기(Fillet) 값은 4mm를 줍니다.

스케치 작성(Create Sketch) 버튼을 누르고 하부 프레임의 바닥 면을 선택합니다.

선을 2개 그립니다.

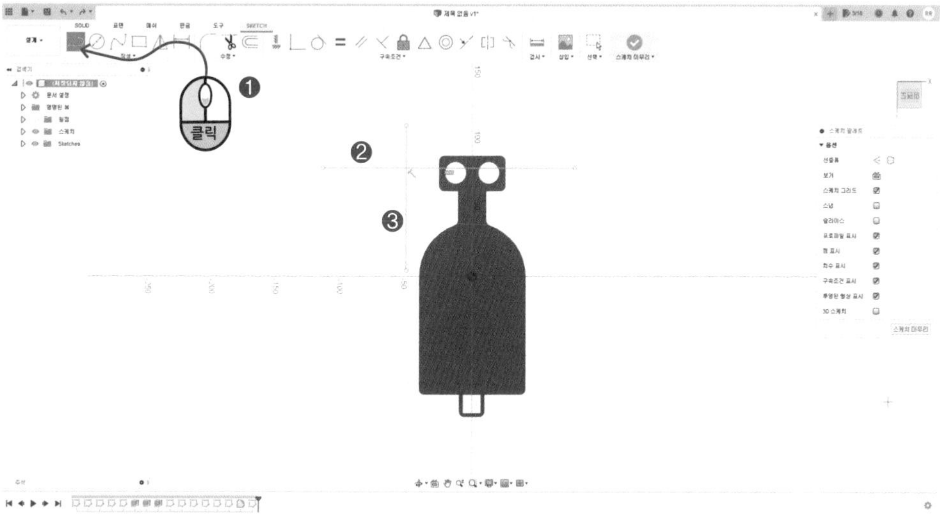

2개의 선을 구성(Construction)선으로 변경합니다. 선 2개를 선택하고 스케치 팔레트에서 구성선 아이콘을 누르거나 단축키 X를 누르면 됩니다.

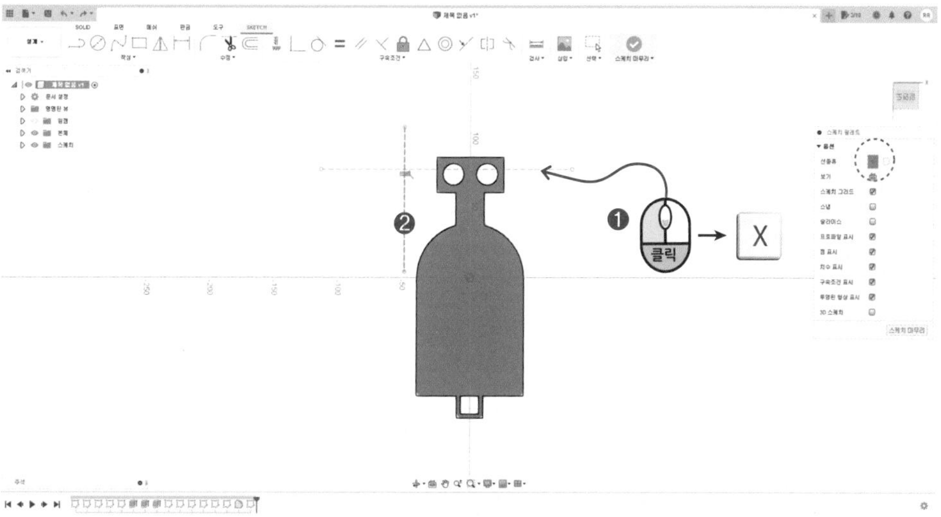

구성(Construction)선을 중간점(MidPoint) 구속합니다.

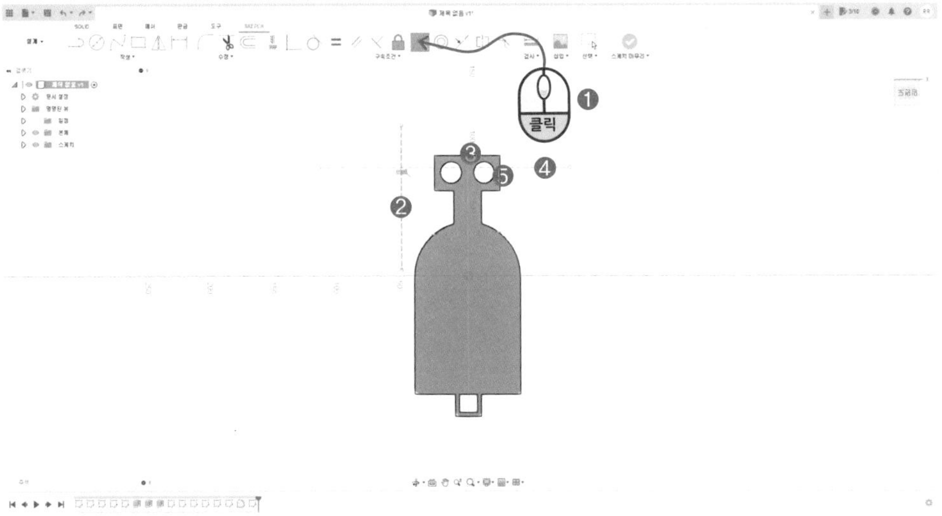

두 구성(Construction)선의 교차점에 포인트를 만듭니다.

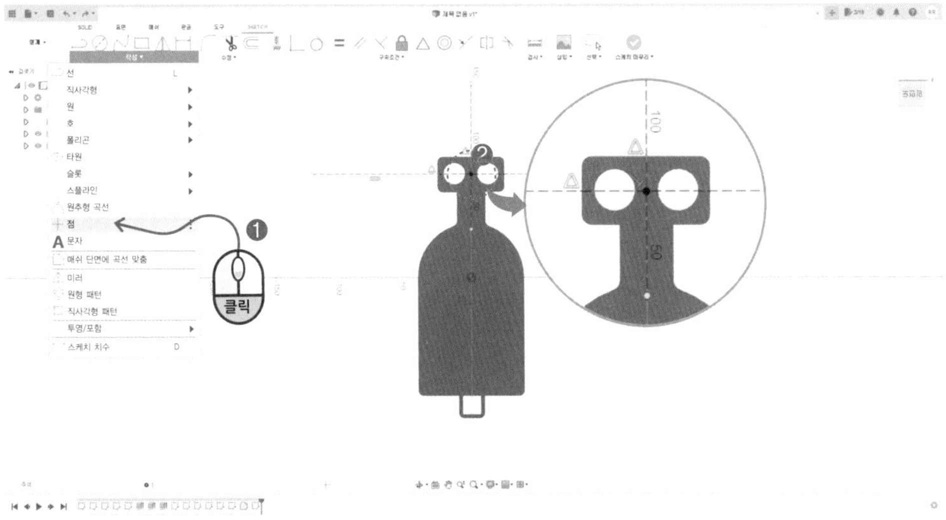

가로 46.2mm, 세로 21.5mm인 중심 직사각형(Center Rectangle)을 그립니다.

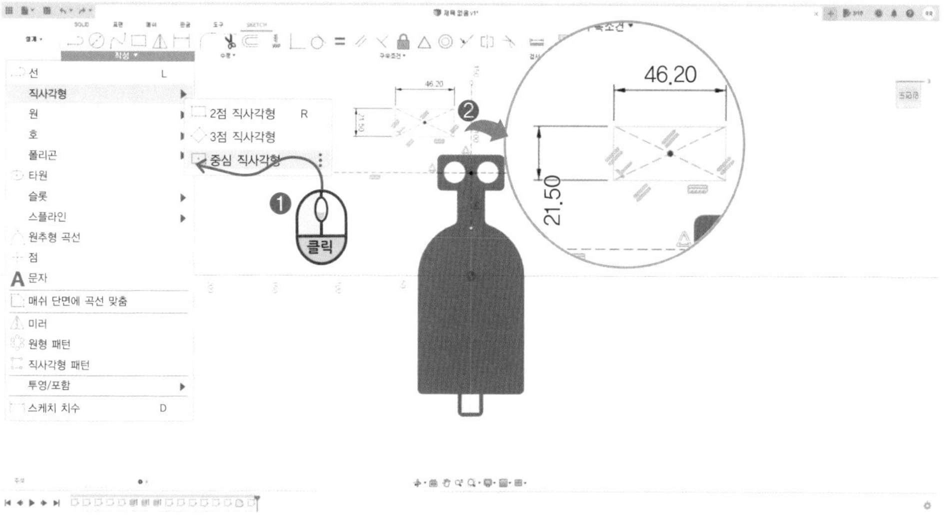

일치(Coincident)구속으로 구성(Construction)선의 교차점과 중심 직사각형(Center Rectangle)의 중심이 일치하도록 합니다.

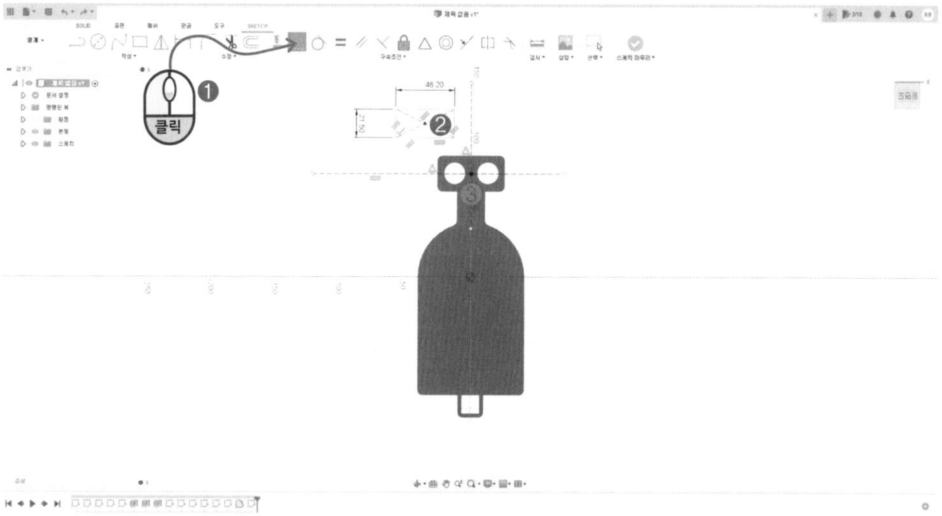

선(Line)으로 다음과 같은 선 3개를 그려 주고 수직 구속합니다. 이미 그려놓은 사각형과 접하도록 그려 주어야 합니다.

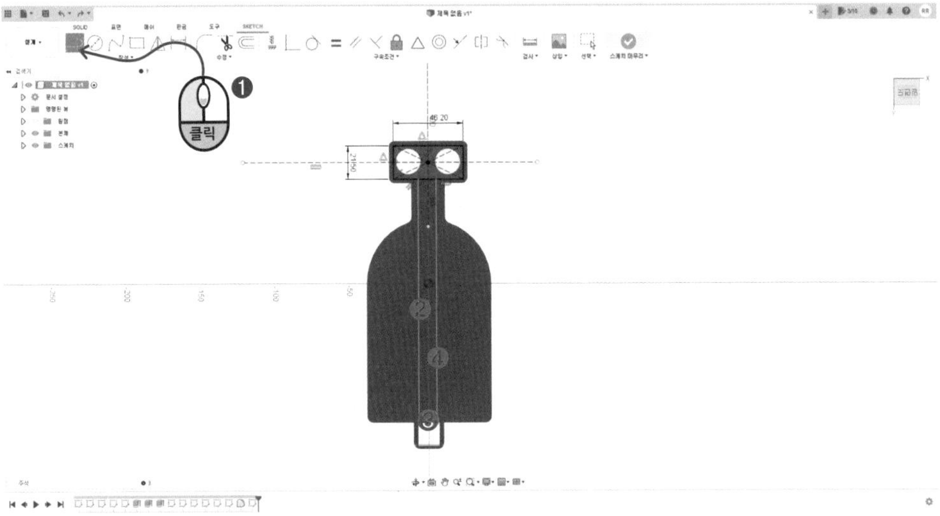

가운데 구성(Construction)선을 기준으로 두 선을 대칭(Symmetry) 구속합니다.

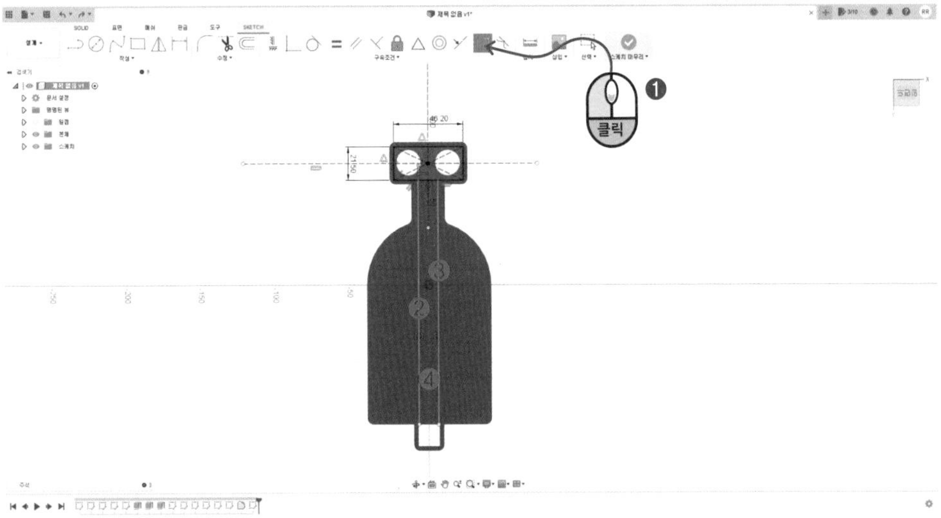

치수를 다음과 같이 입력하고 스케치 마무리(FINISH SKETCH) 버튼을 눌러 스케치 모드에서 나갑니다.

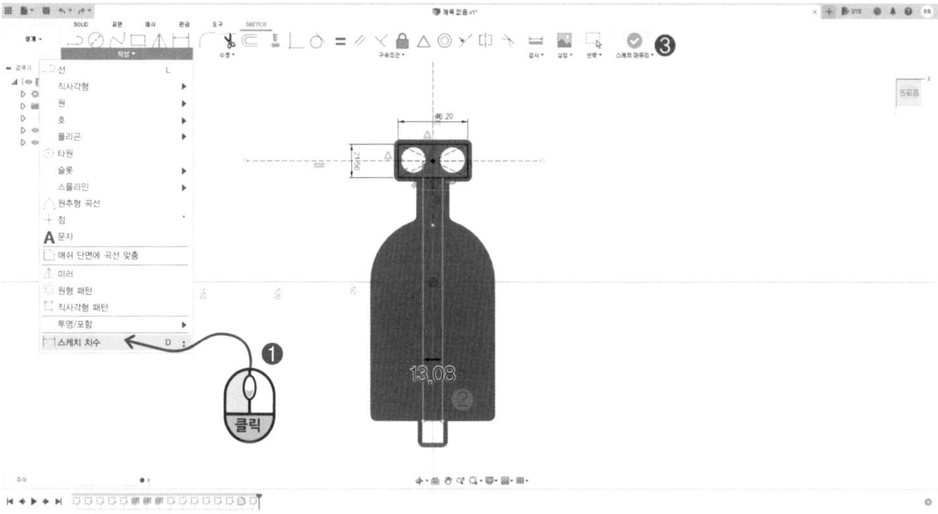

돌출(Extrude)을 실행하고 다음 프로파일을 안쪽으로 10mm를 파줍니다.

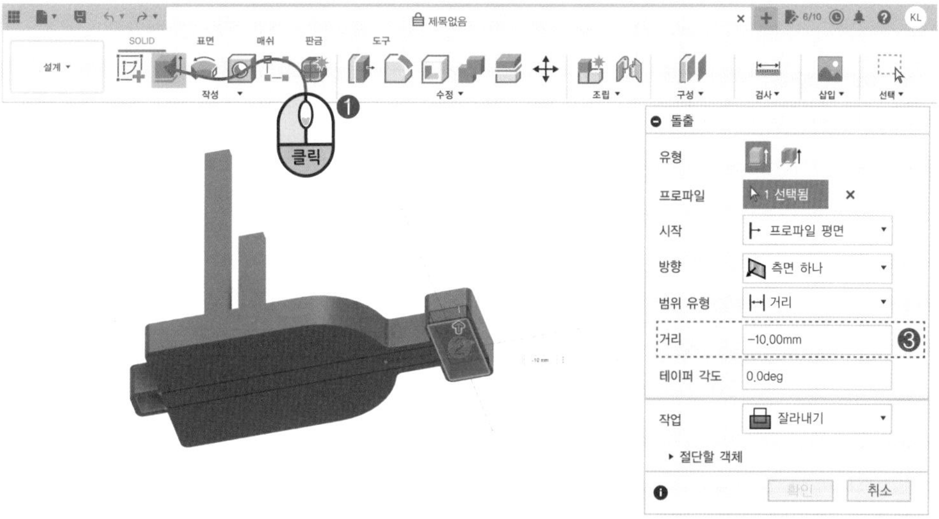

스케치2(Sketch2)의 눈을 켜고 돌출(Extrude)을 실행하여 다음 프로파일을 안쪽으로 5mm를 파줍니다.

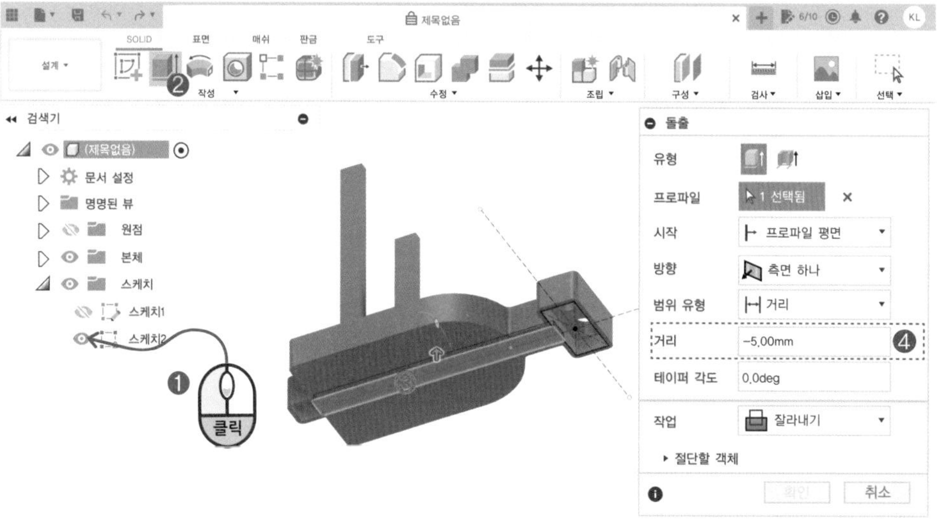

하부 프레임이 완성되었습니다.

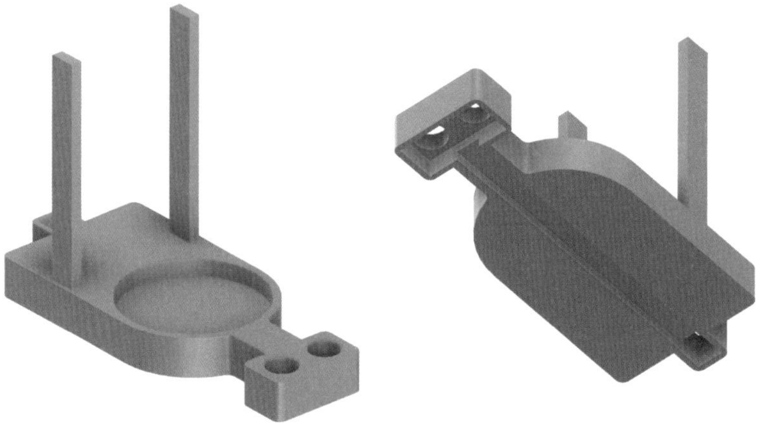

3. 상부 프레임1 모델링하기

스케치 작성(Create Sketch) 버튼을 누르고 XY평면을 선택합니다.

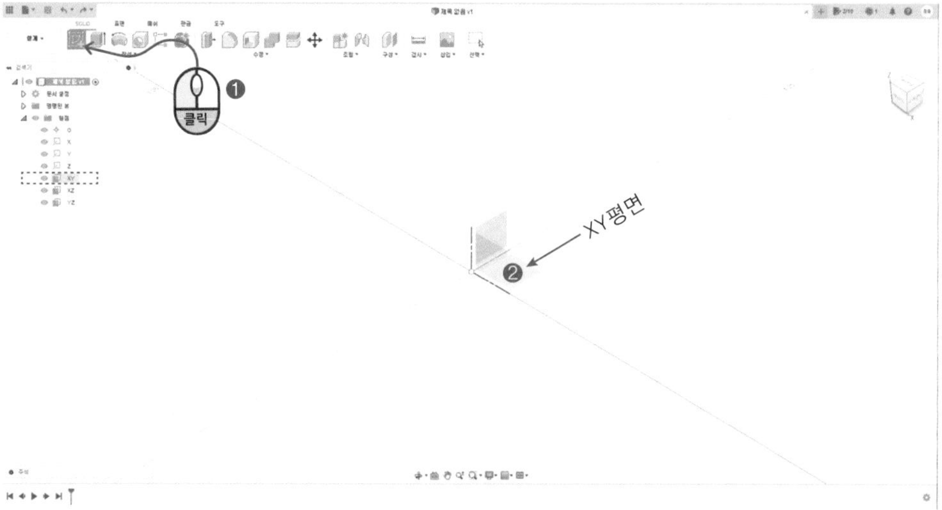

원점을 지나는 선을 하나 그리고 원점과 일치(Coincident)구속합니다. 일치(Coincident)구속 버튼을 누르고 원점과 선을 선택하면 됩니다. 그린 선을 구성(Construction)선으로 변경합니다.

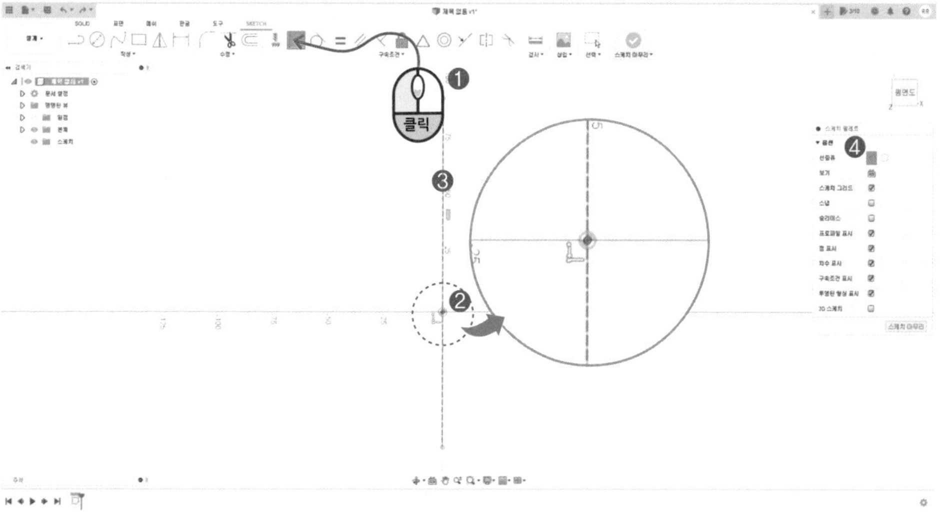

그림과 같은 선을 그립니다. 똑같이 그릴 필요는 없고 비슷한 형상으로 그리면 됩니다.

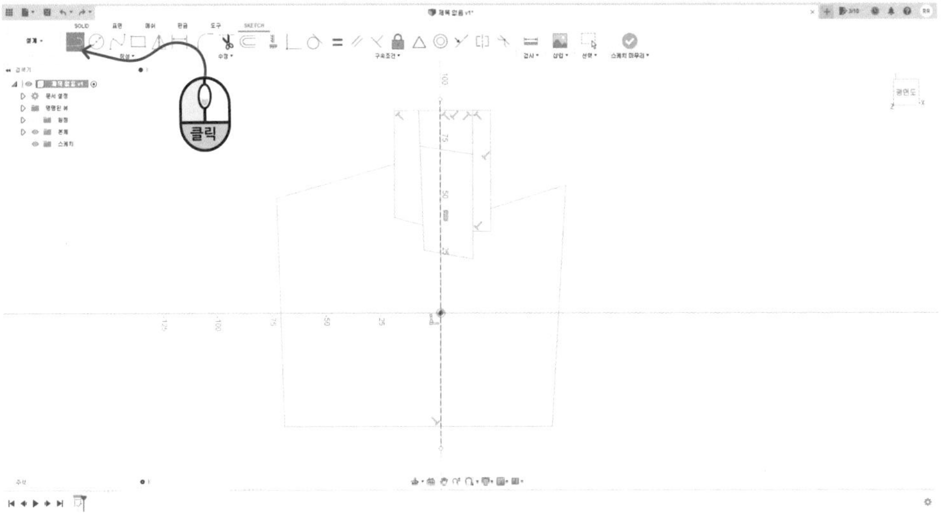

수평/수직(Horizontal/Vertical) 구속으로 기울어진 선을 수평이나 수직으로 만듭니다.

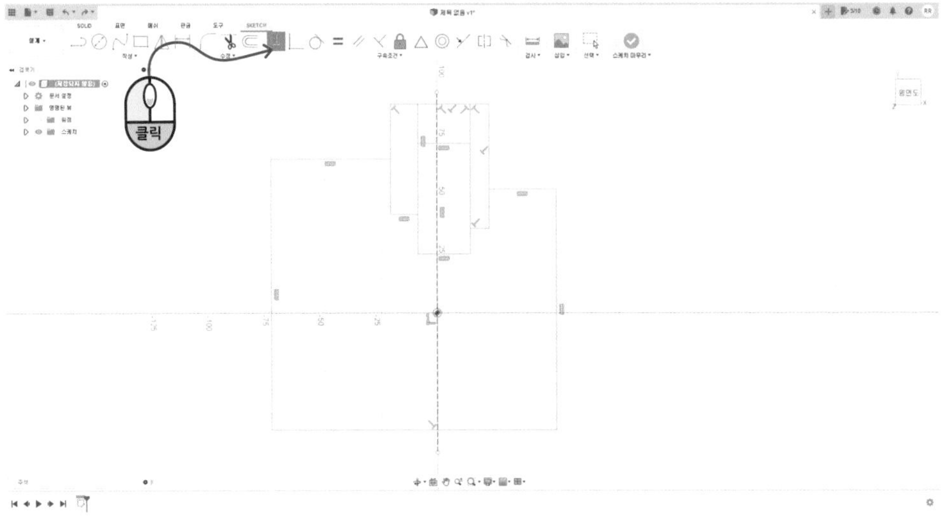

동일 선상(Collinear) 구속으로 같은 선상에 있어야 하는 선들을 구속힙니다.

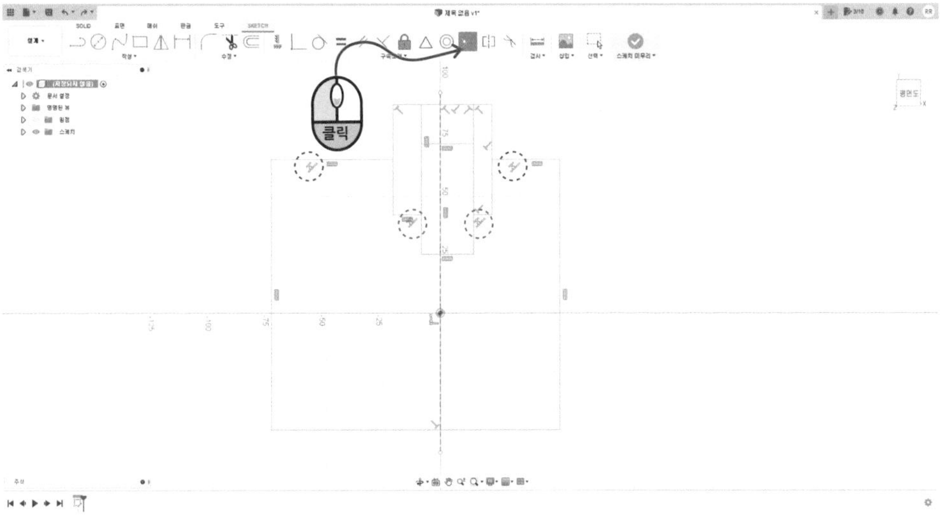

제일 아래쪽에 있는 선의 중간 점과 원점을 일치(Coincident) 구속합니다. 선의 중간 점을 표시하기 위해선 시프트키(⇧Shift)를 누른 채로 마우스 커서를 가져다 대면 됩니다.

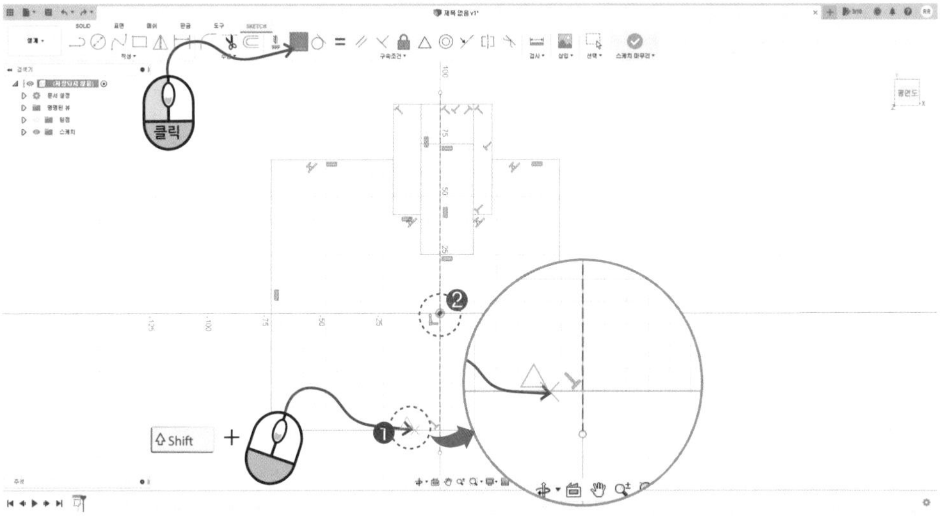

수직 구속으로 구성(Construction)선의 한 점과 선의 중간 점을 구속합니다. 선의 중간 점을 표시하기 위해서 시프트키(⇧Shift)를 사용합니다.

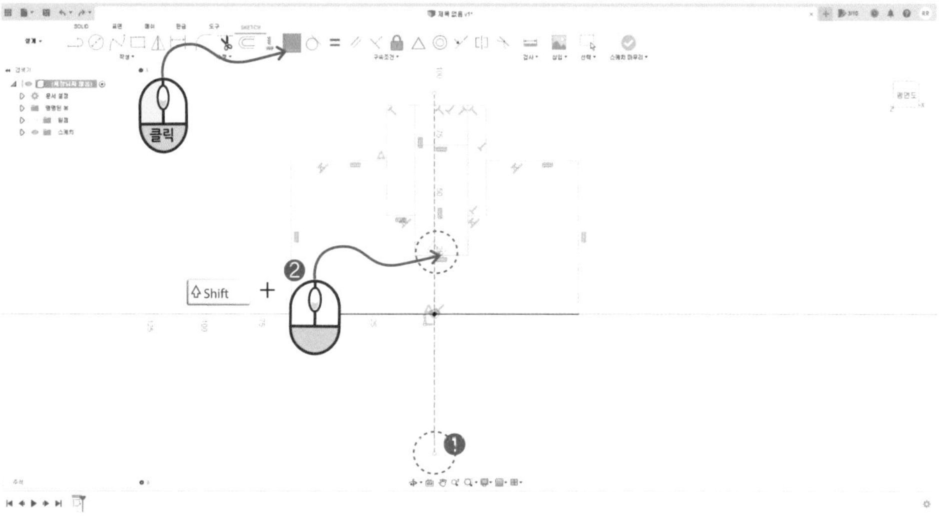

같음(Equal) 구속으로 길이가 같아야 하는 선을 구속합니다.

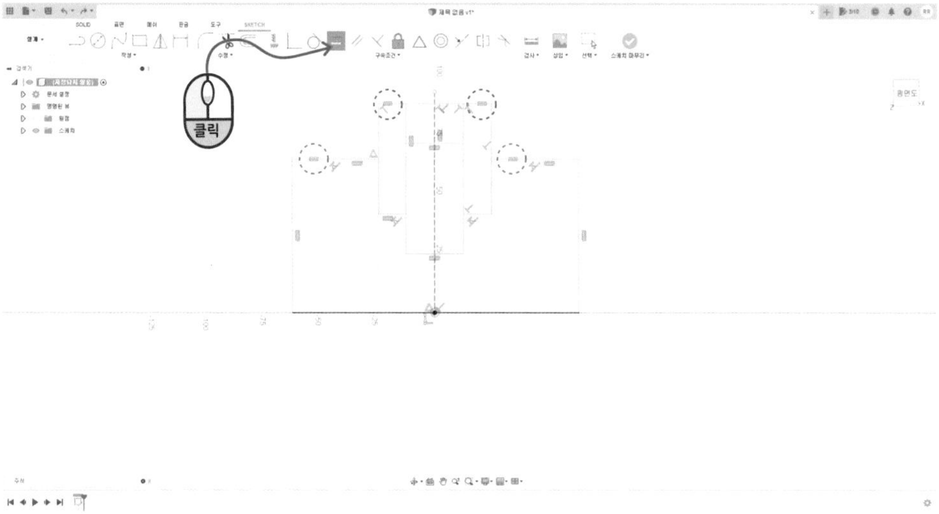

스케치에 다음과 같이 치수를 넣어 줍니다.

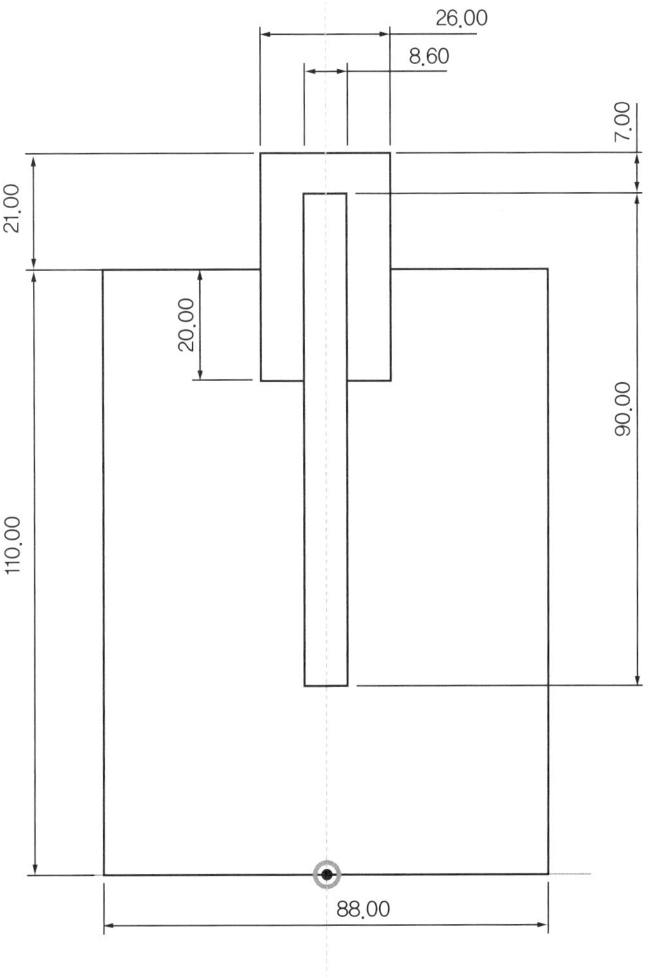

하단부에 다음과 같은 원과 중심 직사각형(Center Rectangle)을 그립니다. 원과 중심 직사각형은 중심이 같아야 합니다.

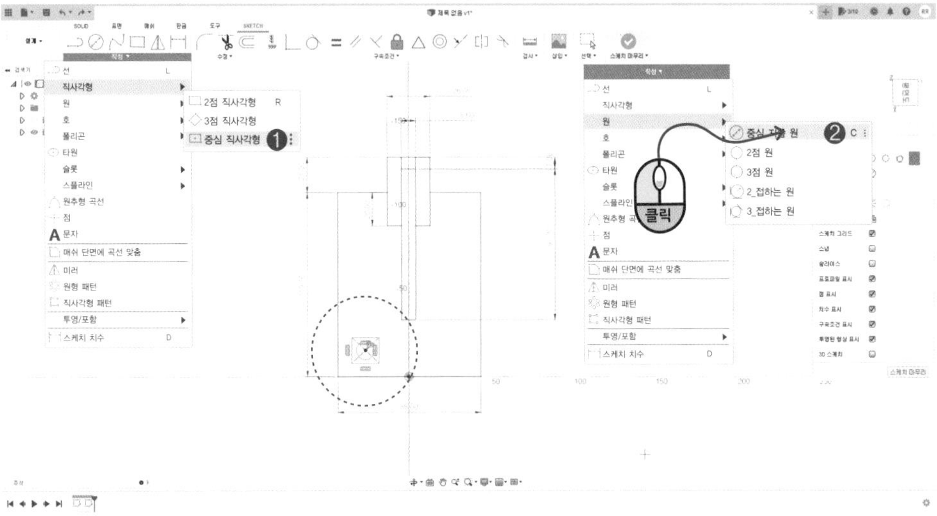

방금 그린 사각형과 원에 다음과 같이 치수를 넣어 줍니다.

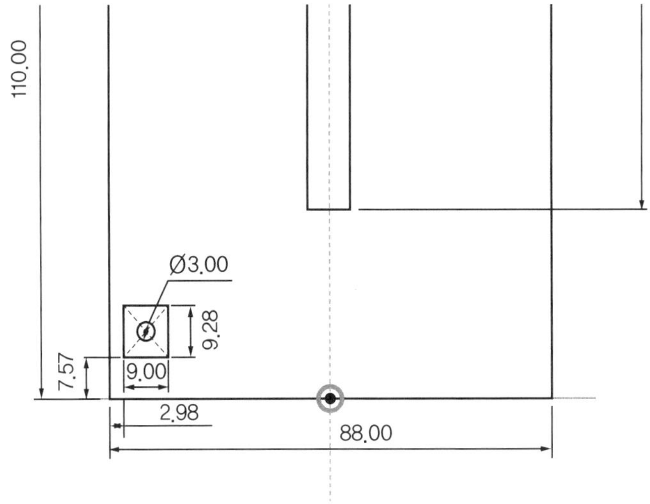

〈작성(CREATE)〉-〈미러(Mirror)〉를 선택합니다. 객체(Objects)로 사각형과 원을 선택하고 미러 선(Mirror Line)으로는 가운데 구성(Construction)선을 선택합니다.

반대쪽에 사각형과 원이 구성(Construction)선을 기준으로 대칭되어 복제됩니다

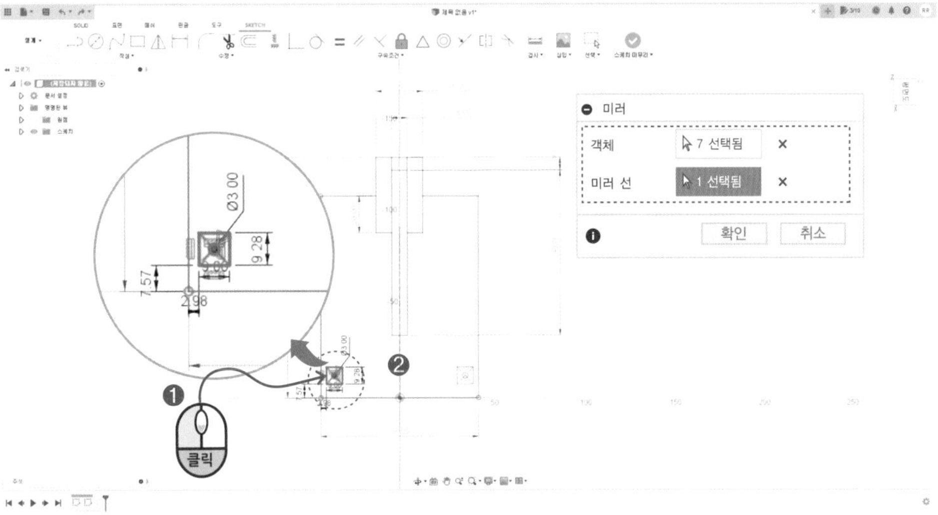

돌출(Extrude)을 실행하고 다음 프로파일을 27.35mm 돌출시킵니다.

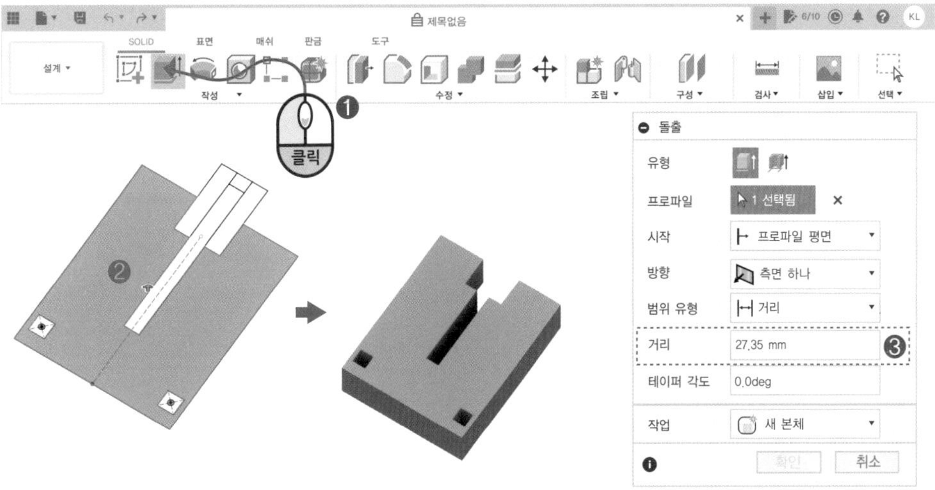

스케치1(Sketch1)의 눈을 켜고 돌출(Extrude)을 실행한 후 그림과 같은 프로파일 2개를 선택하여 47.35mm 돌출시킵니다.

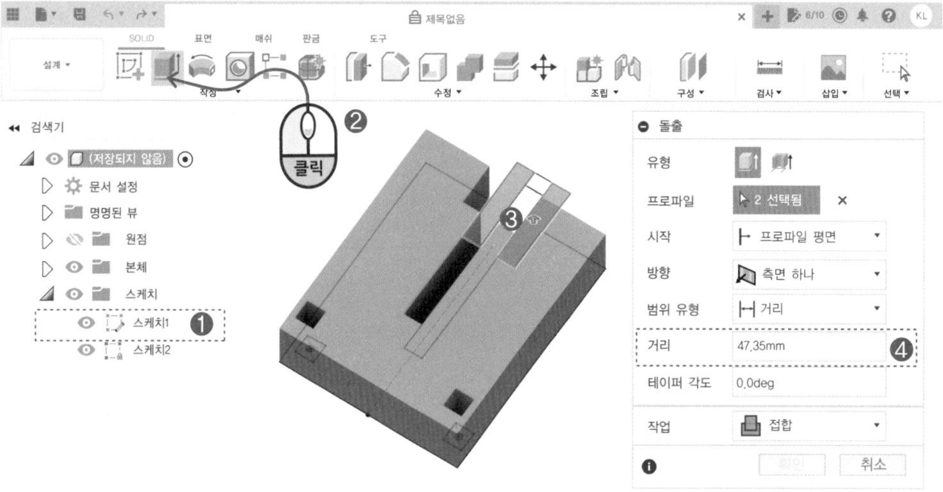

돌출(Extrude)을 실행하고 그림과 같은 프로파일 1개를 선택하여 30mm 돌출시킵니다.

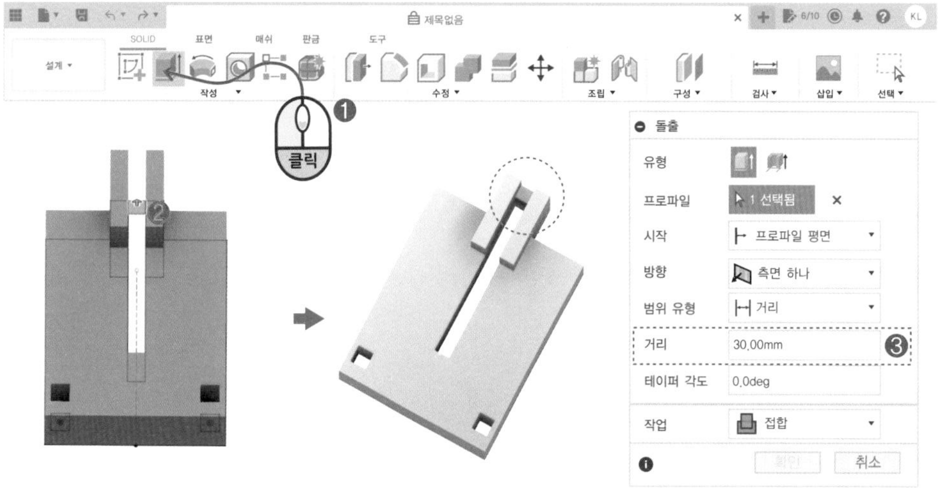

모깎기(Fillet)를 실행하여 2개의 모서리에 필릿값을 37.5mm 줍니다.

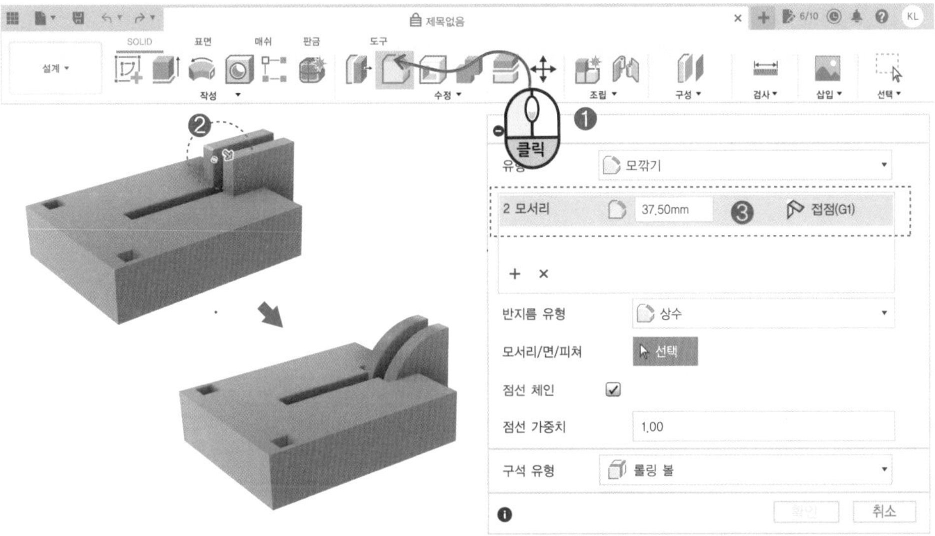

다음 2개의 모서리에 필릿값을 10mm 줍니다.

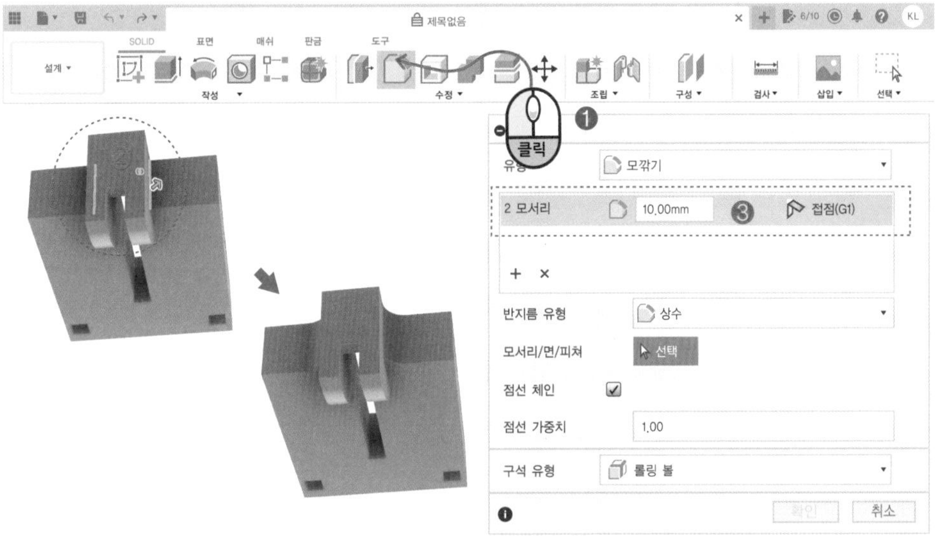

다음 2개의 모서리에 필릿값을 7mm 줍니다.

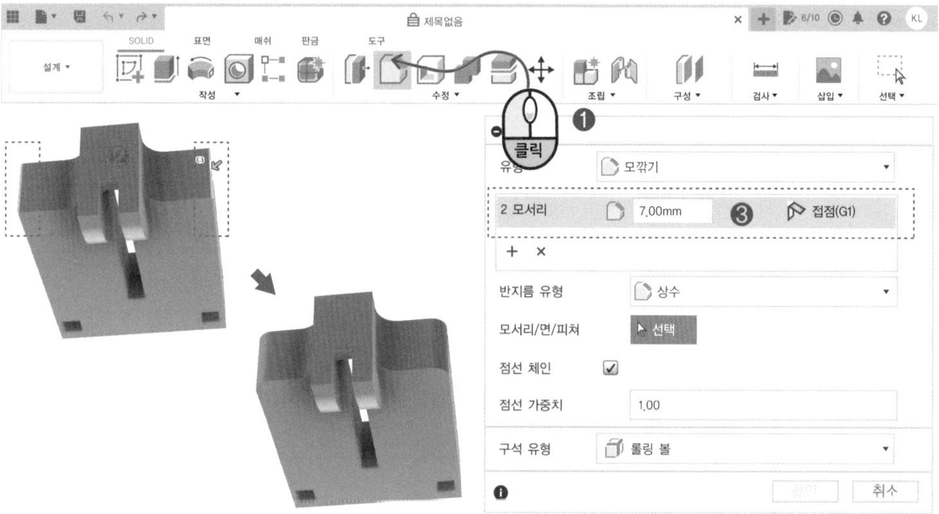

하단 모서리 2곳에 필릿값을 0.5mm 줍니다.

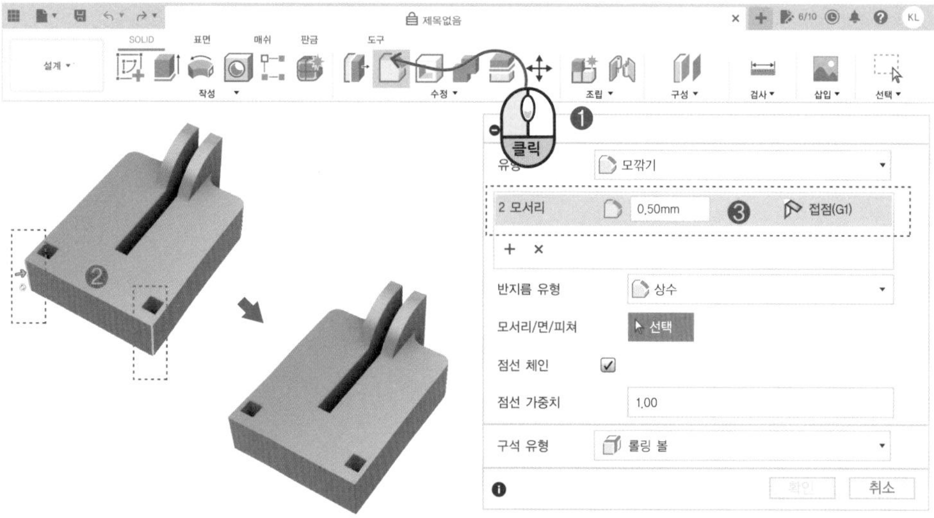

모깎기(Fillet)는 한 번에 서로 다른 종류의 모깎기를 실행할 수 있습니다. +버튼을 눌러서 필릿값이 다른 부분을 선택하면 됩니다. 도서에서는 이해를 돕기 위해 따로 따로 실행하였습니다.

돌출(Extrude)을 실행하고 4개의 프로파일을 선택하여 34mm 돌출시킵니다.

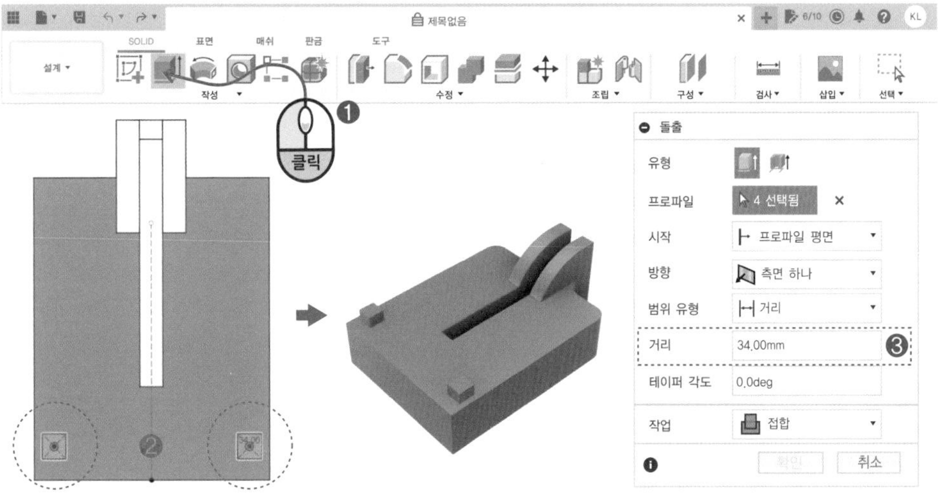

밑면에 그린 원을 이용하여 돌출로 구멍을 만들어 줄 것입니다. 스케치1(Sketch1)의 눈을 켜고 프로파일로 2개의 원을 선택합니다. 시작(Start)은 개체(Object)를 선택하고 객체(Object)는 파란색 면을 선택합니다. 거리(Distance)는 －15mm를 넣어 줍니다. 이렇게 하면 위쪽 면에서 부터 아래쪽으로 15mm가 들어갑니다.

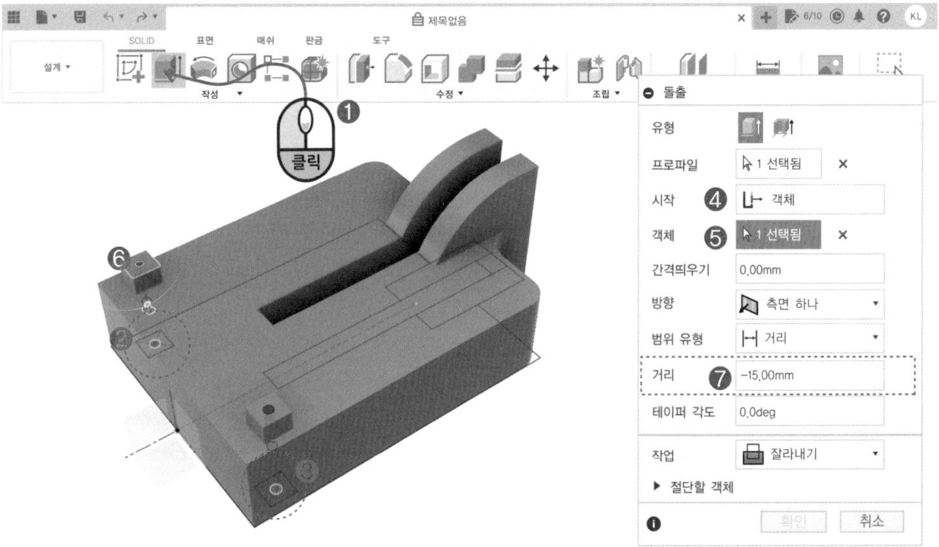

스케치 작성(Create Sketch) 버튼을 누르고 본체(Body)의 한 면을 선택합니다.

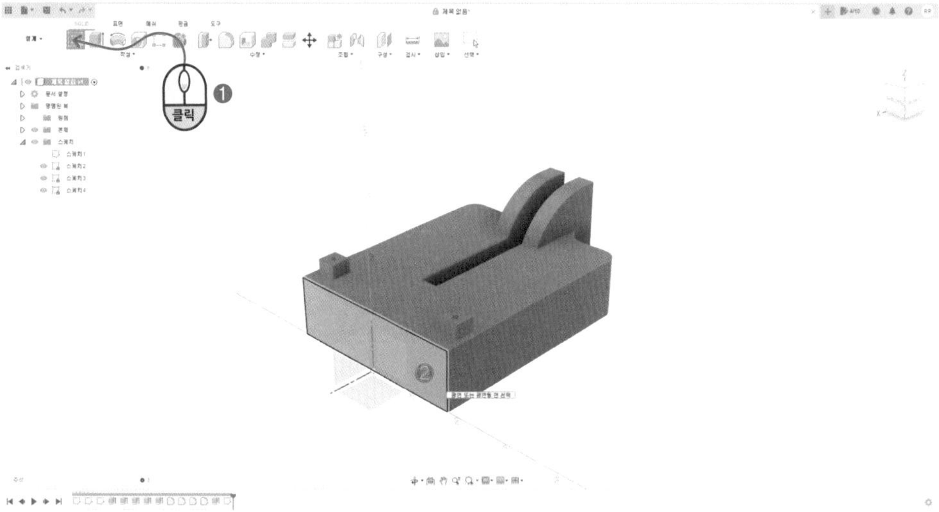

그림과 같이 사각형을 그리고 치수를 입력합니다.

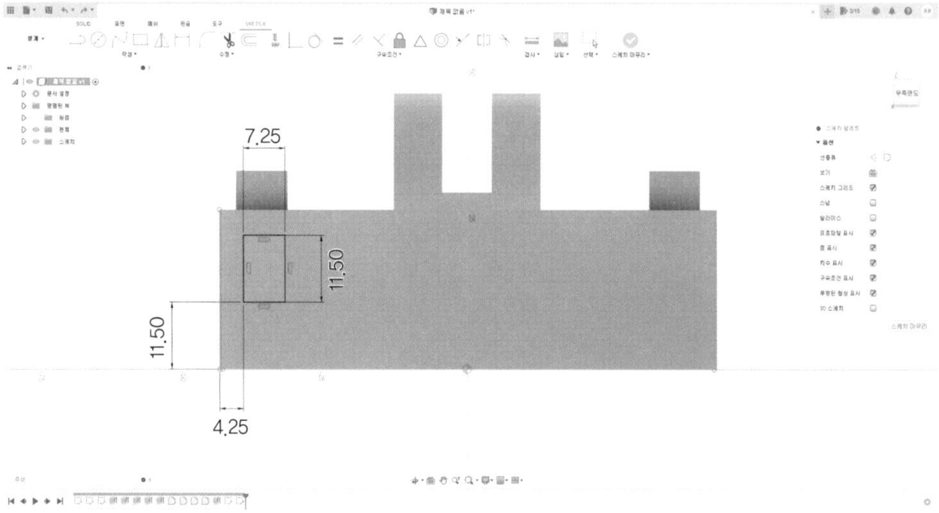

미러(Mirror)를 실행하여 방금 그린 사각형을 복제합니다. 미러 선(Mirror Line)은 원점(Origin)의 Z축을 선택합니다.

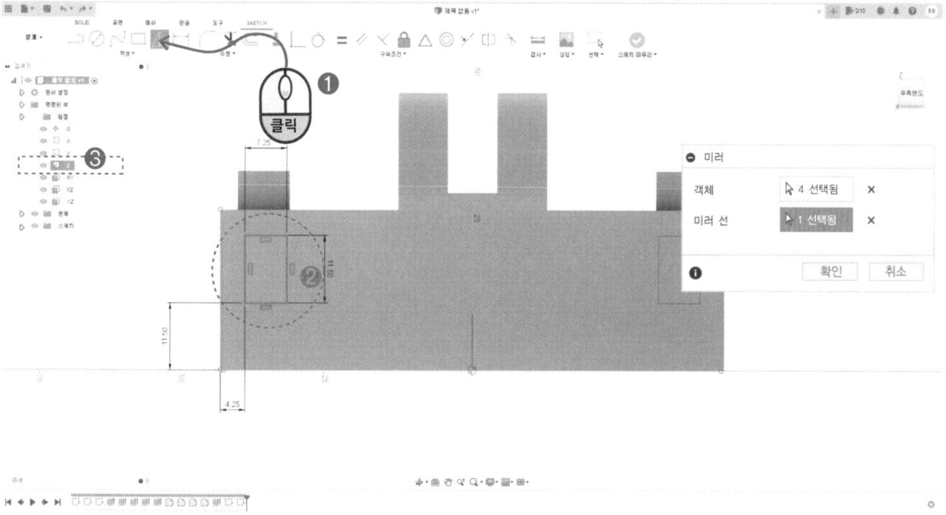

이 사각형 2개를 돌출(Extrude)로 -90mm 안으로 넣어 줍니다.

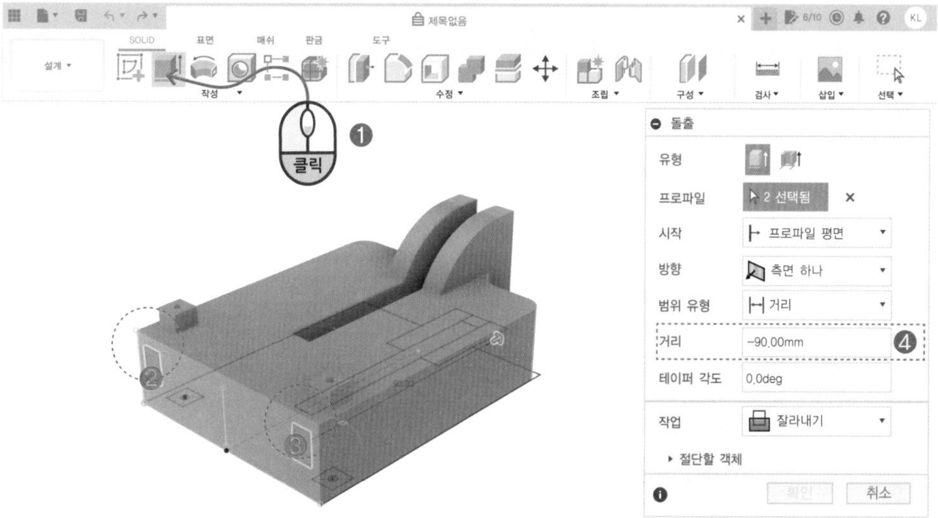

궁금해요? Mirror(대칭)가 실행이 되지 않습니다.

FUSION360에서는 스케치 모드와 솔리드 모드에 둘 다 있는 메뉴가 꽤 있습니다.

Mirror(대칭), Fillet(모깎기), Pattern(패턴) 등이 그런 메뉴입니다.

양쪽 모드의 메뉴는 이름은 똑같지만, 각각의 모드에서만 작동하기 때문에 모드를 구분해서 사용해야 합니다.

자주 하는 실수의 예를 들면 스케치에서 Fillet을 하기 위해 단축키 F를 누르면 솔리드 모드의 Fillet이 실행되기 때문에 스케치 모드에서는 Fillet이 실행되지 않습니다.

스케치 작성(Create Sketch) 버튼을 누르고 뒷면을 선택합니다.

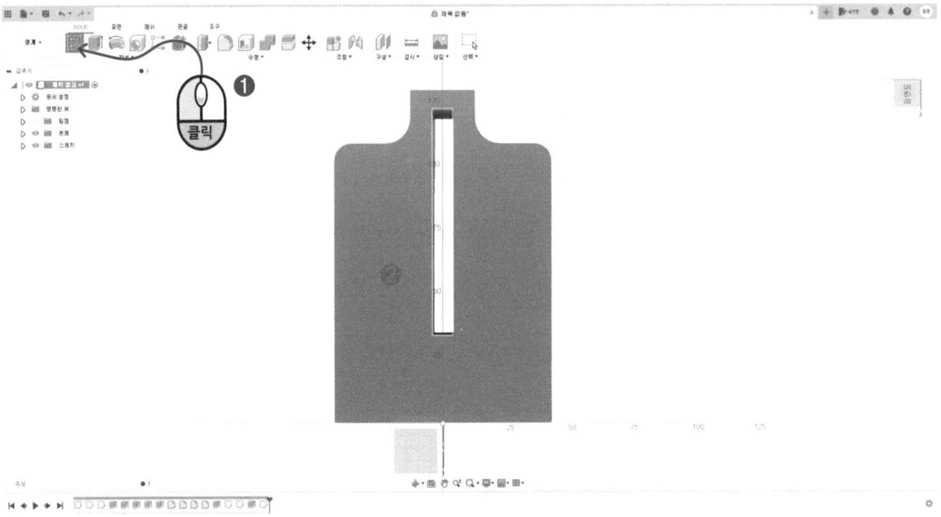

앞서 생성한 솔리드에서 윤곽선을 솔리드 스케치로 만들기 위해 프로젝트(Project)를 실행합니다. 선택 필터에서 본체를 선택하고 개체를 클릭한 후에 확인 버튼을 누르면 개체의 윤곽선이 스케치로 만들어집니다.

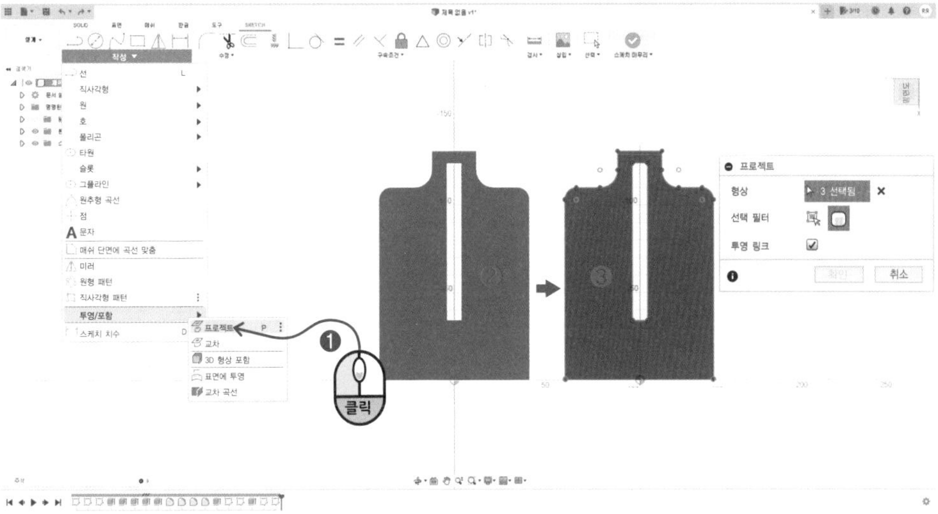

간격띄우기(Offset)를 실행한 후 체인 선택(Chain Selection)을 해제한 일부의 선만 선택하여 안쪽으로 -1.5mm 간격을 띄워 복제합니다.

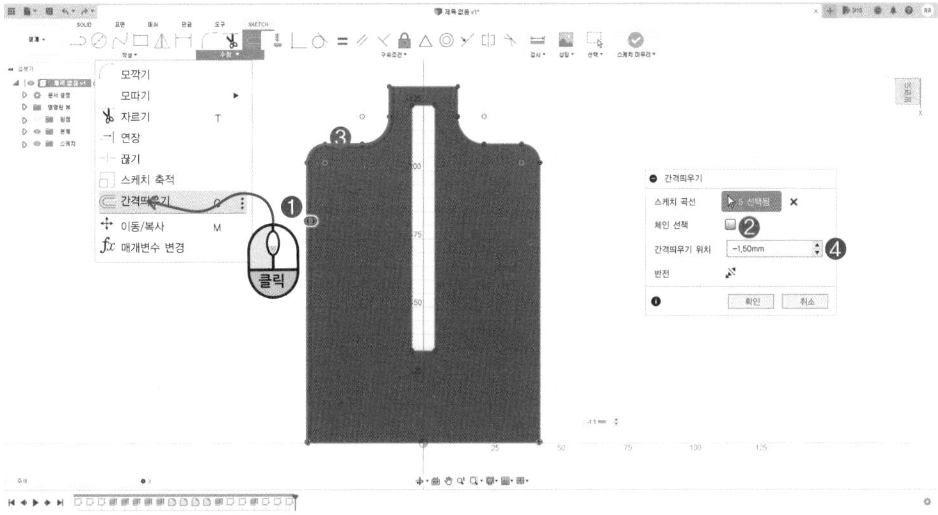

그림과 같이 스케치를 그립니다.

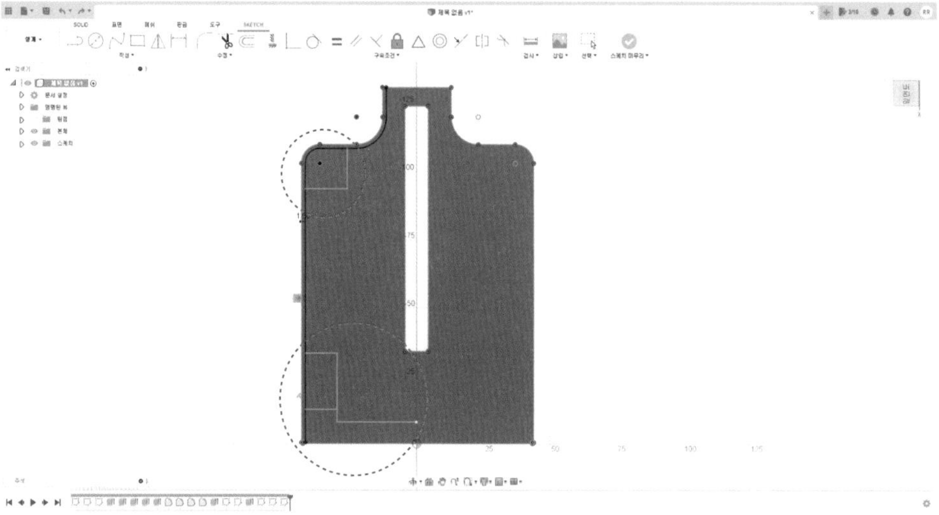

자르기(Trim)로 빨간색으로 표시된 선을 지웁니다.

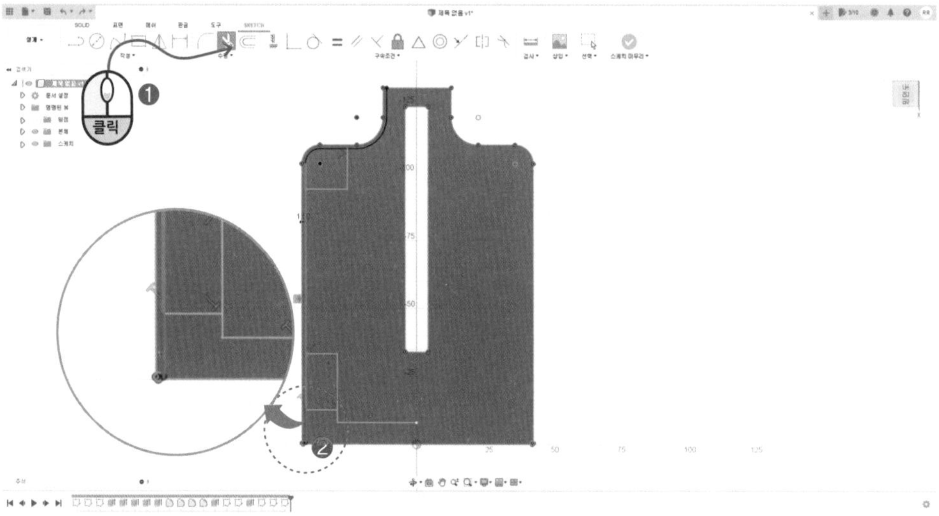

그림과 같이 치수를 입력합니다.

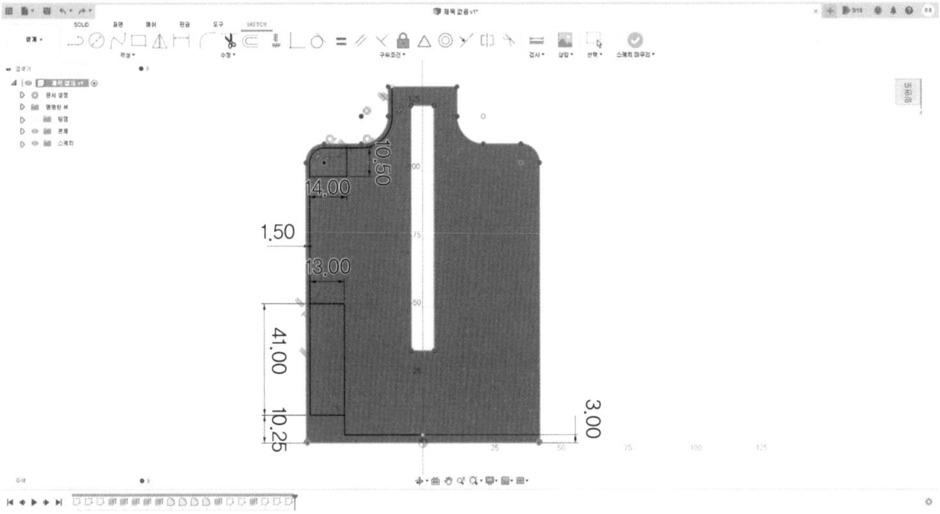

방금 그린 선을 미러(Mirror)를 이용하여 대칭 복사합니다. 객체(Objects)는 방금 그린 선 13개를 선택하고 미러 선(Mirror Line)은 Y축을 선택합니다.

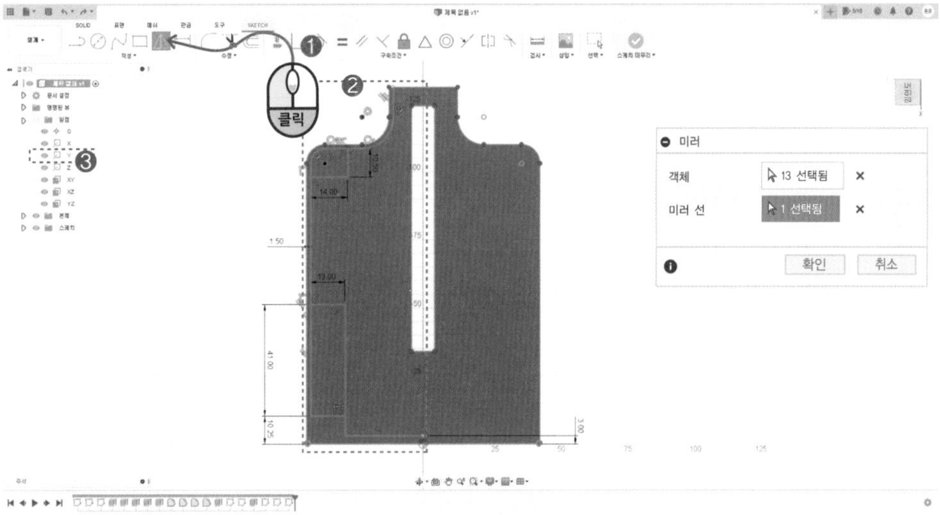

파란색으로 표시된 선을 추가로 스케치합니다.

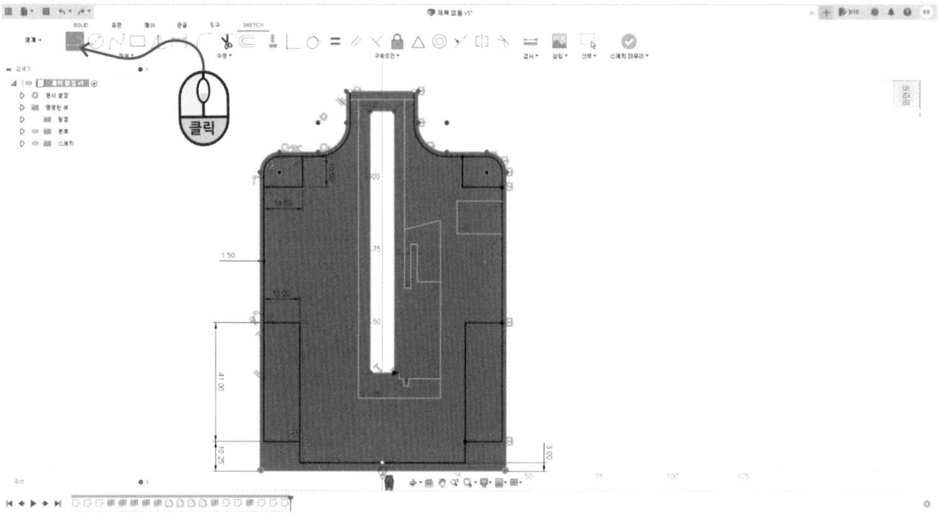

그림과 같이 선의 교차점에 모깎기(Fillet) 5mm를 실행합니다.

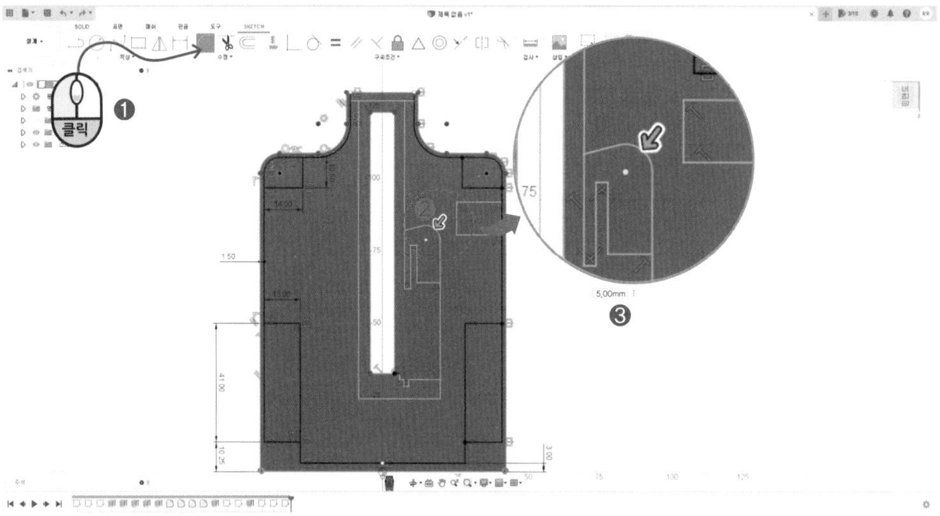

다음 선을 수평 구속합니다.

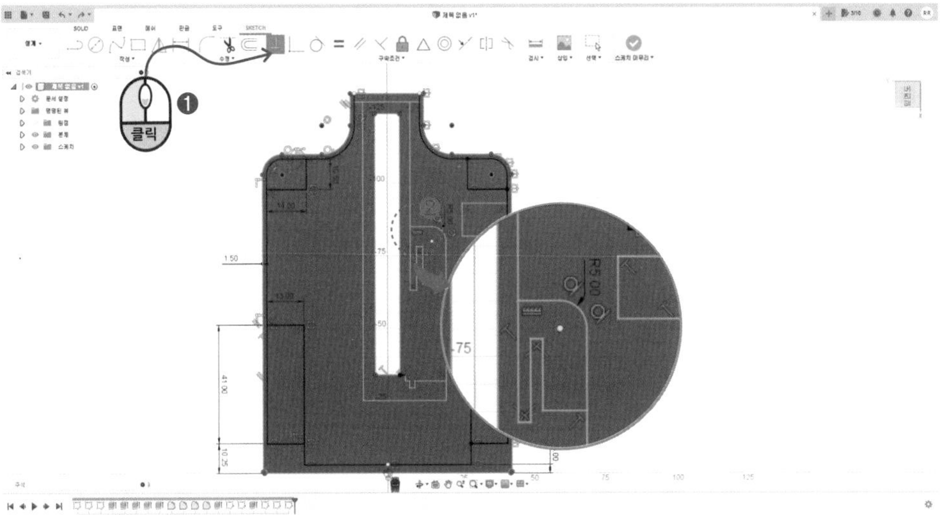

그림과 같이 치수를 입력합니다.

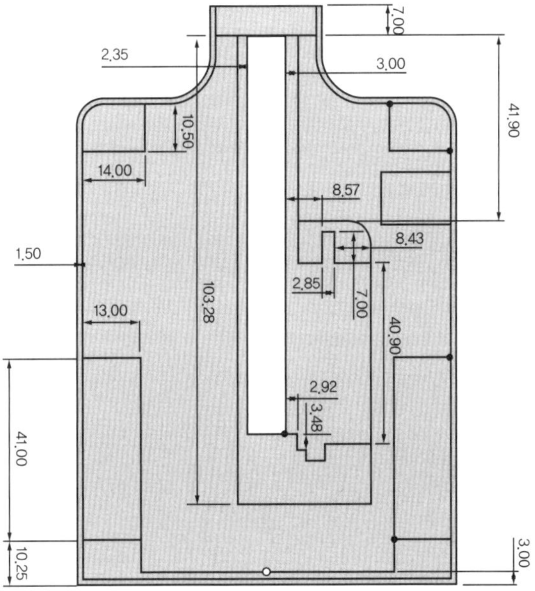

같음(Equal) 구속으로 3쌍의 선을 구속합니다.

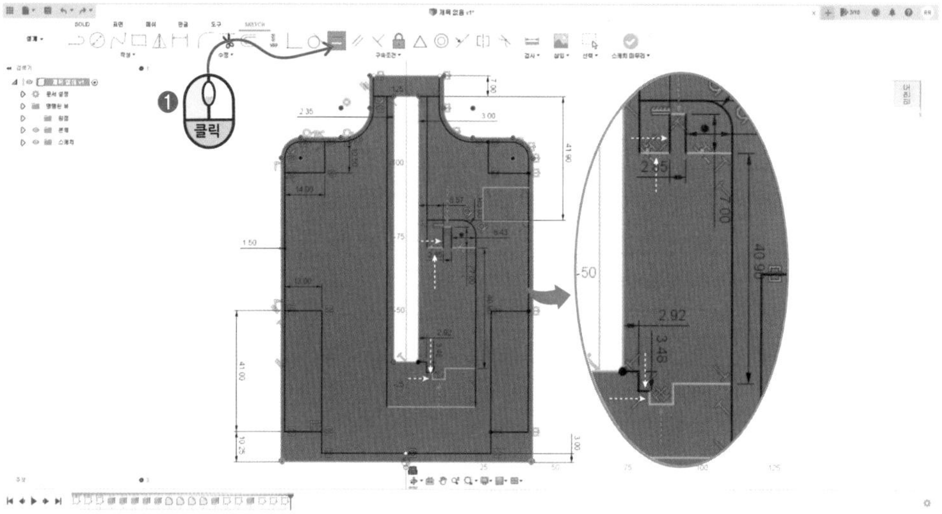

그림과 같이 치수를 추가로 입력합니다.

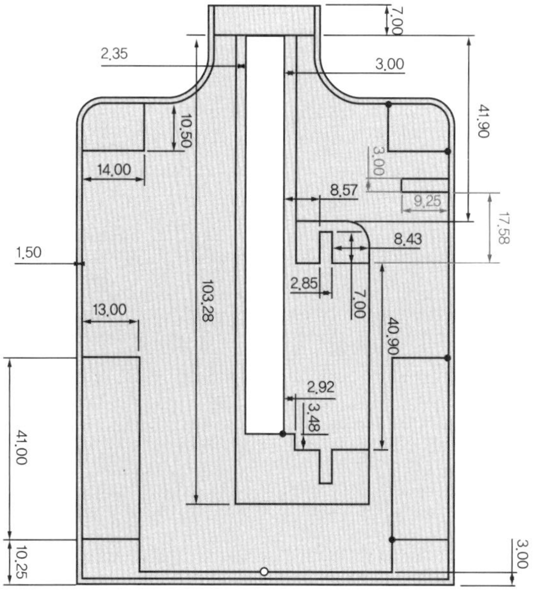

파란색으로 표시된 두 선을 스케치합니다.

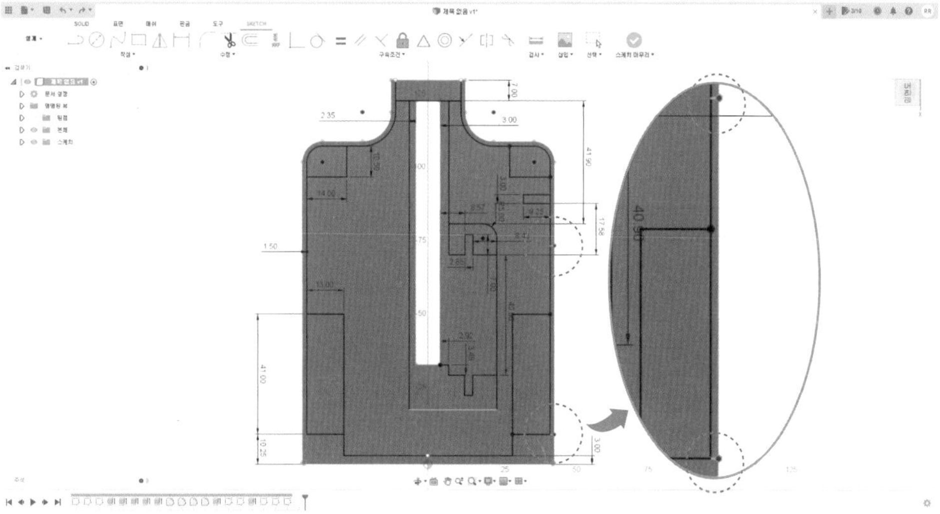

동일 선상(Collinear) 구속으로 두 선의 높이를 같게 합니다.

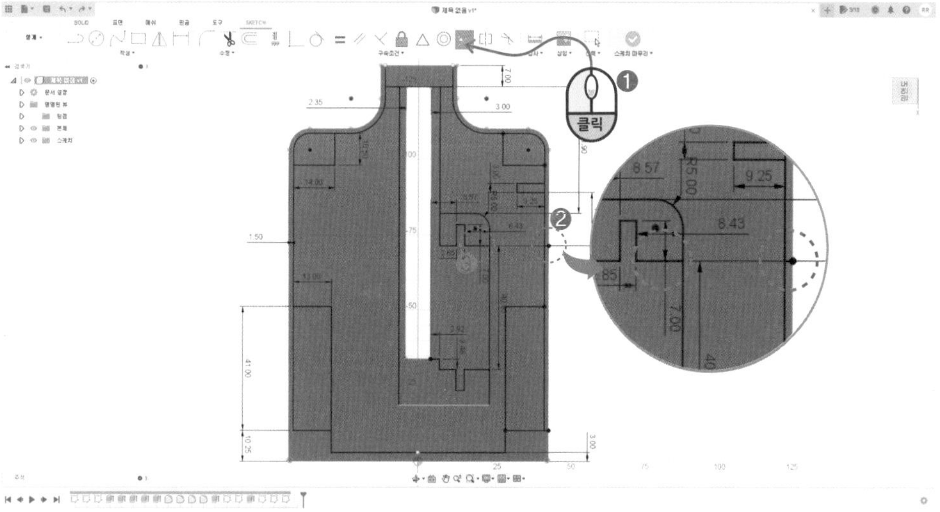

그림과 같이 프로파일을 선택하고 돌출(Extrude)을 실행하여 26mm 안으로 넣어 줍니다.

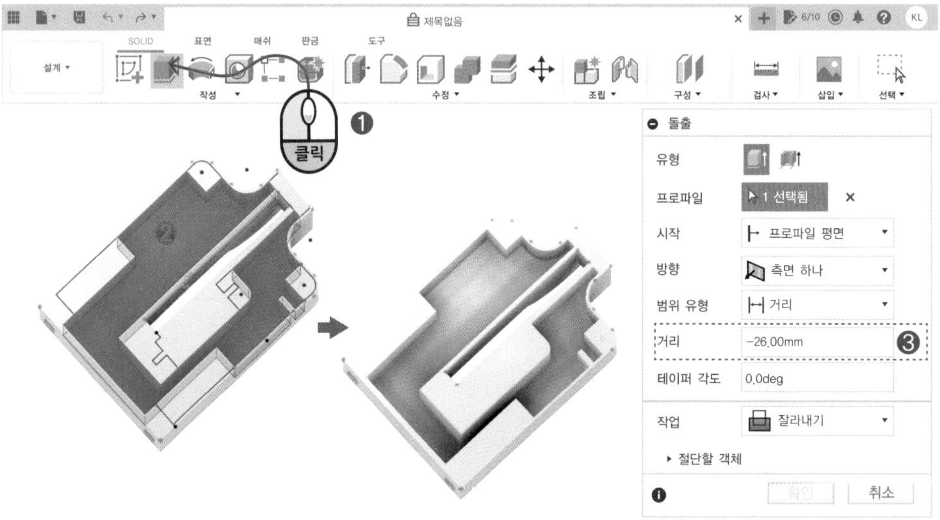

4개의 프로파일을 선택하고 돌출(Extrude)로 10mm 안으로 넣어줍니다.

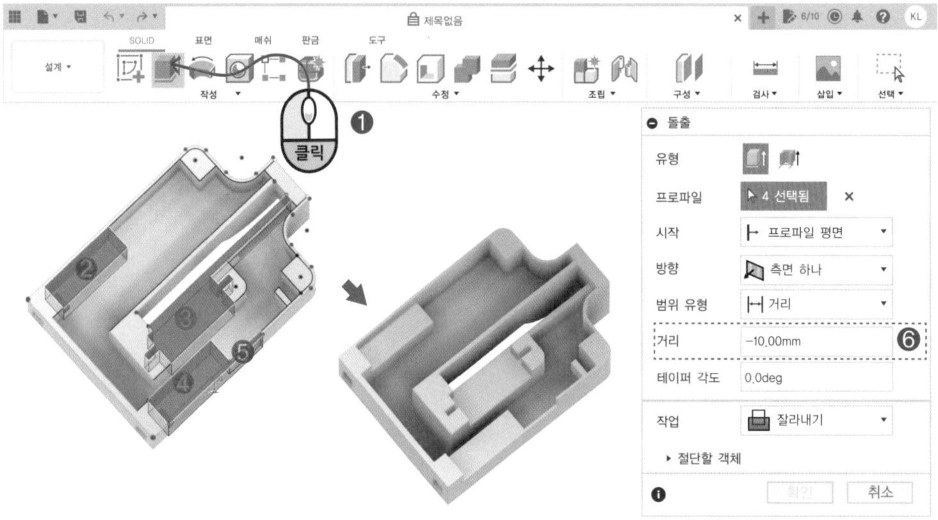

브라우저의 스케치3(Sketch3)을 더블 클릭하여 추가 스케치를 준비합니다.

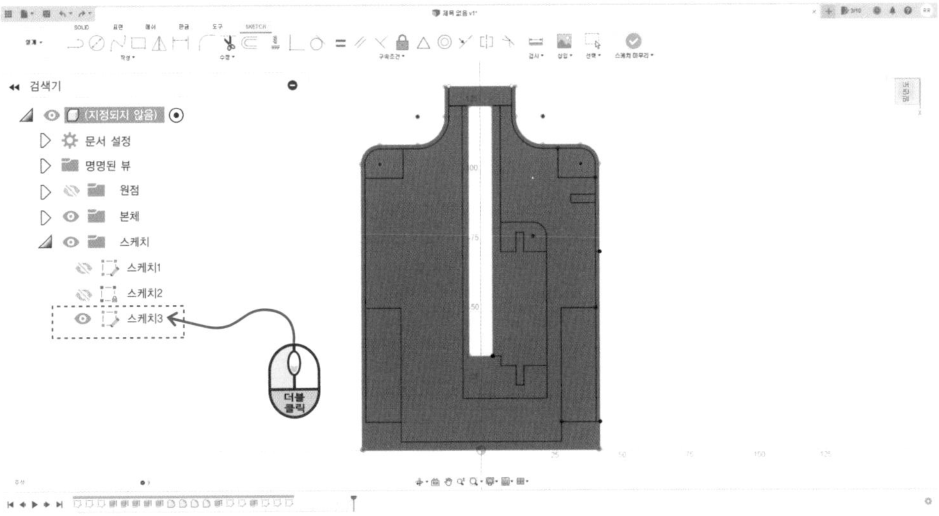

다른 프레임과 나사로 연결할 부위를 만들겠습니다. 그림과 같이 지름이 2mm인 원 2개를 스케치합니다.

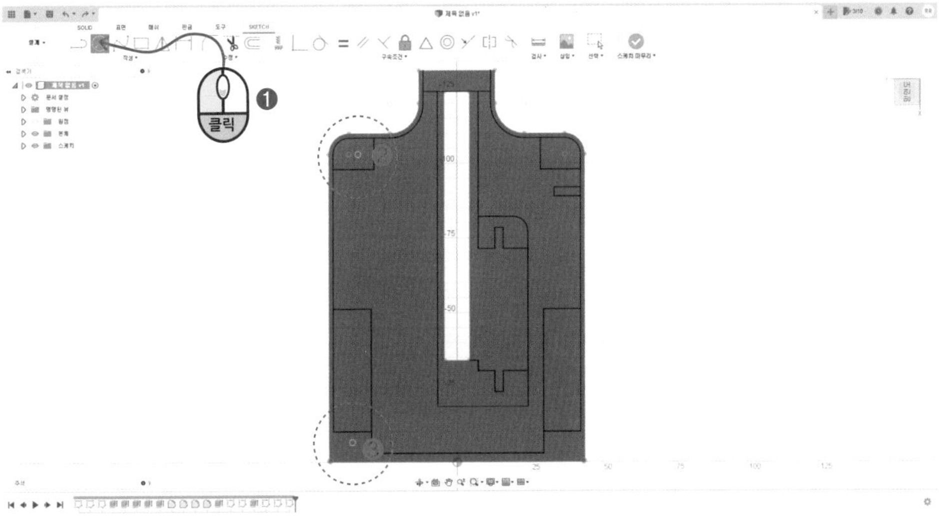

그림과 같이 치수를 입력합니다.

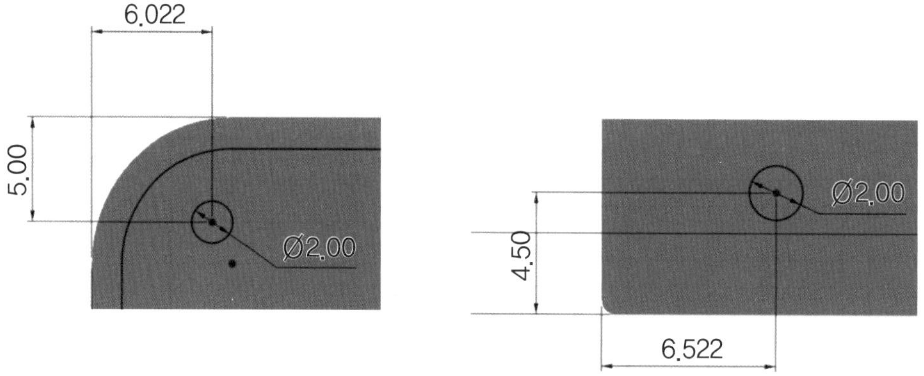

미러(Mirror)를 실행하여 두 원을 Y축 대칭으로 복제합니다.

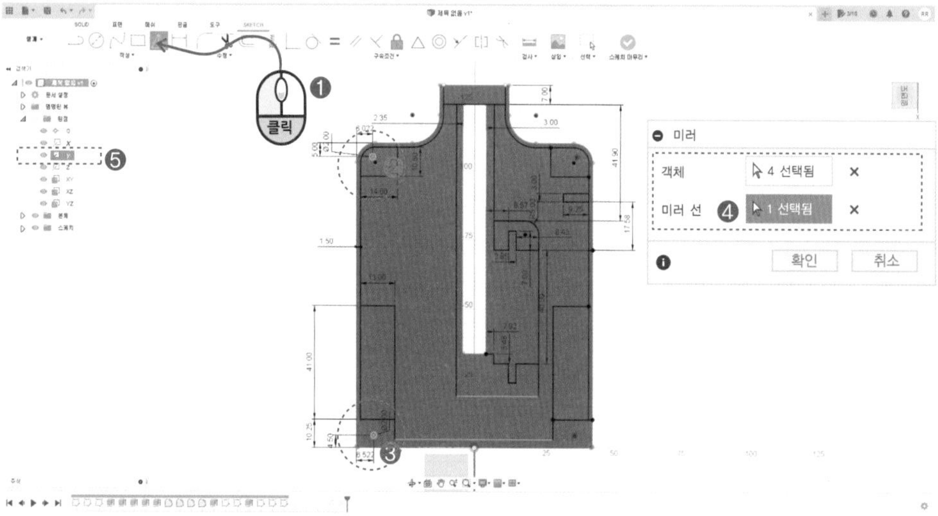

원 4개를 선택하고 돌출(Extrude)을 실행하여 구멍을 -7.5mm 안으로 넣어 줍니다

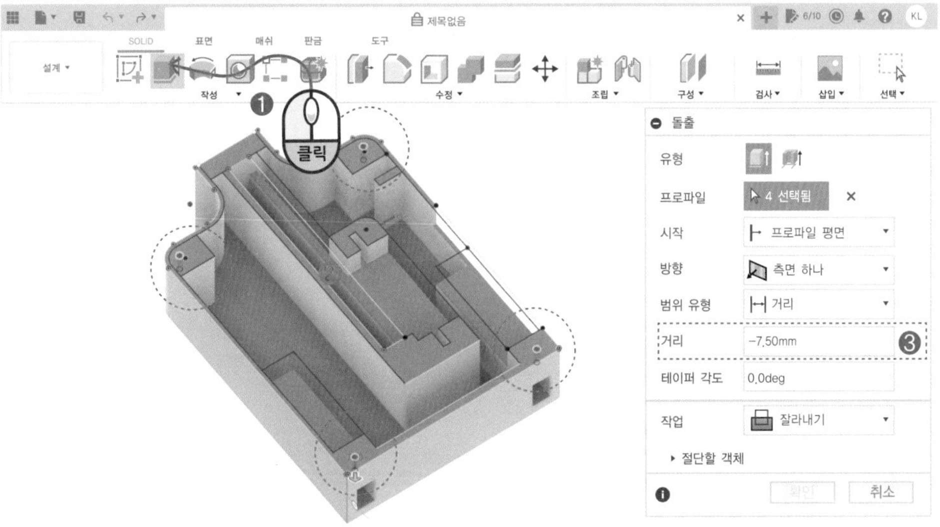

스케치 작성(Create Sketch) 버튼을 누르고 다음 면을 선택합니다.

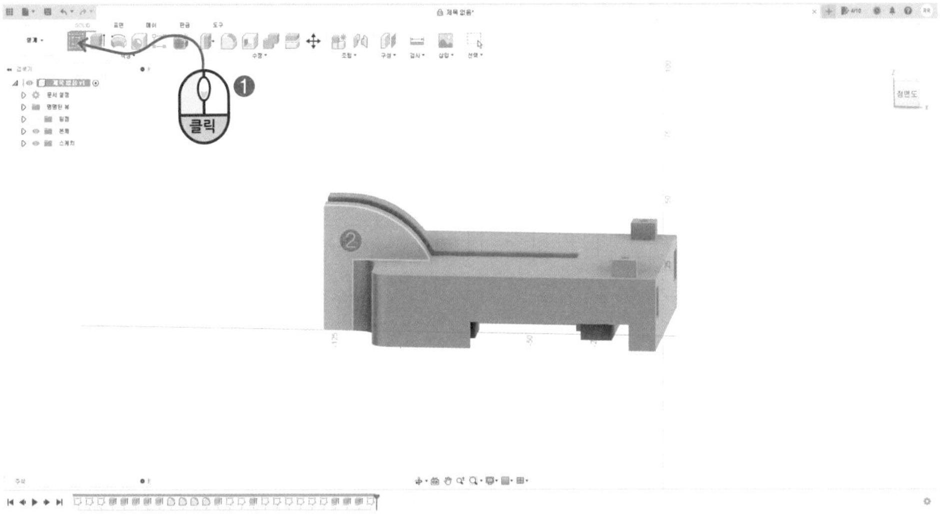

그 면에 4mm인 원과 반지름이 3.41인 내접 6각형을 그립니다. 중심 지름 원(Center Diameter Circle)과 내접 폴리곤(Inscribed Polygon)을 이용하여 그리면 됩니다. 두 도형의 중심이 같도록 일치(Coincident)구속합니다.

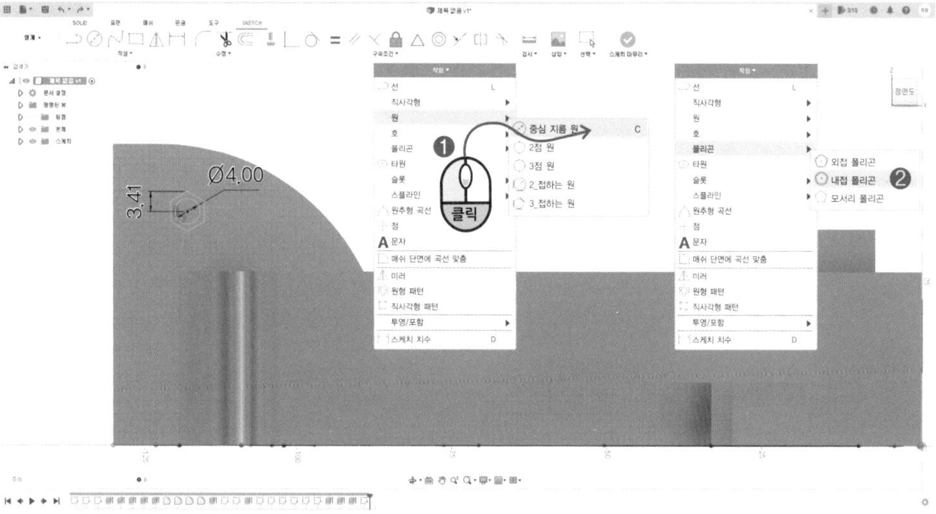

6각형의 세로 변 하나를 수직 구속하고 다음과 같이 치수를 입력합니다.

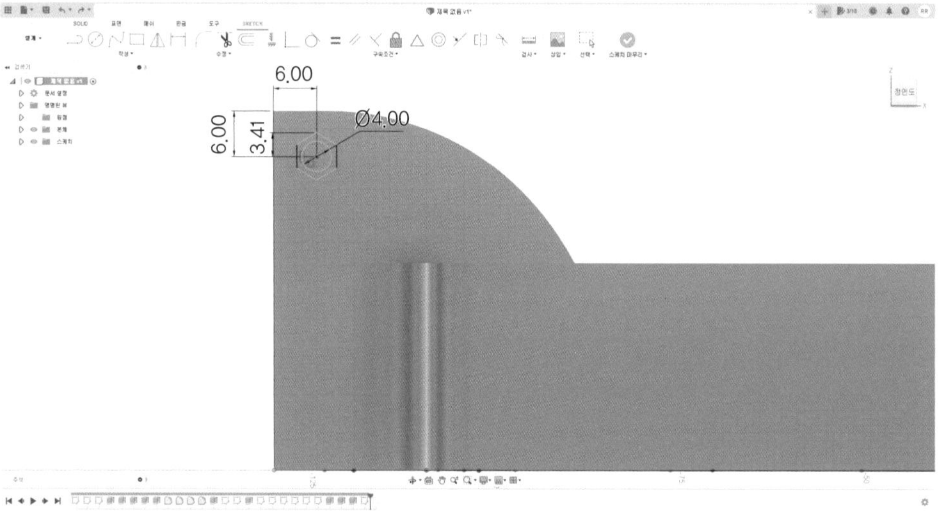

방금 그린 원을 돌출(Extrude)합니다. 범위 유형(Extent)는 모두(All)로 선택합니다. 방향이 반대인 경우 반전(Flip)으로 방향을 바꿔줍니다.

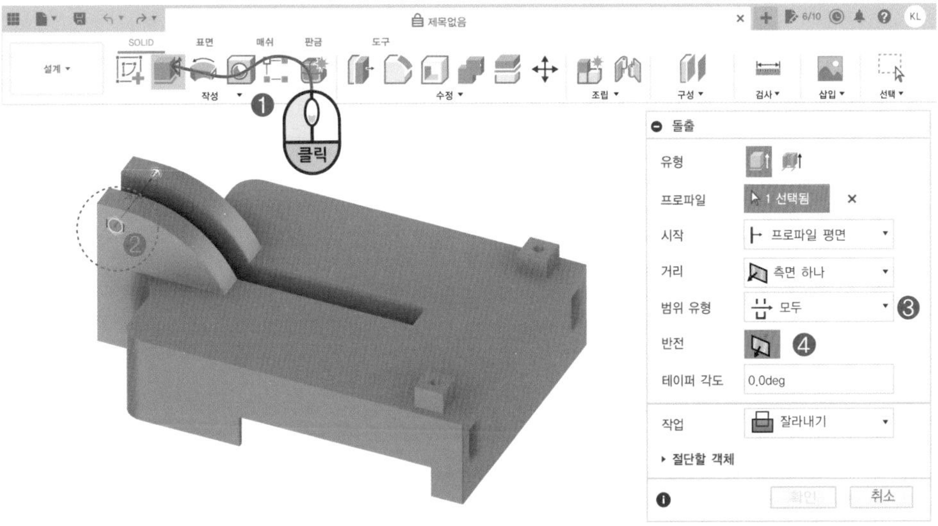

육각형도 돌출(Extrude)합니다. -2.4mm 안쪽으로 넣어 줍니다.

스케치 작성(Create Sketch) 버튼을 누르고 다음 면을 선택합니다.

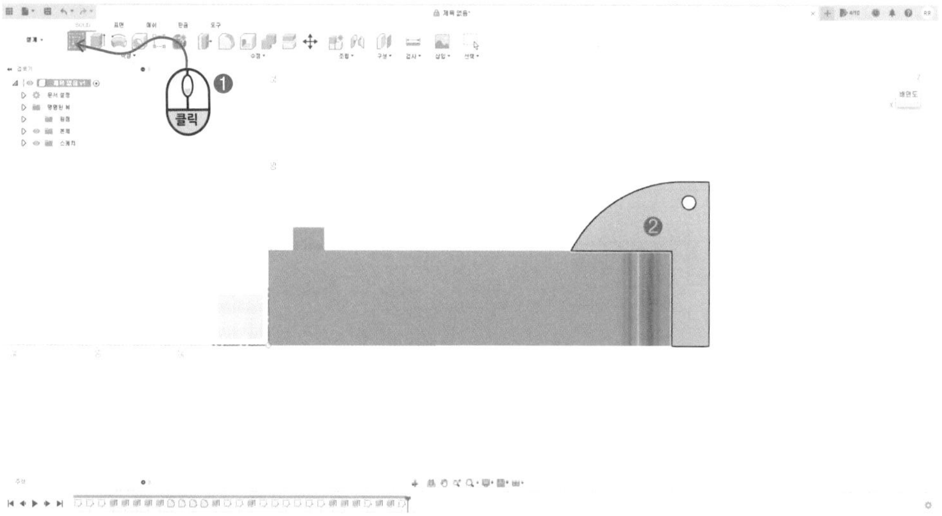

앞서 작성한 육각형과 원이 보이도록 스케치 눈을 켭니다. 그리고 그려놓은 원과 중심이 같아지도록 해서 지름 7mm의 원을 그립니다.

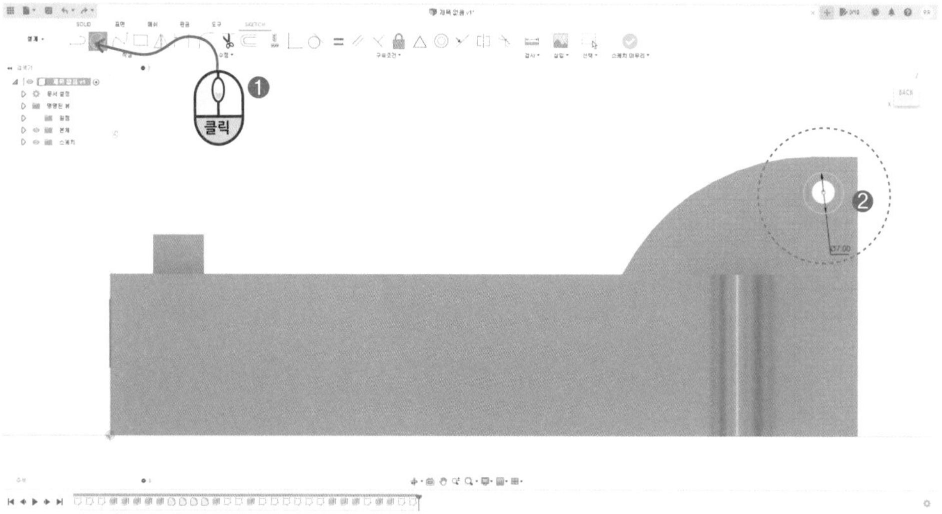

돌출(Extrude)을 실행하고 방금 그린 원을 -1.3mm 안으로 넣어 줍니다. 이곳에 펌프 누르개가 볼트와 너트로 고정됩니다.

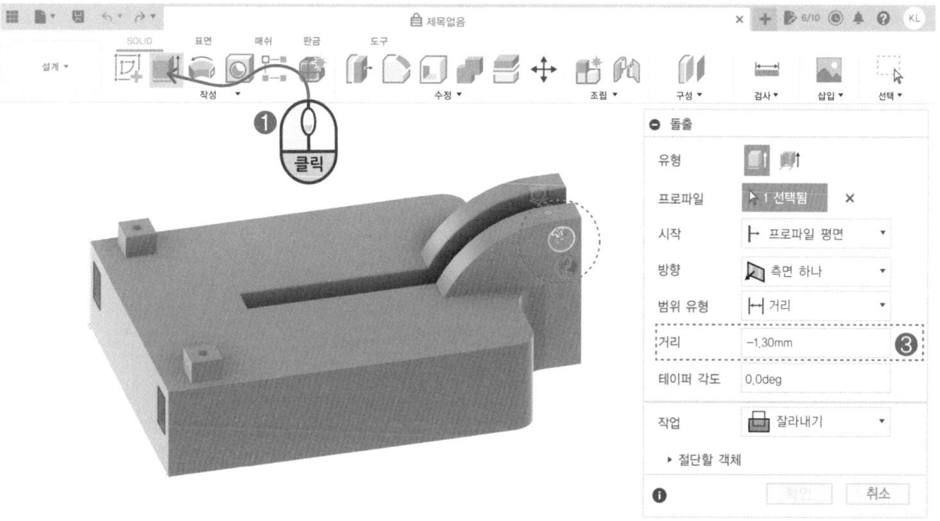

상부 바디1은 모델링이 끝났습니다.

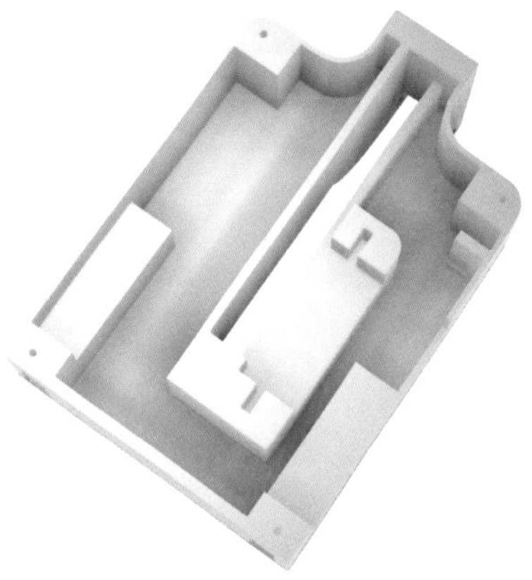

4. 상부 프레임2 모델링하기

스케치 작성 버튼을 누르고 XY 평면을 선택합니다.

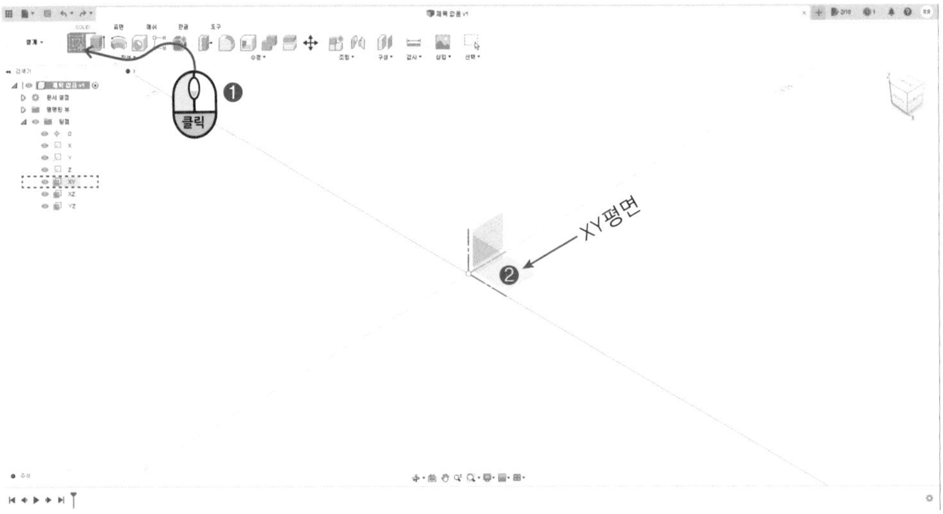

선(Line)으로 선을 하나 그립니다. 원점과 중간 점(MidPoint) 구속, 수평 구속합니다.

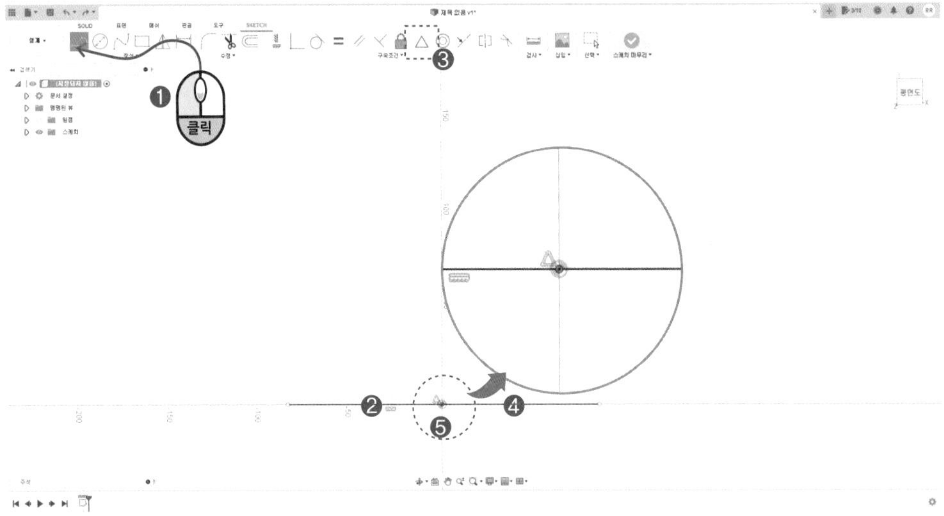

선과 사각형을 이용하여 다음과 같은 스케치를 대략 그립니다.

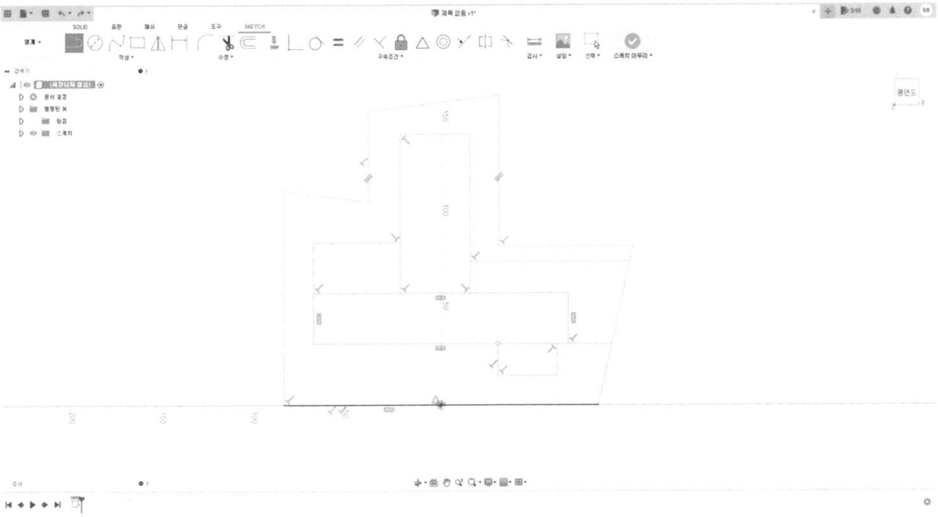

수평/수직(Horizontal/Vertical) 구속으로 기울어진 선들을 수평이나 수직이 되도록 합니다. 위쪽에서 스케치를 어떻게 했느냐에 따라 구속을 주는 선은 달라질 수 있습니다.

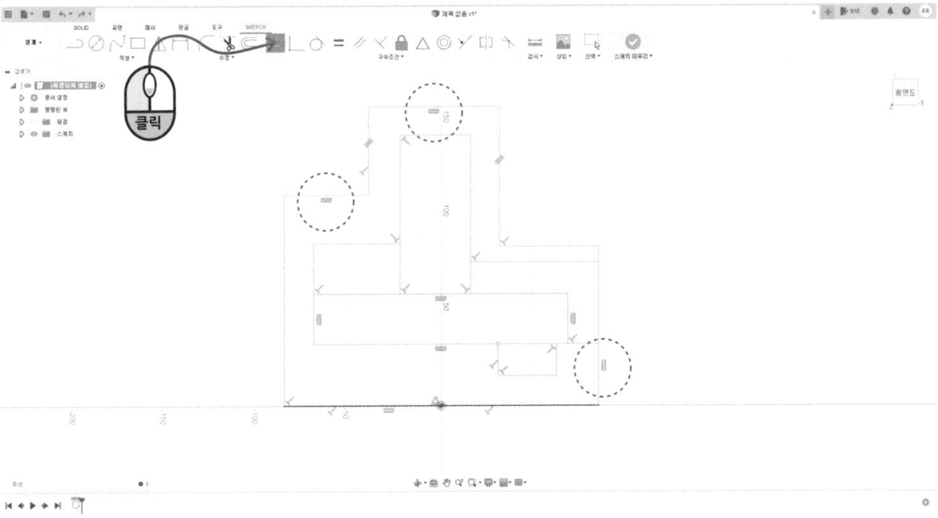

동일 선상(Collinear) 구속으로 같은 선상에 선이 위치하도록 합니다.

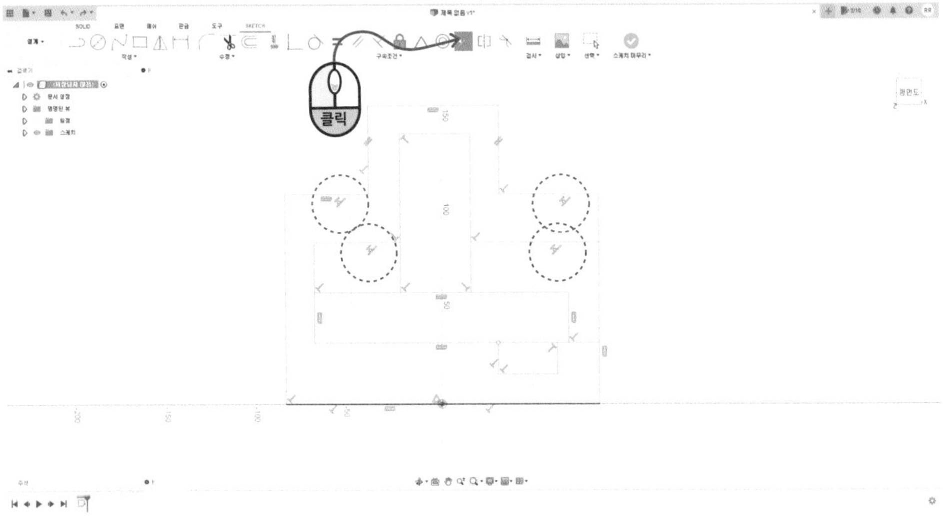

간격띄우기(Offset)를 실행해서 사각형을 안쪽으로 2mm 이동하여 복제합니다.

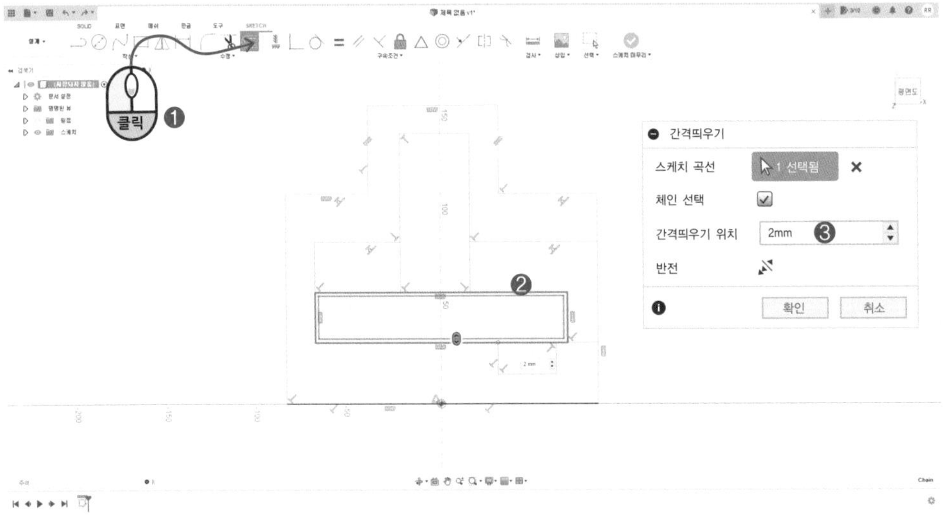

가로 선의 중심이 원점과 수직이 되도록 수평/수직(Horizontal/Vertical) 구속합니다. 선의 가운데를 선택할 때는 시프트키(⇧Shift)를 누른 채로 선의 중심에 커서를 가져다 대면 △표시가 나타납니다.

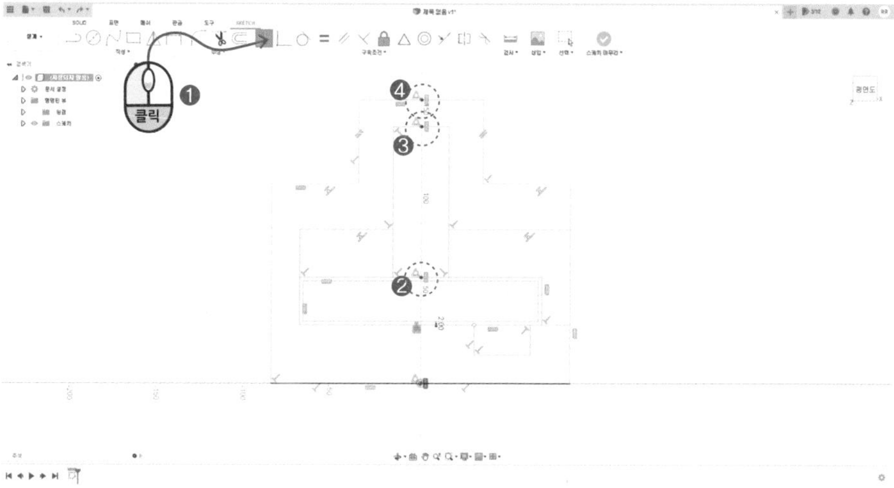

그림과 같이 치수를 입력합니다.

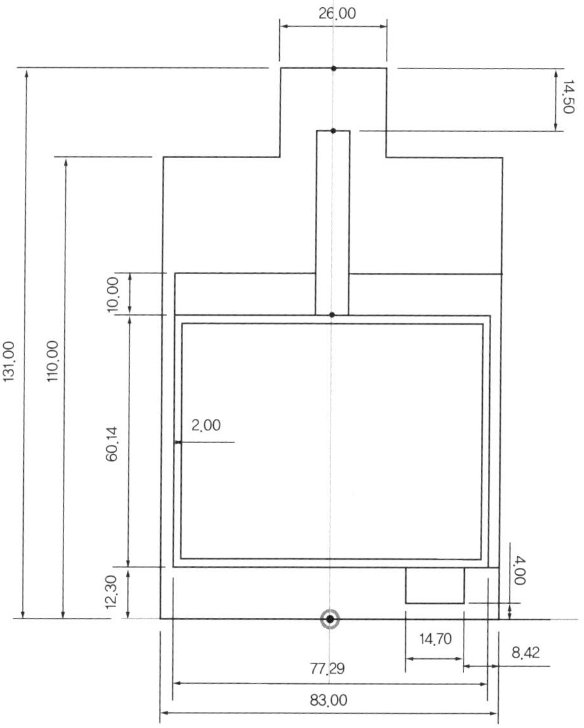

상부 프레임1과 부착할 구멍을 만들 것입니다. 지름 3mm인 원을 다음과 같이 그리고 치수를 입력합니다.

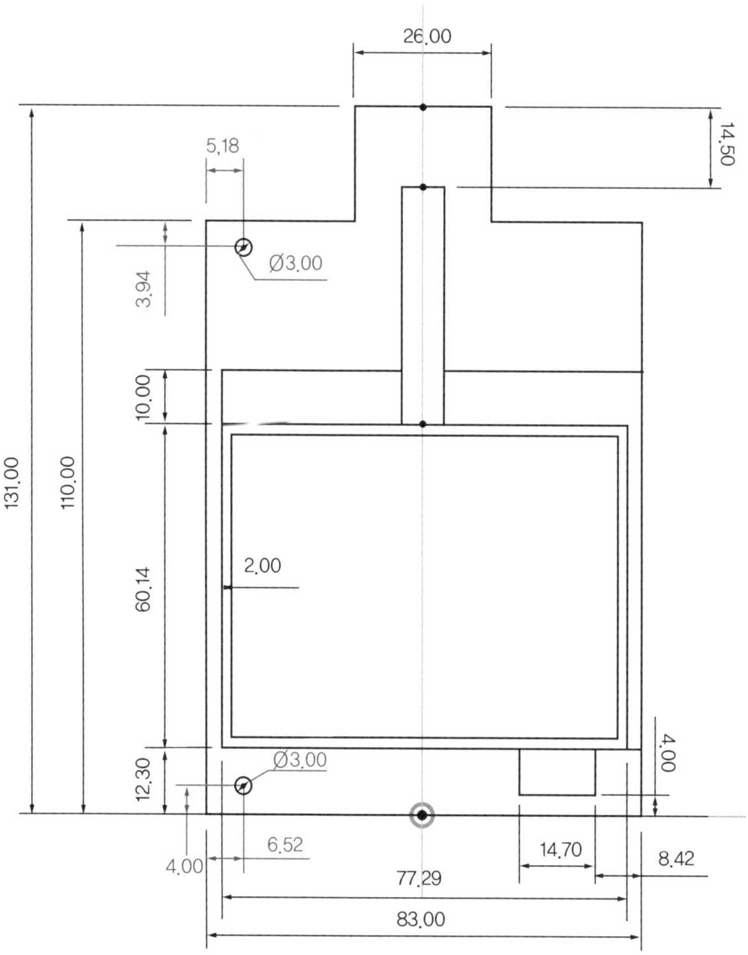

방금 그린 원 2개를 미러(Mirror)를 실행하여 Y축으로 대칭하여 복제합니다.

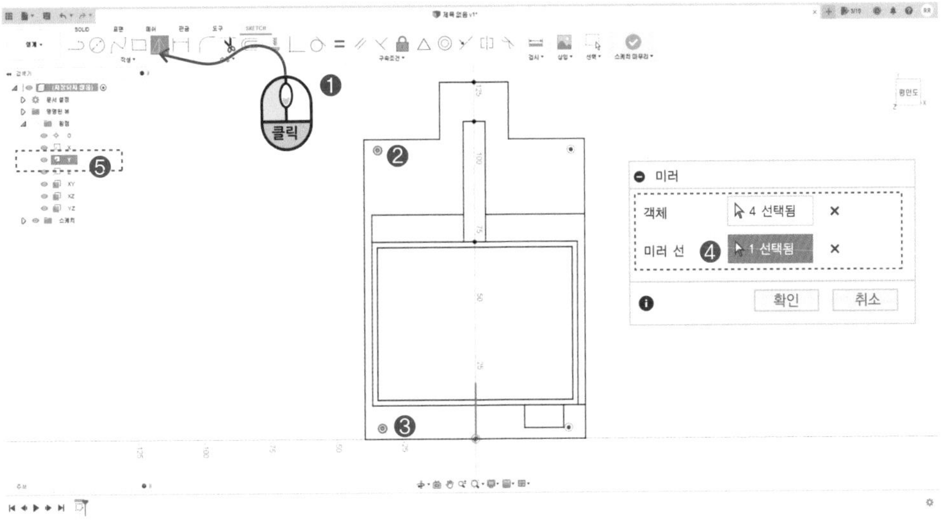

아두이노를 부착할 구멍을 만들 것입니다. 지름 5.18mm인 원을 1개 만듭니다.

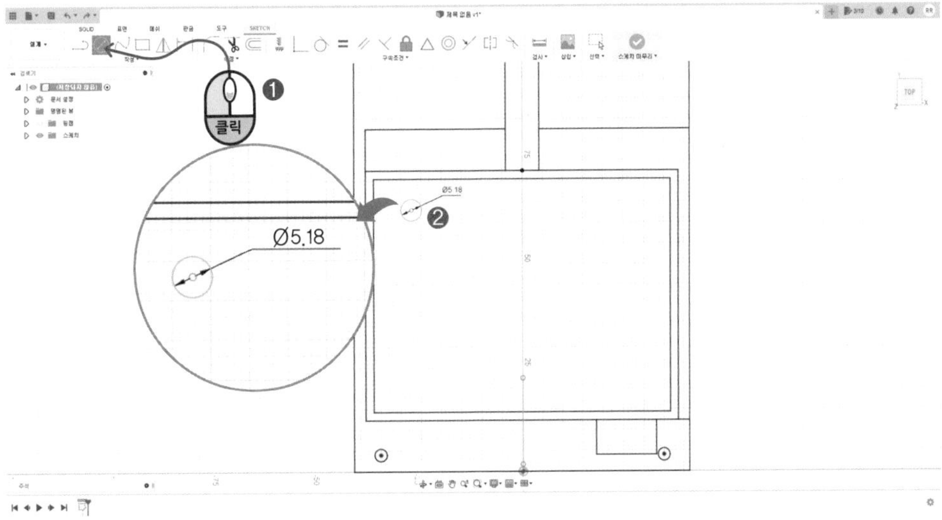

Ctrl + C, Ctrl + V 를 이용해 원을 4개 복제합니다.

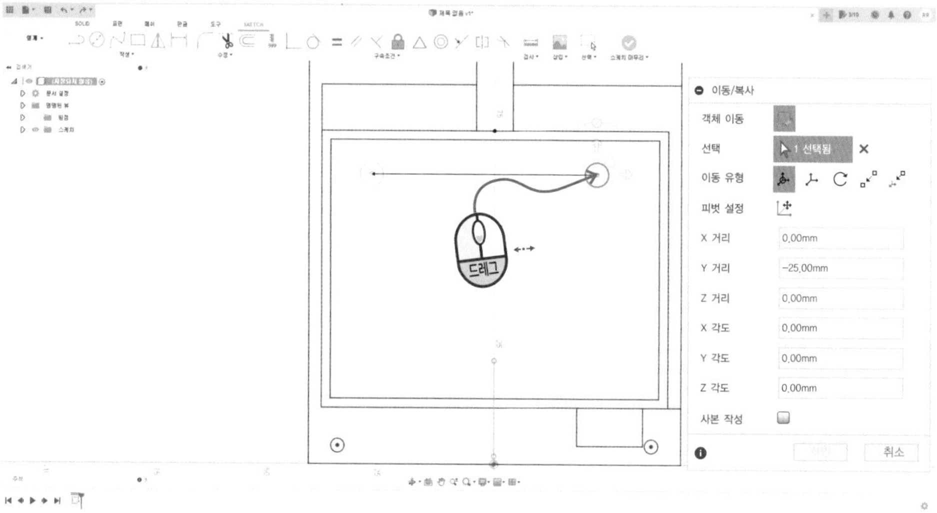

그림과 같이 치수를 입력해 위치를 잡아줍니다.

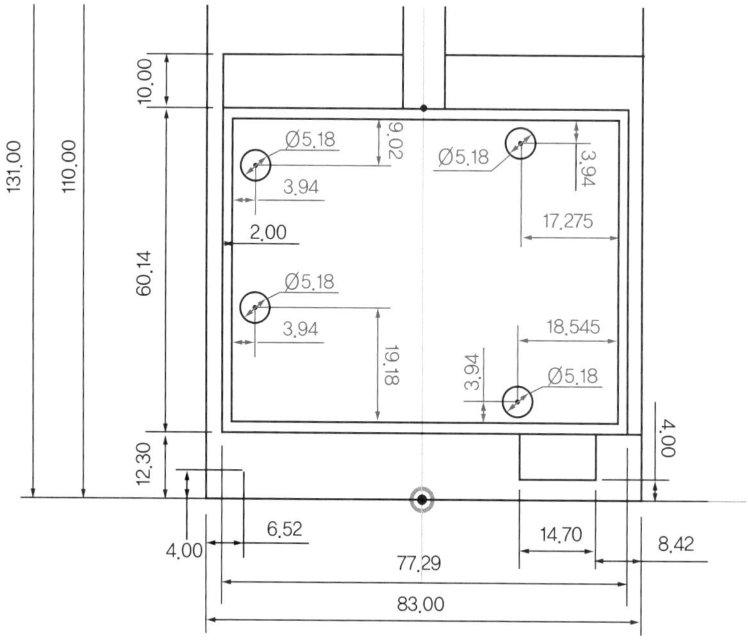

돌출(Extrude)을 실행하고 그림과 같이 프로파일 1개를 선택하여 2mm 돌출합니다.

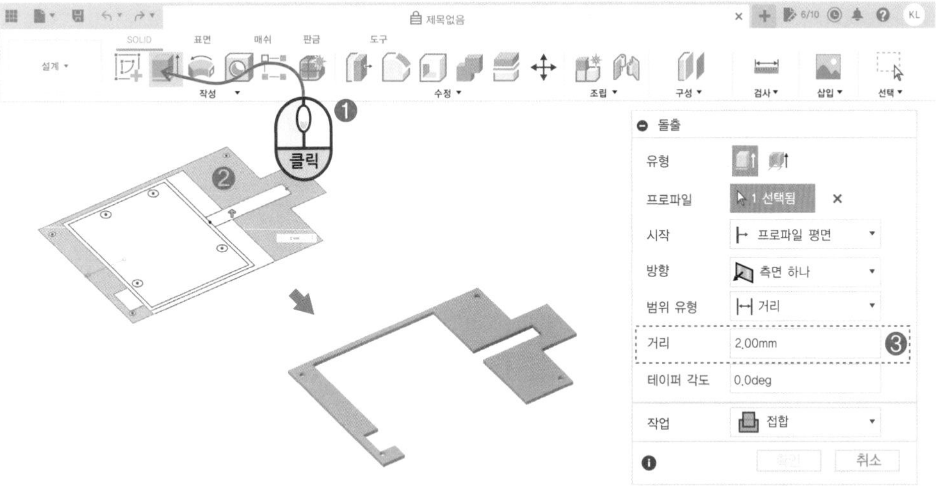

스케치1(Sketch1)의 눈을 켜고 돌출을 실행하여 다음 프로파일 2개를 11.35mm 돌출합니다.

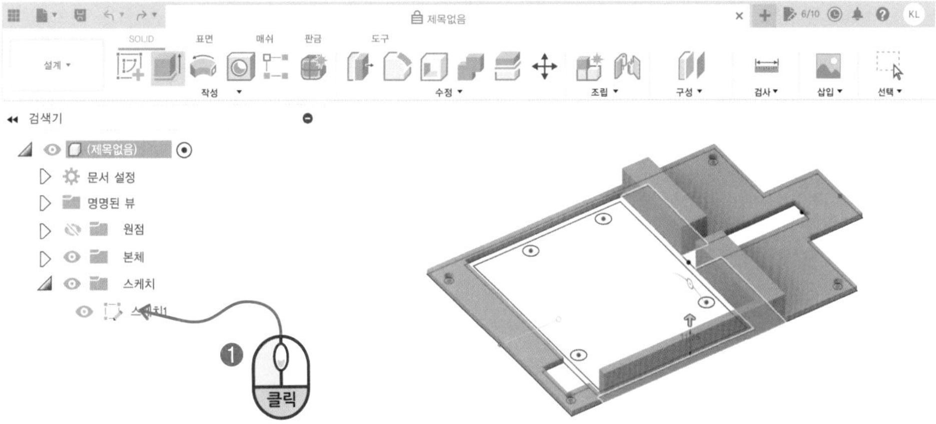

돌출(Extrude)을 실행하고 그림과 같이 프로파일을 선택하여 41.85mm 돌출합니다.

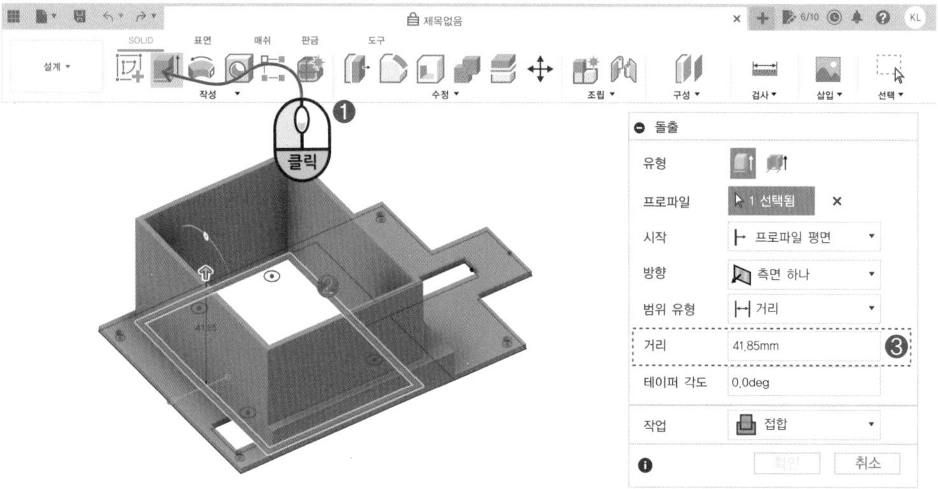

돌출(Extrude)을 실행하고 다음 프로파일을 선택하여 13.35mm 돌출합니다.

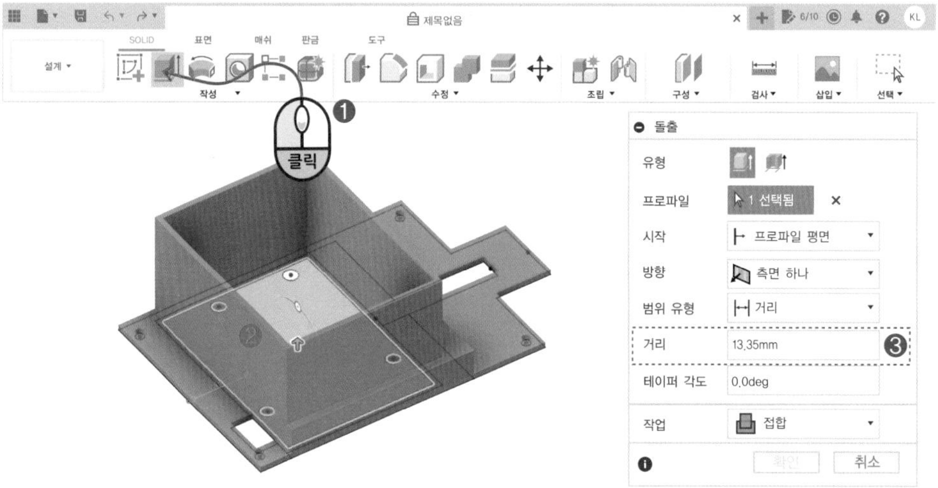

4개의 원을 선택하여 돌출(Extrude)로 15.35mm 돌출합니다.

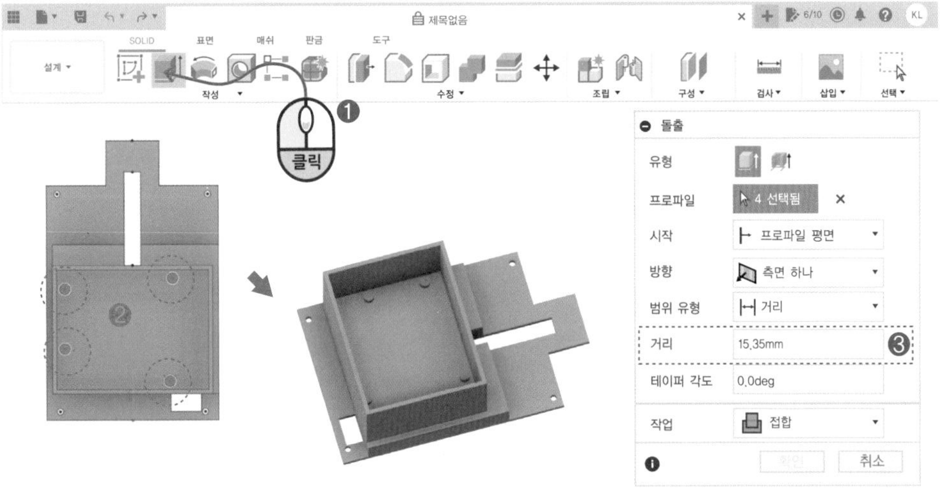

방금 돌출하여 튀어나온 원기둥 4개에 원을 그릴 것입니다. 스케치 작성(Create Sketch)버튼을 누르고 원기둥의 윗면을 선택합니다.

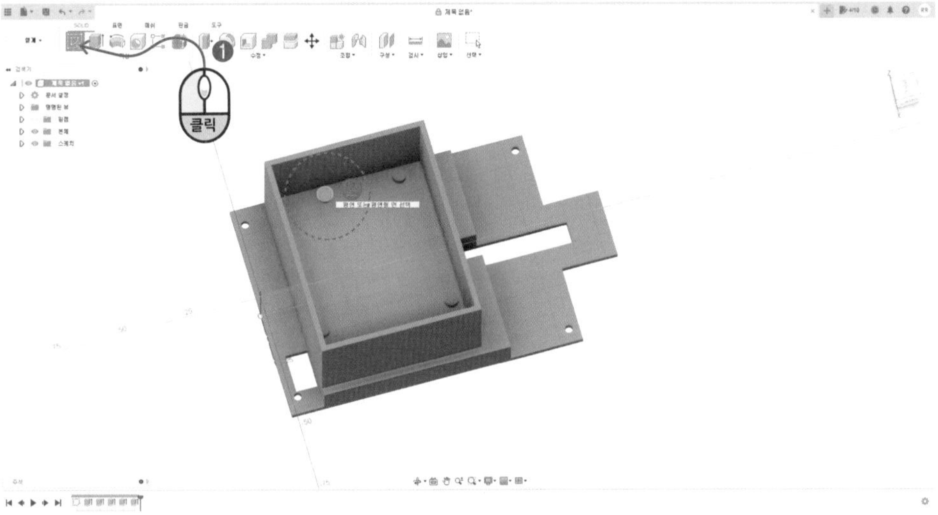

원기둥 윗면의 중심에 원이 그려지도록 중심을 맞추고 지름이 2mm인 원을 4개 그립니다.

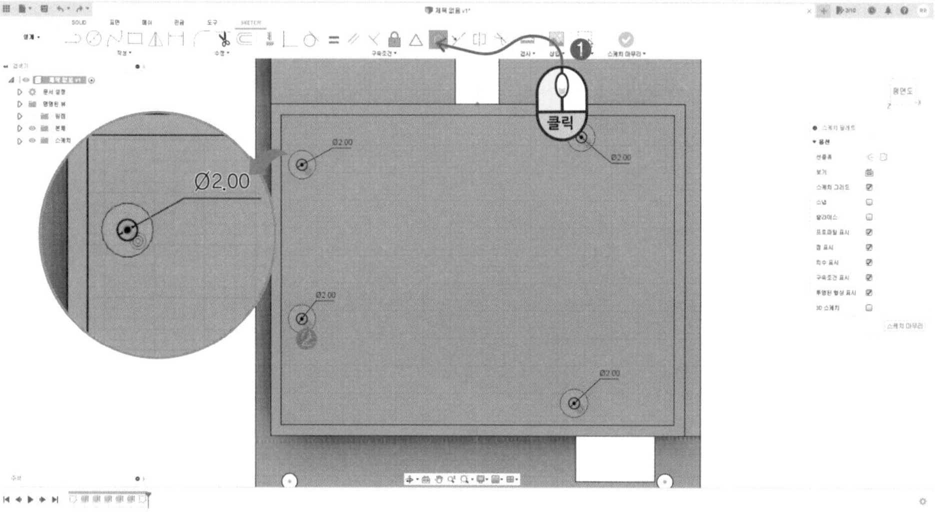

돌출(Extrude)을 실행하고 방금 그린 원 4개를 선택하여 4mm만큼 안으로 넣어 줍니다. 이 구멍을 통해 아두이노를 고정하게 됩니다.

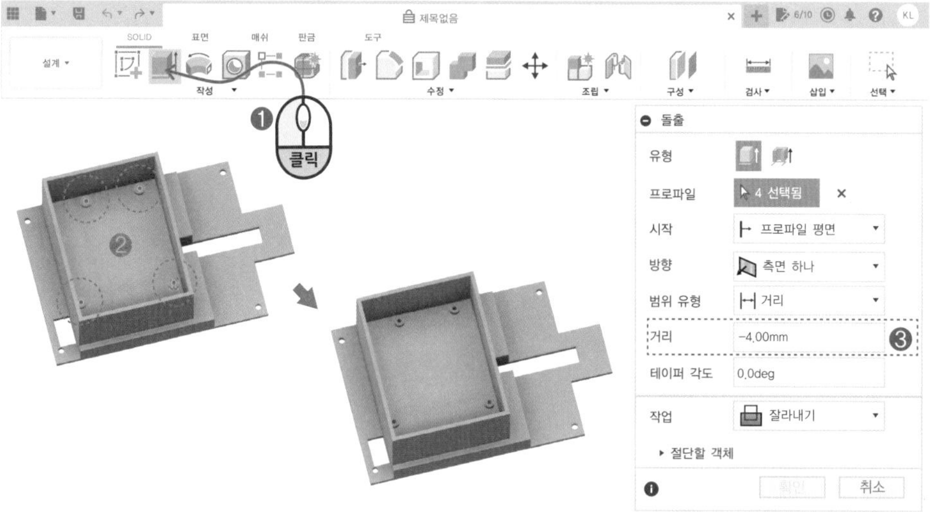

솔리드(SOLID) 모드에서 모깎기(Fillet)를 실행하여 다음 모서리 2개에 모서리값 10mm를 줍니다.

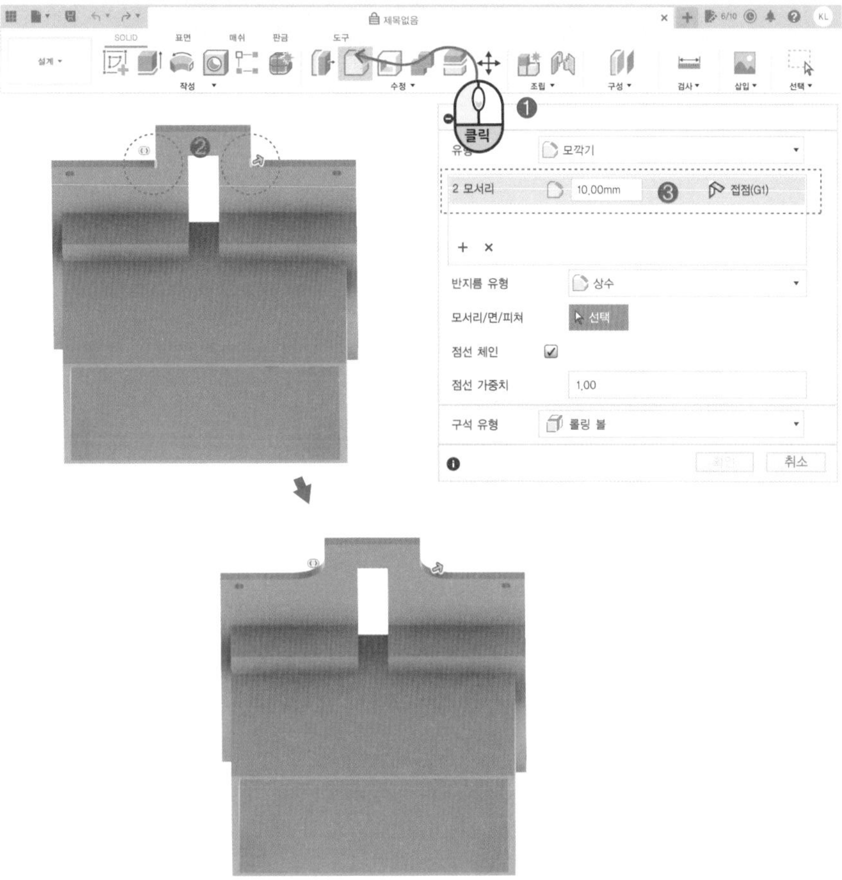

모깎기(Fillet)를 실행하여 다음 모서리 2개에 모서리값 7mm를 줍니다.

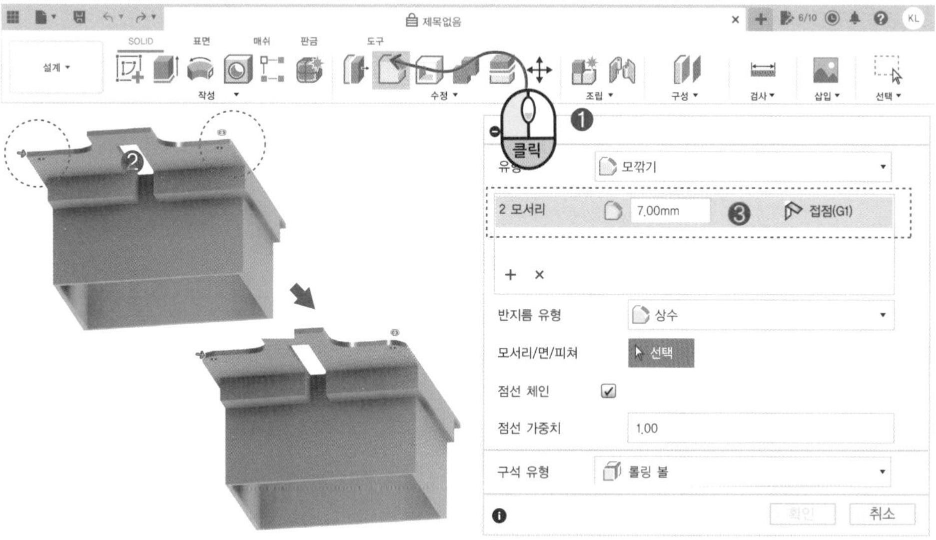

갓쌤 TIPS

모깎기(Fillet) 실행 창에서 여러 종류의 필릿을 한 번에 줄 수도 있습니다.
+버튼을 눌러 새로운 종류의 모깎기를 추가할 수 있고, X버튼을 누르면 특정 종류의 모깎기를 제거할 수 있습니다.

스케치 작성 버튼을 누르고 다음 면을 선택합니다.

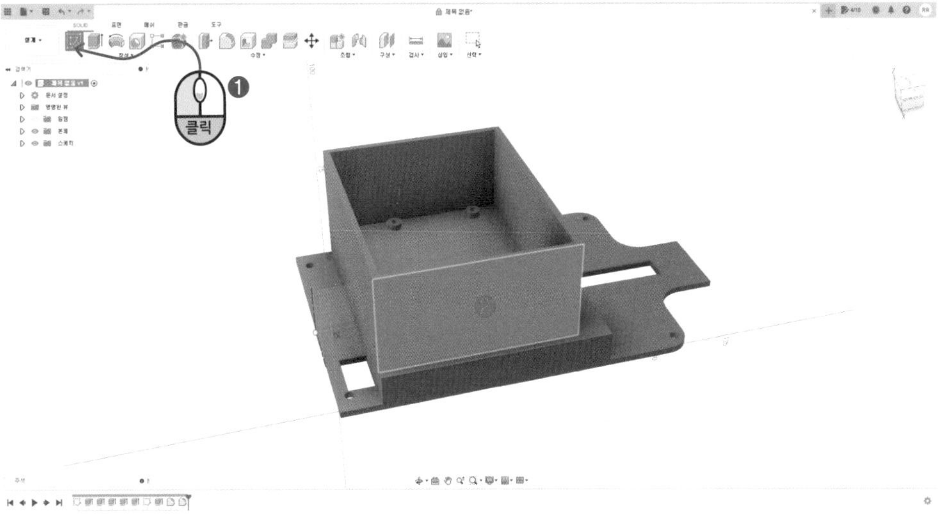

그림과 같이 사각형을 그리고 치수를 입력합니다.

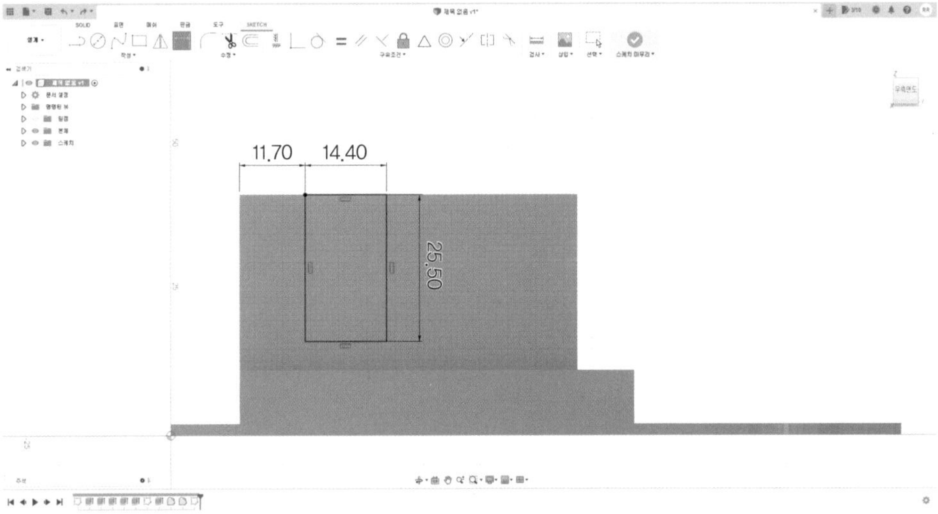

돌출(Extrude)을 실행해서 방금 그린 사각형을 밀어냅니다. 범위 유형(Extent) 옵션에서 객체로(To Object)를 선택하고 객체(Object)는 뒷면을 선택합니다.

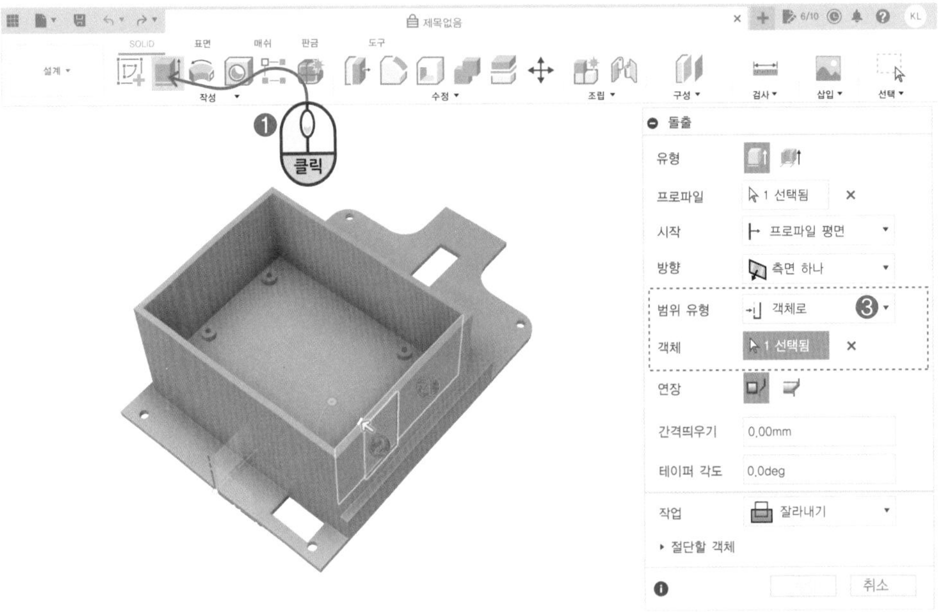

스케치1(Sketch1)의 눈을 켜고 다음 프로파일을 31.49mm 돌출시킵니다.

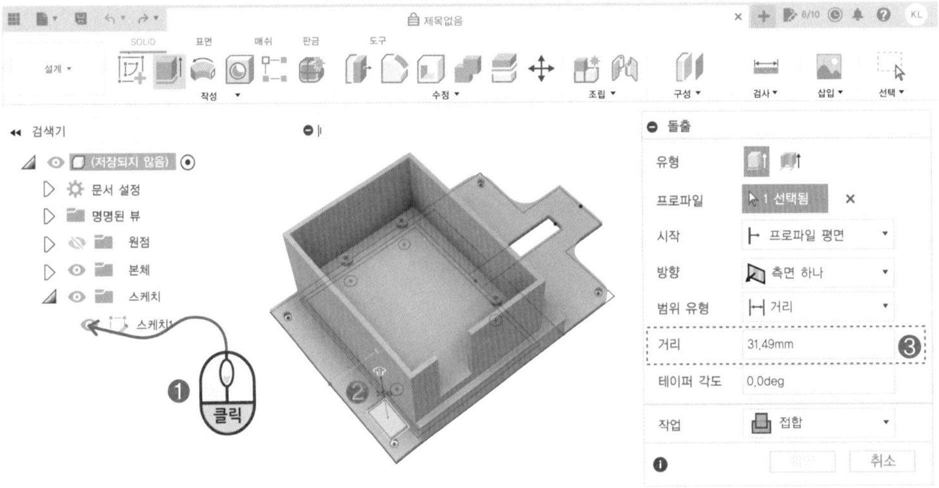

프레임의 뒤쪽에 모터가 삽입될 공간을 스케치로 그려 줄 것입니다. 스케치 작성 버튼을 누르고 뒷면을 선택합니다.

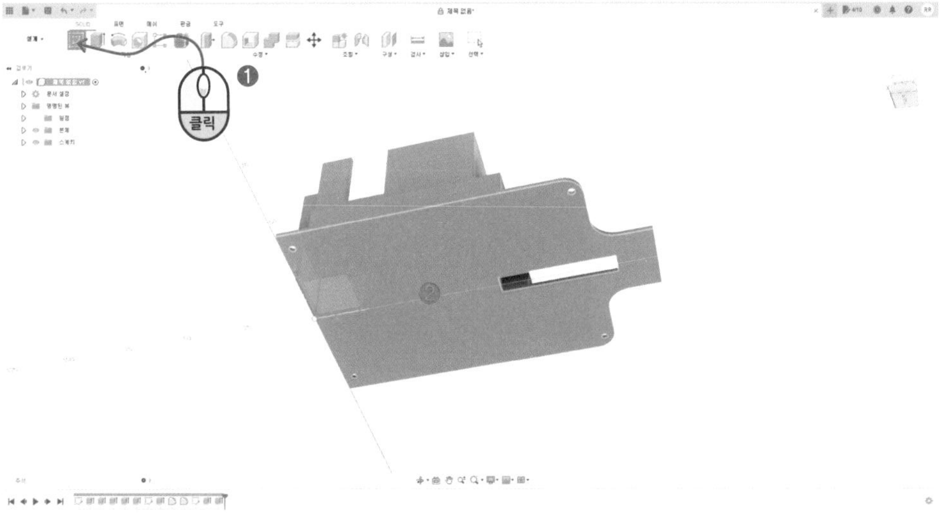

자동 프로젝트(Auto project)가 실행되면 기존의 형상으로 인해 스케치가 생성됩니다. 작업하는 데 방해가 될 것 같으면 기본 설정(Preferences)에서 다음 항목을 체크 해제하고 작업하시기 바랍니다.

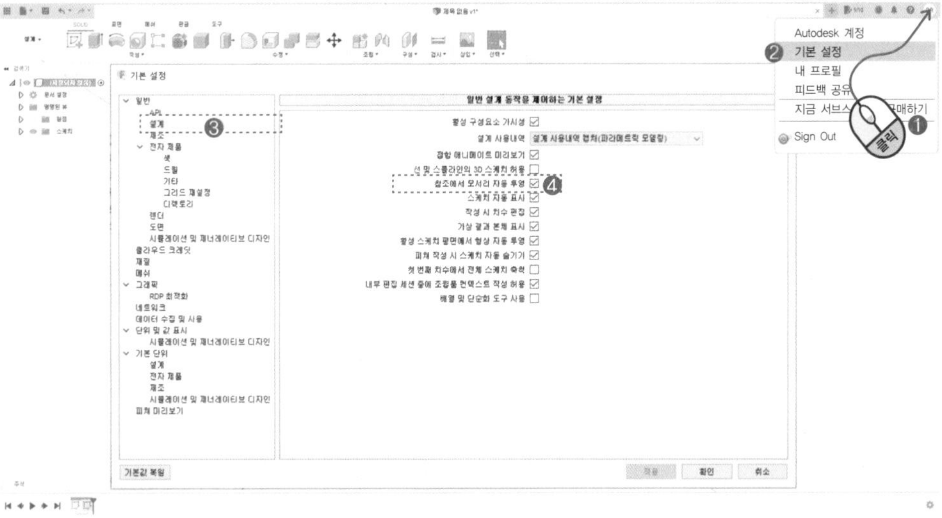

다음과 같이 스케치를 대략 그립니다.

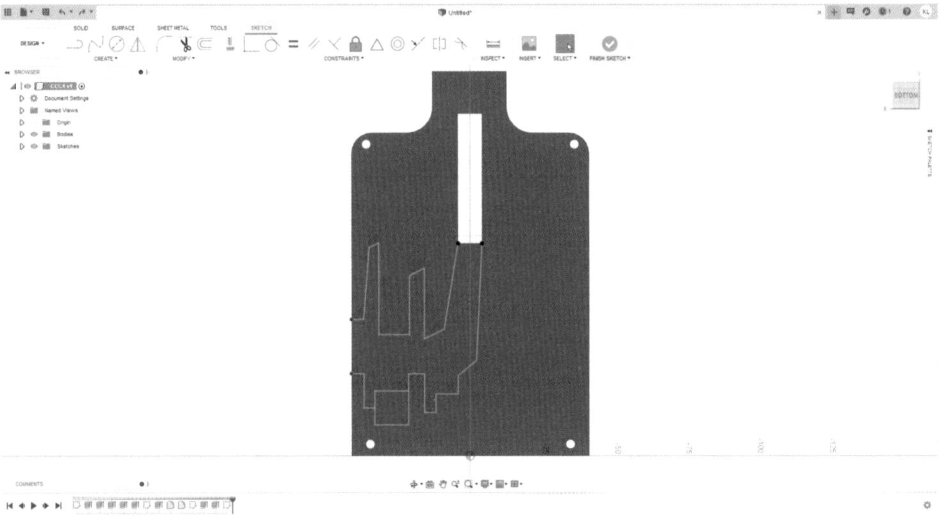

수평/수직(Horizontal/Vertical)으로 기울어진 선을 수평 또는 수직이 되도록 합니다.

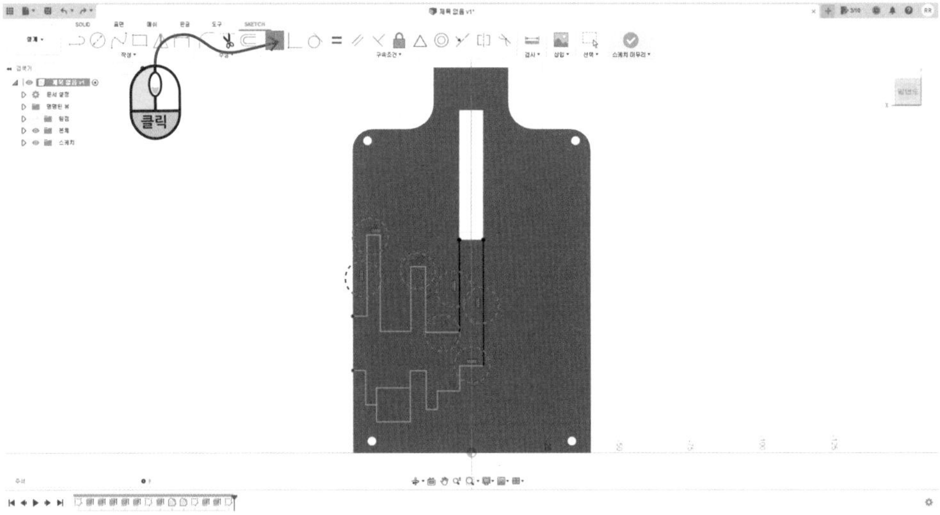

동일 선상(Collinear) 구속으로 선들을 구속합니다.

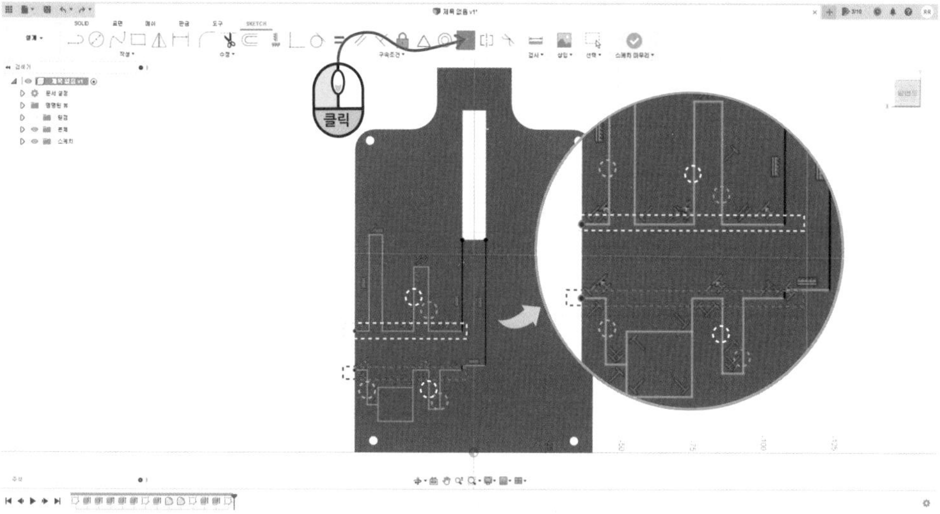

그림과 같이 치수를 입력합니다.

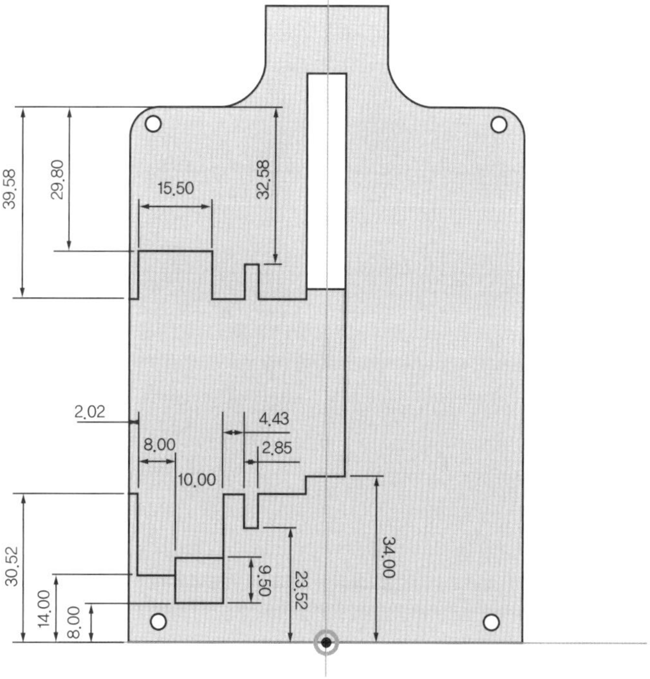

그림과 같이 프로파일을 선택하여 돌출(Extrude)로 10.35mm안쪽으로 밀어냅니다.

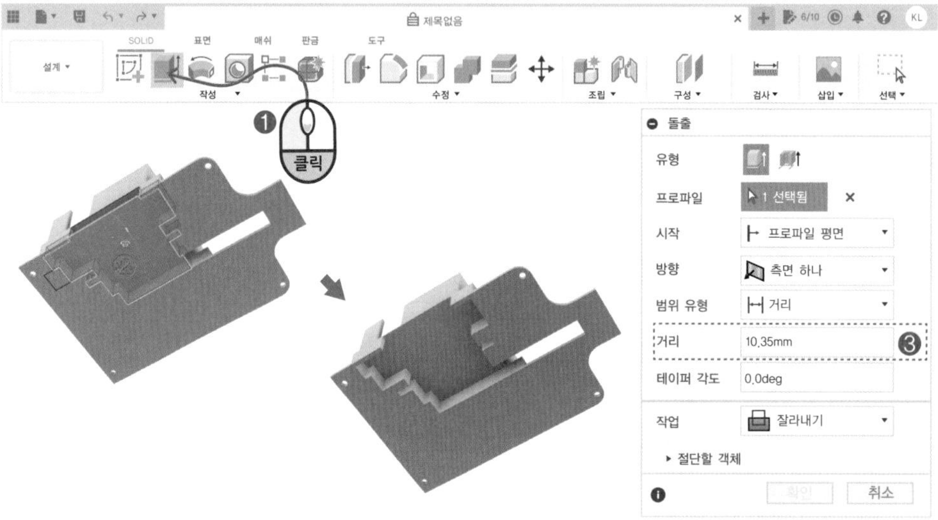

스케치4(Sketch4)의 눈을 켭니다.

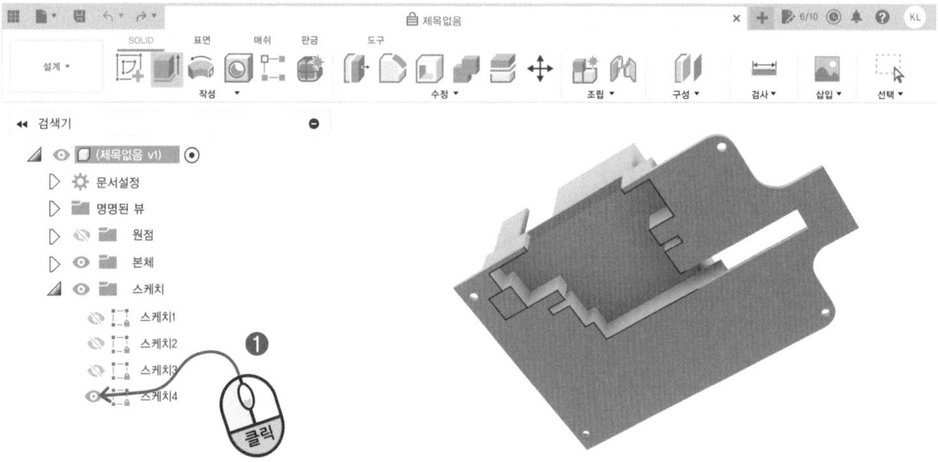

그림과 같이 프로파일을 선택하여 돌출(Extrude)로 25mm 밀어냅니다.

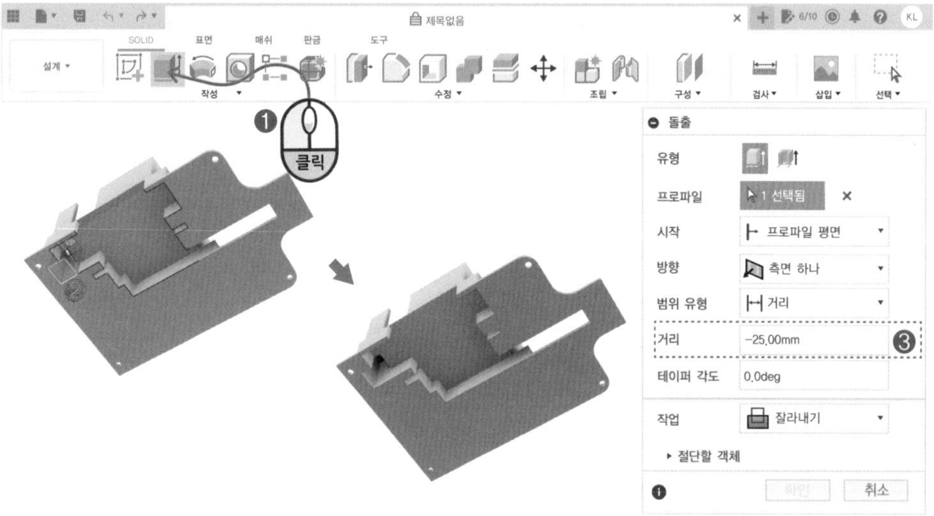

이제 상부 프레임2의 모델링이 완성되었습니다.

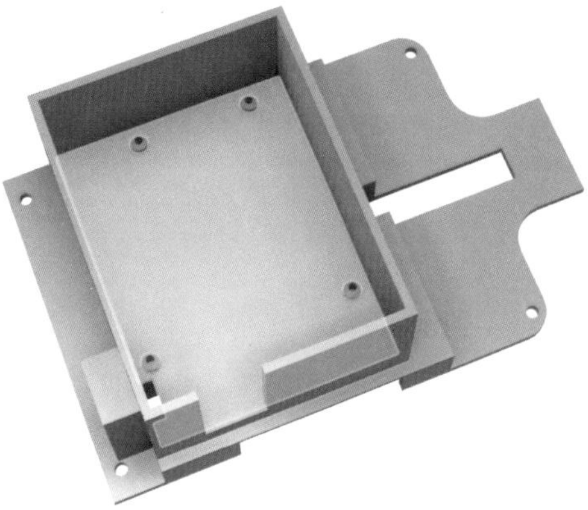

5. 펌프 누르개 모델링하기

스케치 작성(Create Sketch) 버튼을 누르고 XY 평면을 선택합니다.

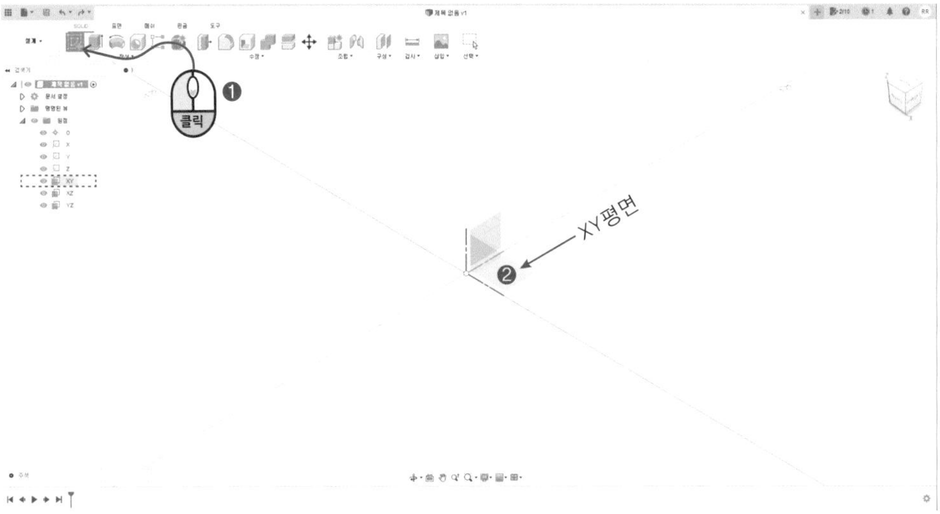

원점을 중심으로 하는 지름 6mm 원을 그립니다.

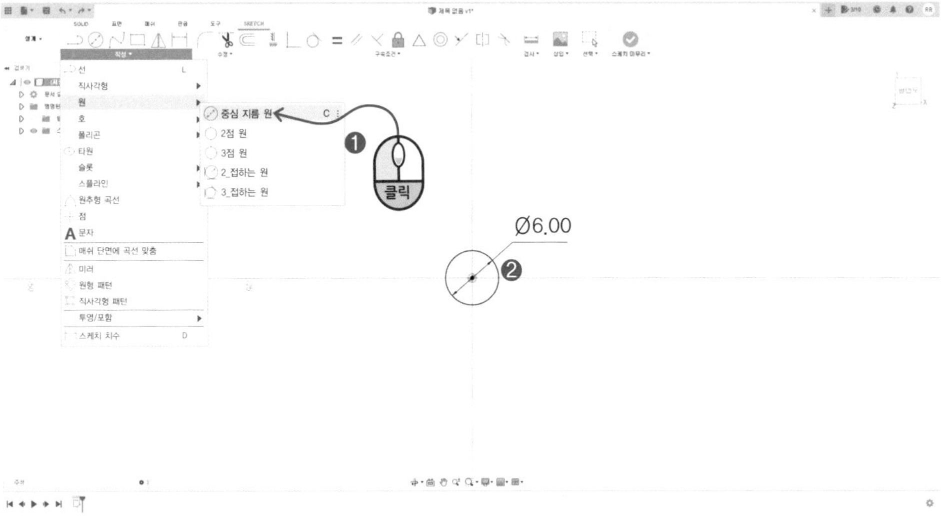

선(Line)을 이용하여 원 위의 한 점에서 시작하는 선을 그립니다

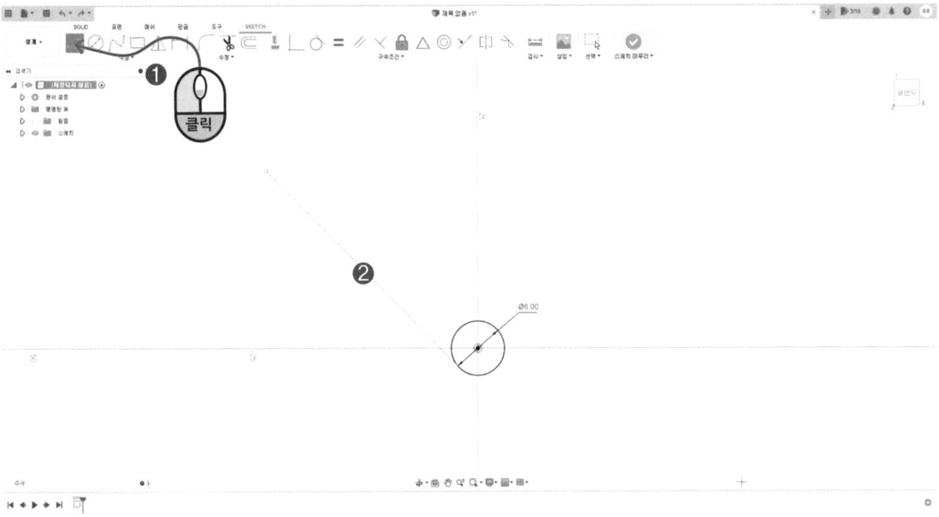

그린 선의 치수를 다음과 같이 입력합니다.

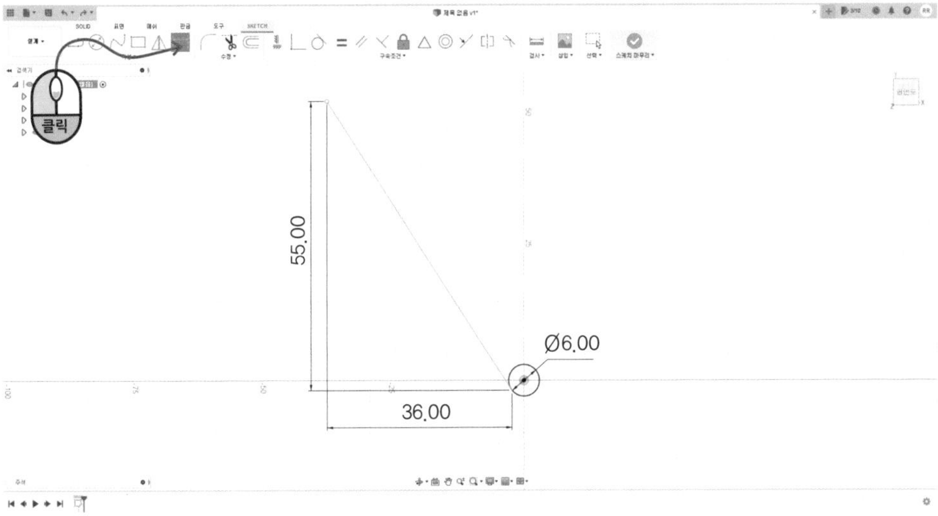

간격띄우기(Offset)를 실행하여 선을 다음과 같이 이동하여 복제합니다.

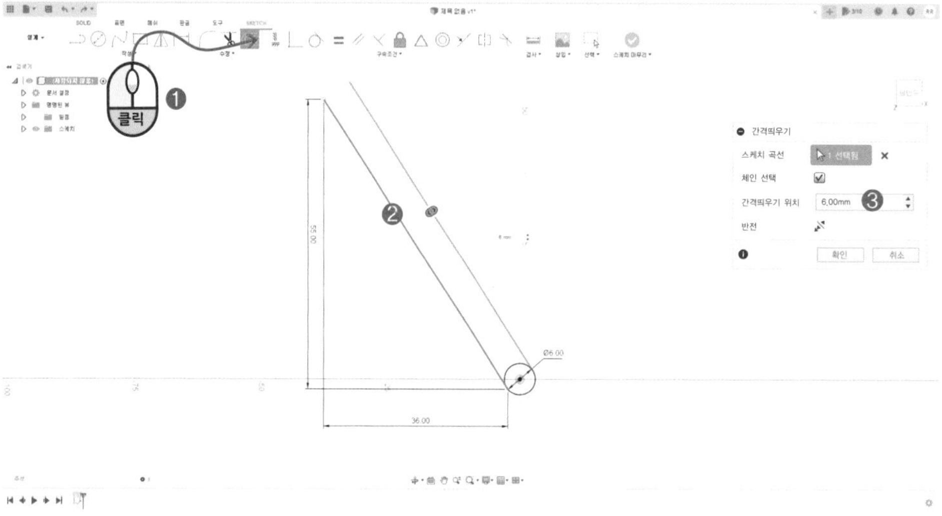

접선(Tangent) 구속으로 선을 원에 접하도록 구속합니다.

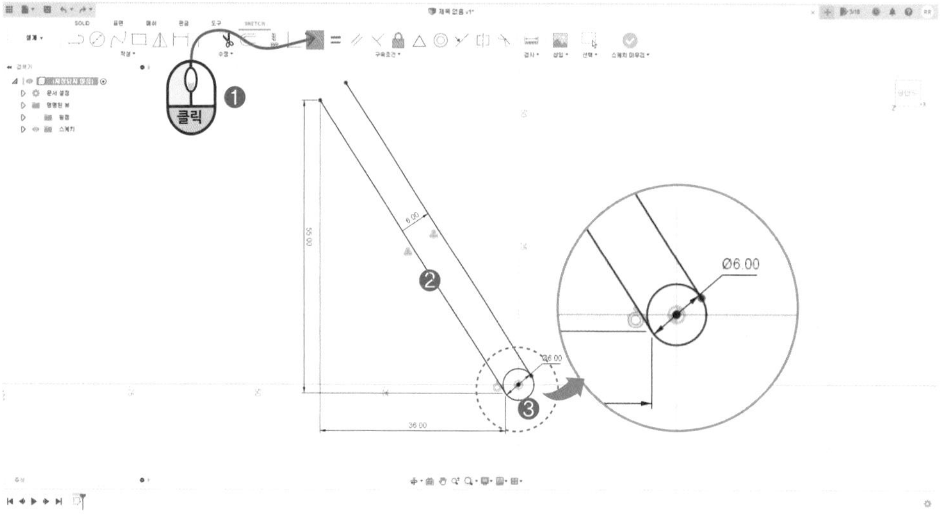

3점 호(3-Point Arc)를 이용하여 반지름이 3.5mm인 호를 그림과 같이 그립니다.

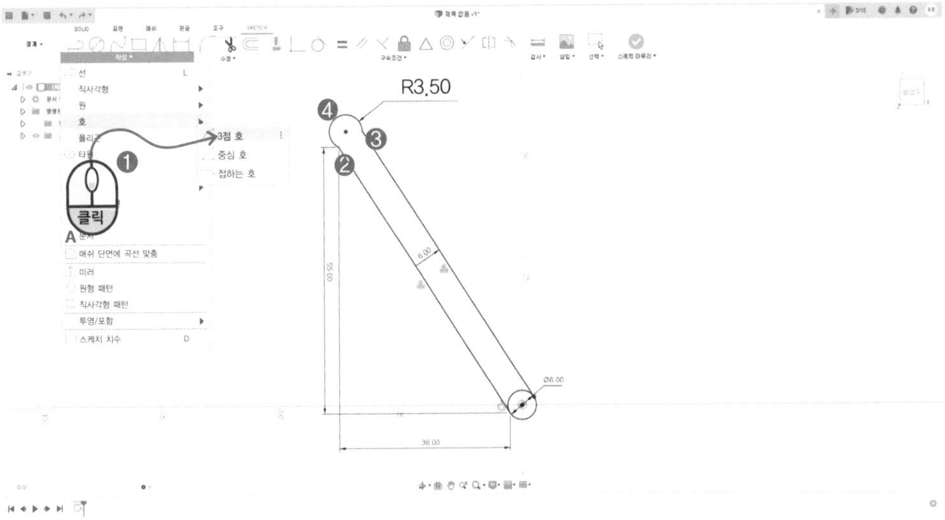

호와 원의 중심이 같은 지름 4.2mm인 원을 그립니다.

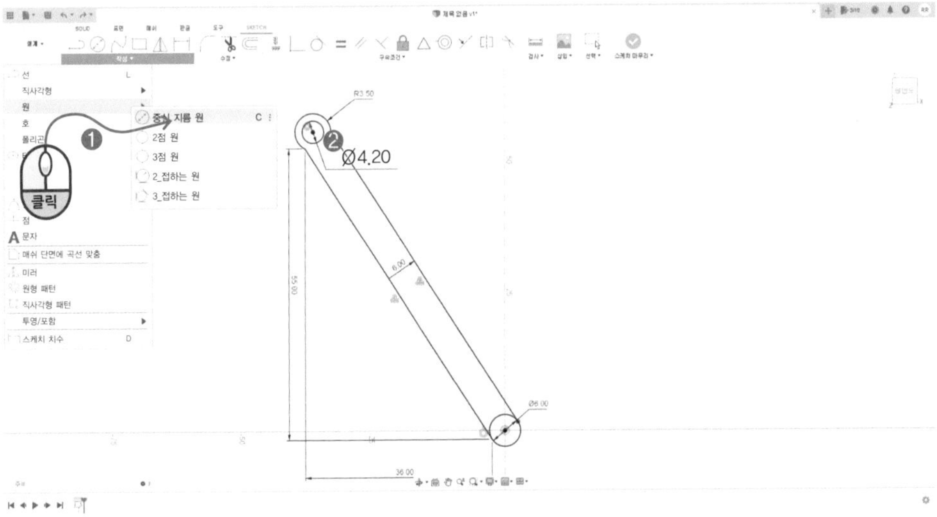

그림과 같은 선을 그립니다.

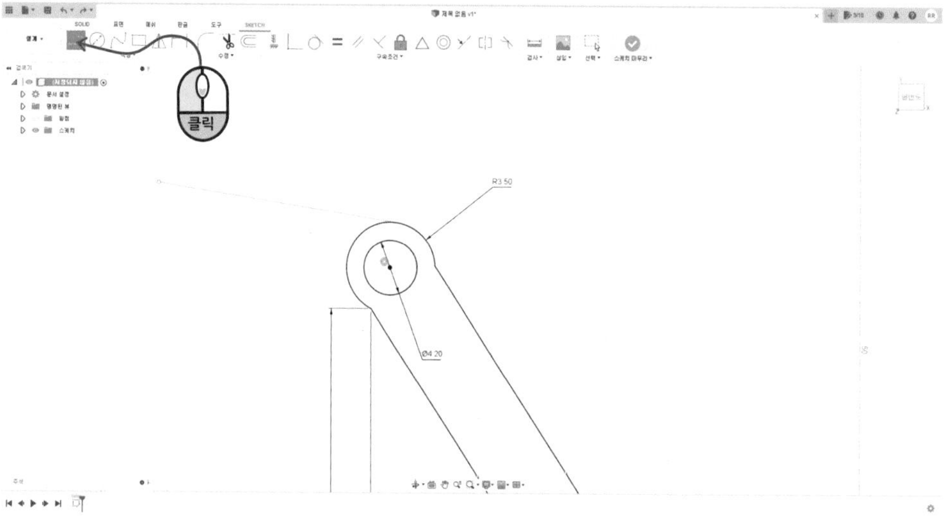

호와 접하도록 접선(Tangent) 구속합니다.

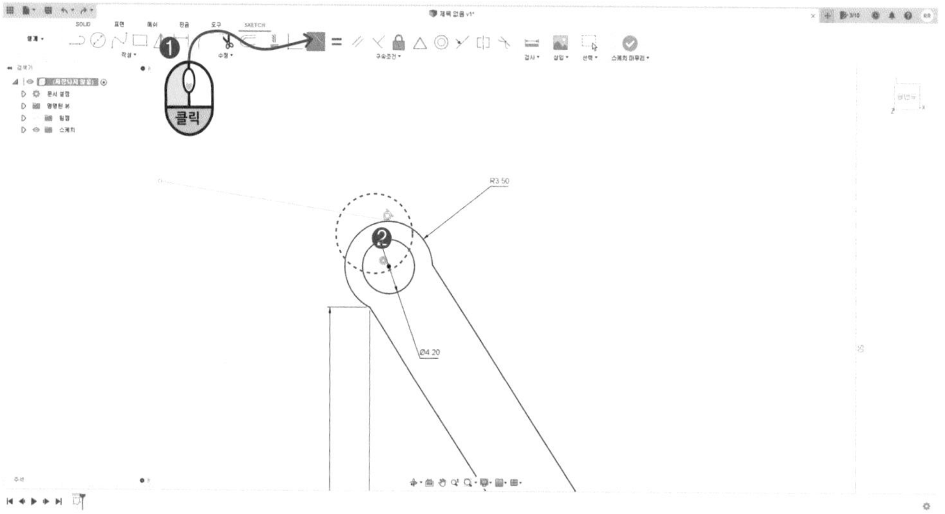

치수를 입력합니다.

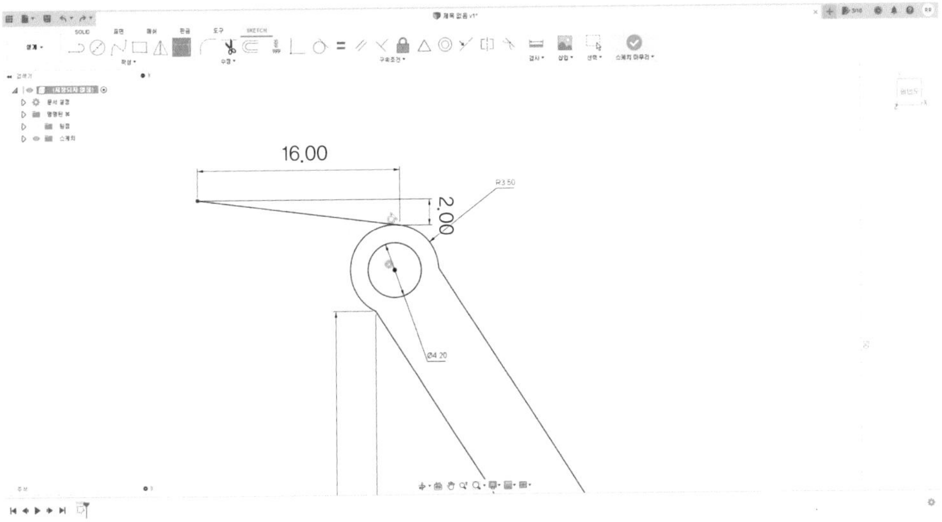

수평인 선을 그리고 치수를 입력합니다.

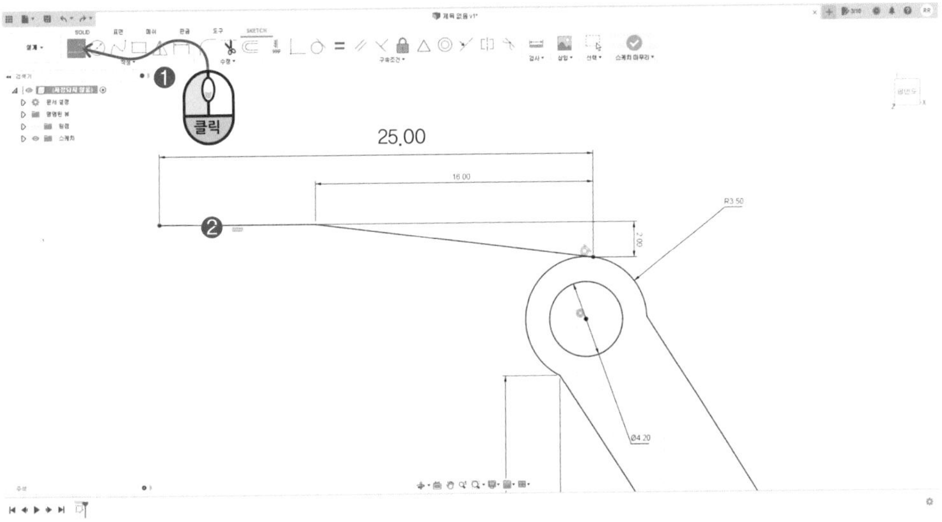

간격띄우기(Offset)를 실행하여 선을 다음과 같이 이동하여 복제합니다.

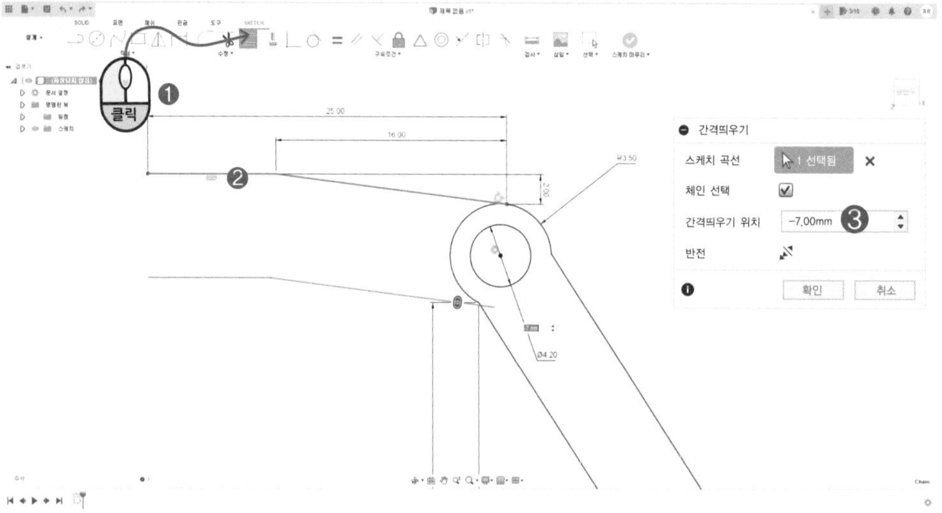

3점 호(3-Point Arc)를 이용하여 다음과 같은 호를 그리고, 호와 접하는 두 선에 탄젠트 구속을 걸어줍니다.

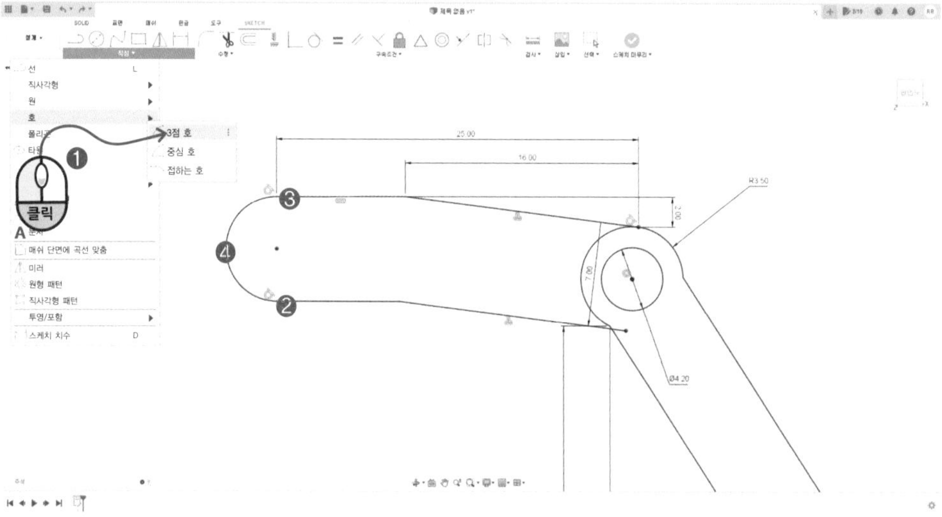

돌출(Extrude)을 실행하여 7.3mm 돌출시킵니다.

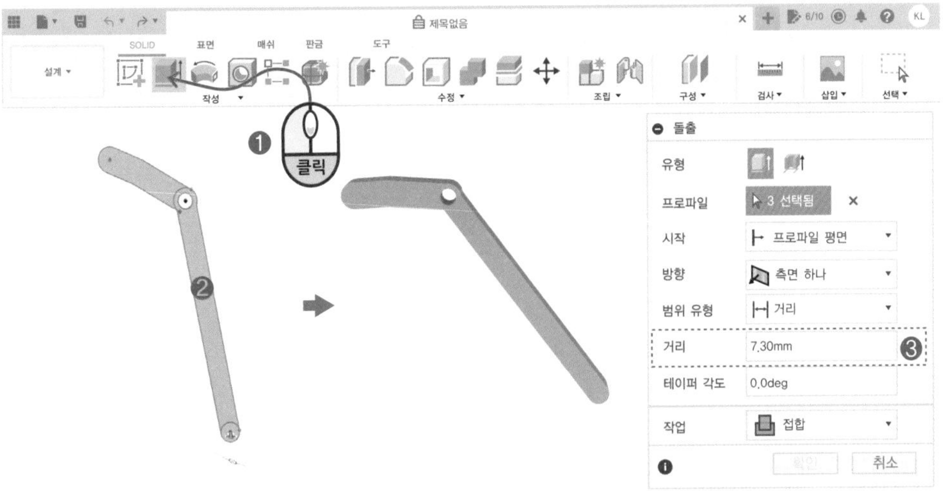

모깎기(Fillet)로 외곽선 모두에 1mm 모서리값을 줍니다.

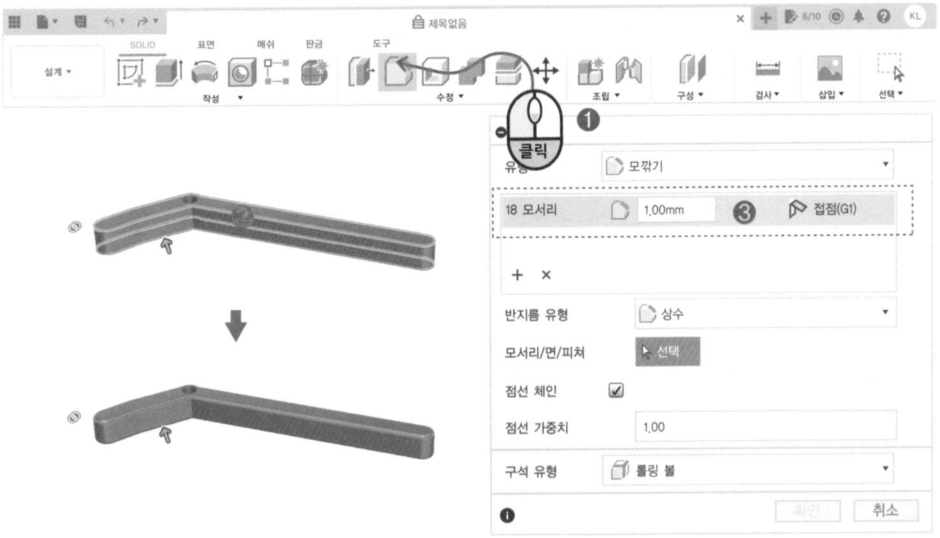

펌프 누르개가 완성되었습니다.

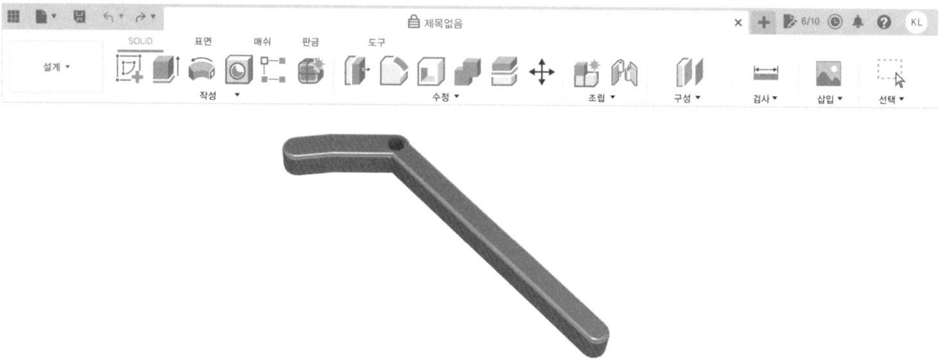

6. STL 파일로 변환하기

지금까지 모델링한 4개 파일 각각을 STL 파일로 변환합니다. 본체(Body)에서 마우스 오른쪽 버튼을 누르고 메쉬로 저장(Save As STL)을 누릅니다.

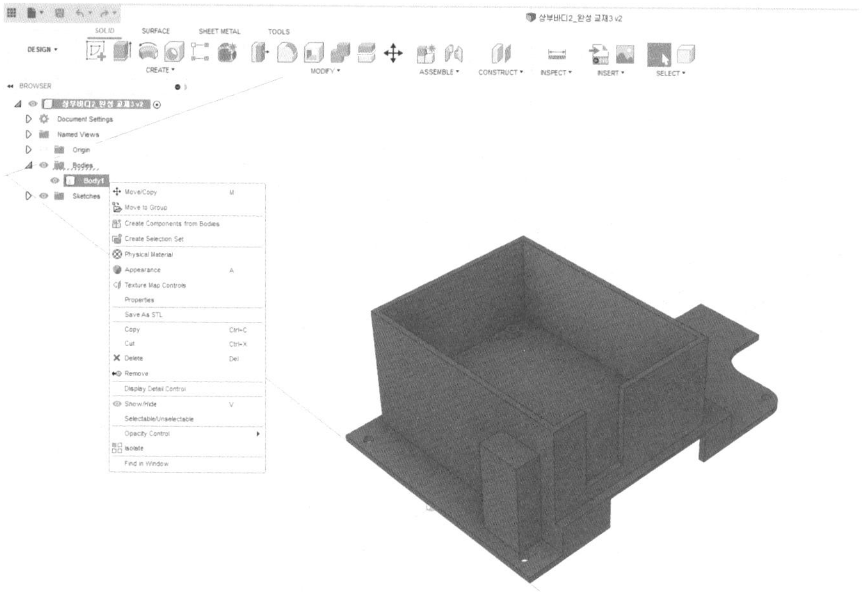

7. CURA프로그램에서 슬라이싱하기

위에서 변환한 STL파일을 CURA프로그램에서 G-CODE파일로 변환합니다. 3D프린터로 출력한 후에 지지대 제거가 가장 쉬운 방향으로 회전하여 G-CODE를 생성하는 것이 좋습니다.

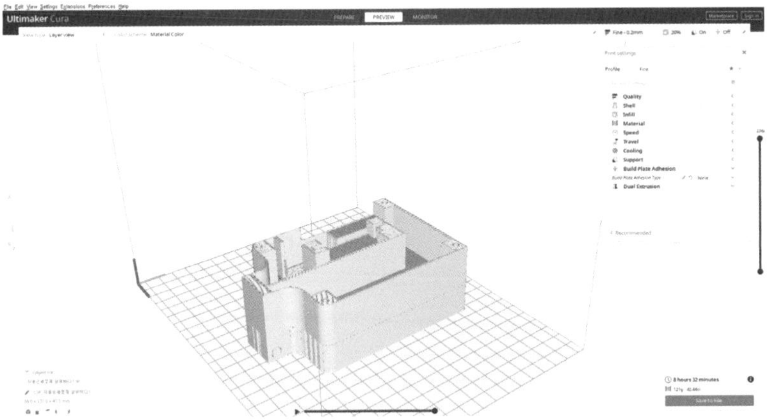

8. 3D프린터로 출력하기

G-CODE파일을 3D프린터에 입력하여 출력합니다. 출력 후에는 지지대를 제거하고 표면을 정리합니다.

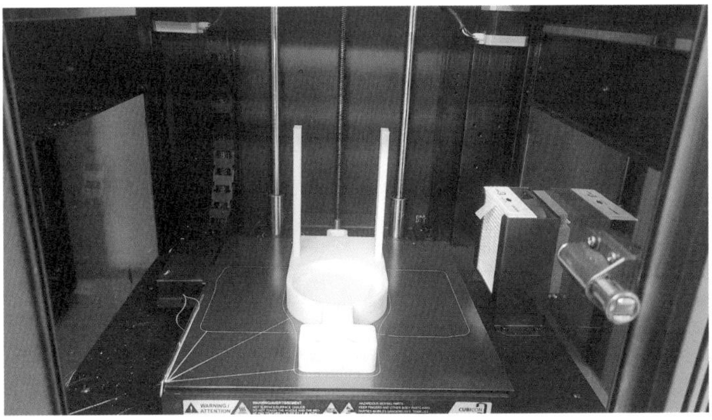

9. 코딩하기

초음파 센서가 손을 감지했을 때 서보모터의 각도를 변형시키고 손을 치웠을 때 모터의 각도를 원래대로 돌아오도록 코딩을 할 것입니다.

아두이노를 컴퓨터와 USB 선으로 연결한 후에 아두이노 통합환경(IDE) 프로그램을 엽니다. 아두이노와 컴퓨터가 잘 연결되었는지 확인하기 위해 아두이노와 연결된 포트를 확인해야 합니다. 컴퓨터에서 장치관리자를 실행하여 아두이노가 어떤 포트에 연결되어 있는지 확인합니다.

확인 후에 IDE 프로그램에서 툴-포트에서 해당하는 포트를 선택합니다.

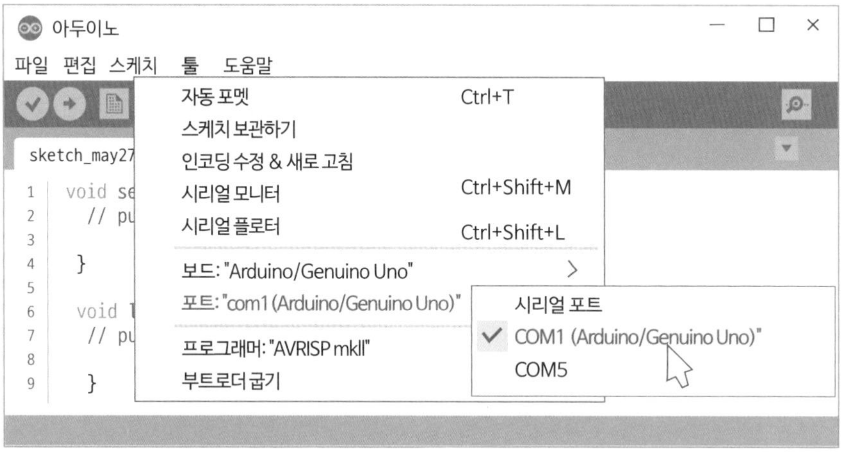

코드 입력 창에 그림과 같이 코드를 입력합니다.

아두이노

파일 편집 스케치 툴 도움말

sketch_may27a

```
1  #include <Servo.h>
2  Servo servo;
3
4  const int trigPin = 12;
5  const int echoPin = 13;
6  const int servoPin = 9;
7
8  void setup() {
9    // put your setup code here, to run once:
10   Serial.begin(9600);
11   pinMode(trigPin, OUTPUT);
12   pinMode(echoPin, INPUT);
13   servo.attach(servoPin);
14   servo.write(70);
15 }
16
17 void loop() {
18   // put your main code here, to run repeatedly:
19   digitalWrite(trigPin, HIGH);
20   delayMicroseconds(10);
21   digitalWrite(trigPin, LOW);
22   float ultra_duration = pulseIn(echoPin, HIGH);
23   float ultra_distance = ultra_duration / 2 * 0.0343 ;
24
25   Serial.println(ultra_distance);
26   if(ultra_distance < 18) {
27     servo.write(0);
28     delay(500);
29   } else {
30     servo.write(70);
31     delay(500);
32   }
33 }
```

1번 줄의 #include 〈Servo.h〉는 서보 라이브러리를 추가한다는 것입니다.

2번 줄의 Servo servo는 서보 라이브러리 사용을 위해 이름을 붙인 것입니다. 뒤쪽의

servo 대신에 다른 이름을 사용해도 됩니다.

4, 5, 6번 줄에 있는 const는 constant(일정한)의 약자로 아두이노의 특정 핀을 어떤 용도로 쓸지 정해 주는 명령어입니다. int는 integer(정수)의 약자로 정수를 취급할 것이라는 의미입니다.
4번 줄을 해석해 보면 trigPin에 있는 12라는 숫자를 어떤 경우에라도 바꾸지 않는다는것입니다. 코딩의 길이가 짧은 경우에는 혼동이 없겠지만, 아주 긴 코딩을 할 때는 중간에 trigPin이라는 이름으로 다른 값이 부여되는 것을 방지할 수 있습니다.

10번 줄은 아두이노가 9600의 속도로 컴퓨터와 통신한다는 의미입니다. 컴퓨터와 통신하지 않는다면 큰 의미는 없습니다.

11, 12번 줄의 pinMode는 특정 핀을 입력이나 출력 중 어떤 용도로 사용할지를 지정하는 핀입니다.
trigPin(9번 핀)을 OUTPUT(출력)으로 사용하고 echoPin(13번 핀)을 INPUT(입력)으로 사용한다는 것입니다. trigPin은 초음파 센서의 trigger를 의미하는 것으로 초음파를 발생시키는 곳을 담당합니다. Echo는 돌아온 초음파를 수신하는 곳입니다.

갓쌤 TIPS

1. pinMode(pin, Mode) – 특정 핀을 입,출력모드로 설정
2. digitalWrite(pin, value) – 특정 핀을 HIGH(=1), LOW(=0)으로 설정
3. delay(ms) – 주어진 시간만큼 프로그램의 진행을 멈춤
4. delayMicroseconds(us) – delay와 마찬가지로 지연시키는 명령어이나 단위가 다름 1000us는 1ms(millisecond)로, 1,000,00us가 1초임

13번 줄의 servo.attach(servoPin)는 앞서 servo라고 이름 붙인 서보를 servoPin(9번 핀)에서 제어하도록 설정하는 것입니다.
서보모터 이름.attach(핀 번호 또는 핀 이름)의 형식으로 작성하며 setup() 함수에 입력합니다. 서보모터의 데이터 선이 연결되어 있다면 서보모터를 움직일 준비가 된 것입니다.

14번 줄의 servo.write(70)는 서보모터를 70도로 움직이라는 명령어입니다. setup()함수 내에 들어있기 때문에 전원을 켰을 때 이 각도로 우선 이동한 상태로 대기합니다.

19, 20번 줄에서 trigPin을 킨 다음 10밀리초 기다리라는 것입니다. 즉, 초음파 센서에서 신호를 보내고 10초를 기다리라는 것입니다. digitalWrite는 특정 핀을 HIGH나 LOW로 설정하는 명령어입니다.

21번 줄에서는 trigpin을 끕니다.

22번 줄에서 반사되어 돌아오는 초음파를 감지할 수 있도록 echoPin을 켭니다.
pulseIn() 함수는 펄스 신호를 읽어 시간을 마이크로초로 환산합니다.

23번 줄을 보면 float ultra_distance = ultra_duration / 2 * 0.0343 로 되어있습니다. 이것은 거리=시간×속도의 계산식으로 22번 줄의 시간(duration)을 바탕으로 거리(distance)를 계산하는 것입니다.
아두이노가 측정한 초음파가 돌아오는 시간은 왕복 시간이기 때문에 나누기 2를 해줘야 합니다.
그리고 음파의 속도는 초당 343m인데 이를 cm로 환산하면 34300cm입니다. 따라서 속도는 34300cm/s입니다. 이 초를 또 마이크로초 us(1초=0.000001)로 환산하면 0.034cm/μs입니다.
그래서 계산식이 거리=측정시간/2*0.0343가 되는 것입니다.
자동 손 세정제에 손을 가져다 대면 초음파 센서가 손과의 거리를 파악하고 서보모터를 움직이도록 하는 것입니다.

밀리초 [millisecond]

시간의 단위로 1,000분의 1초. 물리나 공학 분야에서는 통상 msec, 또는 ㎳라고 쓰인다. 컴퓨터 내부의 논리 회로(logic circuit) 등은 상당히 고속으로 작동하지만, 보조 기억 장치(auxiliary storage) 등의 평균 액세스 시간은 하드디스크 장치에서는 수십 밀리초, 플로피 디스크 장치에서는 수십, 수백 밀리초 정도로 되고 있다. 또 동적 램(DRAM)의 리프레시(refresh) 주기는 수 밀리초 정도(2밀리초가 표준)로 되어있다.

마이크로초 [microsecond]

100만분의 1초(10−6초)를 의미한다. 기호 μs. 나노초(nanosecond:10−9s, 기호 ns)와 함께 주로 컴퓨터의 연산속도(演算速度) 등 빠르게 움직이는 것에 대한 운동을 기술할 때 사용된다.

25번 줄의 Serial.println(ultra_distance) 코드는 꼭 필요한 것은 아니지만 컴퓨터 화면(시리얼 모니터)에서 초음파 센서와 사물의 거리(ultra_distance) 값을 확인할 수 있는 명령어입니다.

26번 줄부터는 초음파 센서의 거리에 따라 서보모터의 각도를 다르게 하는 코딩이 되어 있습니다. 즉 거리가 18보다 작으면 서보모터의 각도를 0도로 하고 그렇지 않을 때는 70도가 되도록 합니다.
각도가 0도나 70도로 변경될 때 약간 머무를 수 있도록 시간을 지연시키는 delay(500) 명령이 들어있습니다. 즉, 각도를 변경할 때 0.5초의 시간을 두고 움직이는 것입니다.

갓쌤 TIPS

아두이노에서의 서보모터 사용법

〈Servo.h〉 라이브러리를 사용하면 간단하게 서보모터를 제어할 수 있습니다.
void setup함수에서 '객체선언명.attach(연결한 핀 번호);'
각도를 제어하기 위해 '객체선언명.write(각도);' 만 코드를 작성해주면 됩니다.

궁금해요? 서보모터

서보모터는 소형DC모터와 모터드라이버 기어의 구성으로 되어있으며, 모터드라이버가 내장되어 있어서 아두이노에 연결하여 바로 제어할 수 있습니다.

PWM(Pulse Width Modulation)이라고 하는 제어기법으로 각도를 조절하게 되는데요, 아두이노의 PWM 핀과 상관없이 자체적으로 PWM 신호를 내보내고 있어서 아두이노의 디지털 핀 중 ~표시가 되어있는 PWM 사용 가능 핀이 아니더라도 아무 디지털 핀과 연결해서 PWM 방식으로 사용 가능하다는 장점이 있습니다.

10. 코드 올리기

작업한 코드를 아두이노에 올리겠습니다. 컴파일과 업로드 메뉴가 따로 있는데, 업로드 버튼을 누르면 컴파일을 거쳐 아두이노에 업로드까지 한 번에 실행이 됩니다. 메뉴에서 스케치-업로드를 누르거나 아래의 아이콘을 클릭합니다.

화면 하단에 그림과 같이 "업로드 완료" 나오면 업로드가 정상적으로 이루어진 것입니다.

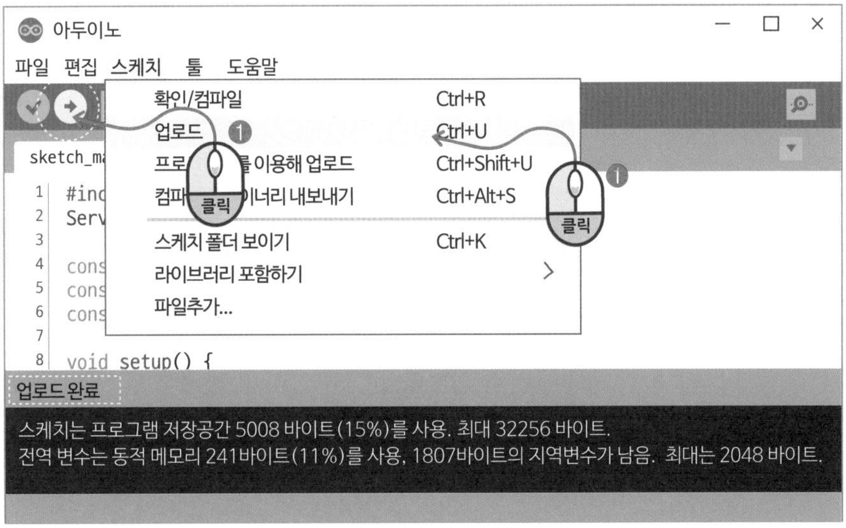

11. 조립하기

회도로는 다음과 같습니다.

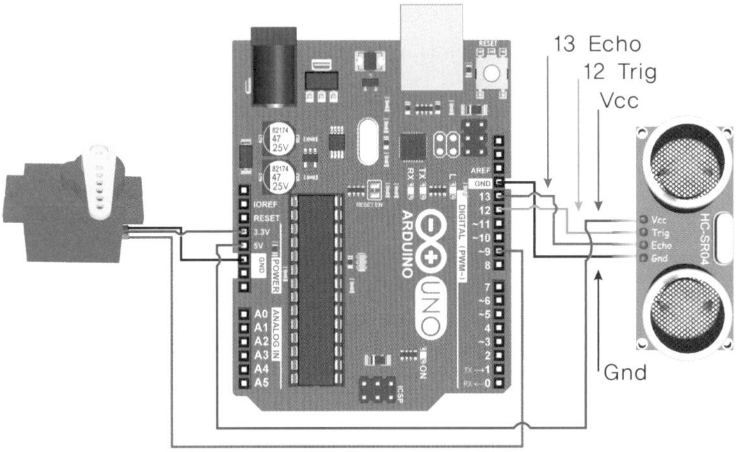

처음부터 완벽하게 조립하는 것 보다는 부품들이 이상이 없는지, 센서와 모터가 작성된 코드에 따라 잘 작동하는지 먼저 테스트해 보는 것이 좋습니다. 간혹 부품 하나가 이상이 있어 교체해야 하는 경우가 종종 있습니다.

위의 그림과 같이 부품들을 아두이노에 연결합니다.

손이 있을 때와 없을 때 서보모터의 각도가 서로 다르게 움직이는지 확인합니다.

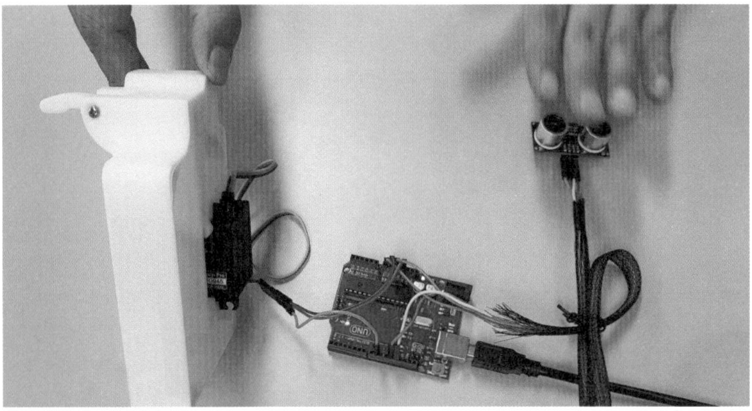

1 상부 프레임2에 아두이노 고정하기

아두이노 보드를 3D프린팅 출력물 "상부 프레임 2"에 나사(M2×6mm) 4개로 고정합니다.

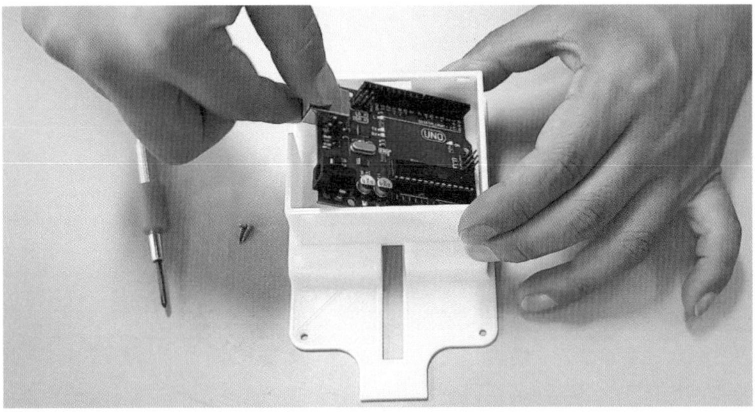

2 초음파 센서를 하부 프레임에 고정하기

초음파 센서에 점퍼선을 꽂고 3D프린터 출력물의 "하부 프레임"에 초음파센서를 잘 끼웁니다. 초음파 센서의 원형으로 된 수신부와 발신부를 출력물의 원에 잘 맞춰주면 됩니다.

초음파 센서의 점퍼선은 바닥을 따라서 뒤쪽의 아두이노까지 연결돼야 하므로 중간에 연장해 주는 것이 필요합니다. 암, 수 점퍼선을 연결하여 길이를 연장해 줄 수 있습니다. 점퍼선은 사진의 빨간색으로 표시된 부분을 통과하여 바깥쪽으로 빼 줍니다.

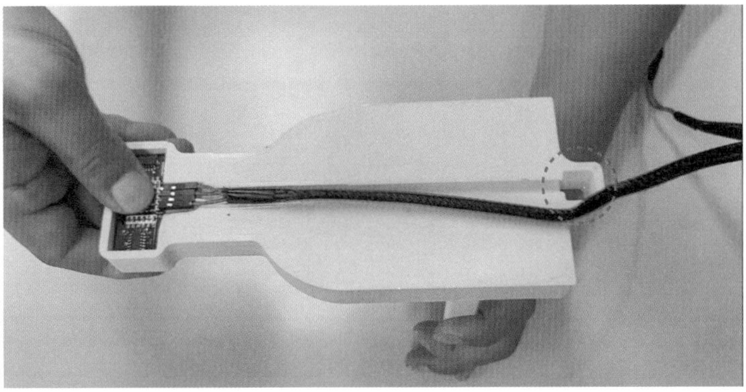

3 상부 프레임1에 펌프 누르개 연결하기

펌프 누르개를 3D프린팅 출력물 중 "상부 프레임 1"에 끼웁니다. M3×25mm 볼트, 너트를 이용합니다. 이 펌프 누르개는 서보모터의 날개에 걸쳐져서 움직이게 될 것입니다.

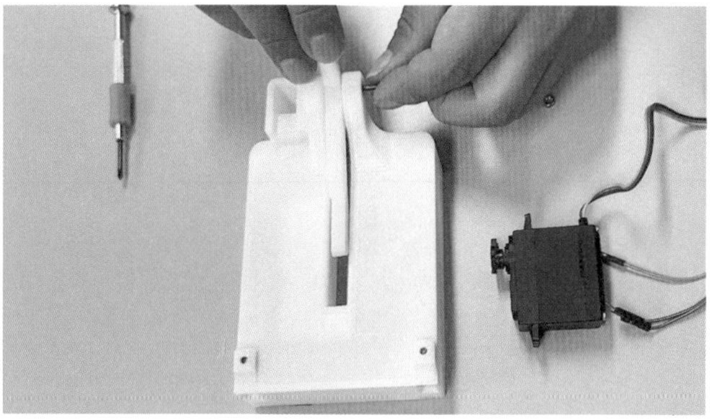

4 상부 프레임1에 서보모터 끼우기

뒤쪽에 서보모터를 끼워주는데 모터의 날개가 그림과 같이 위치해야 모터가 움직일 때 펌프 누르개가 움직입니다. 서보모터에 끼워주는 날개는 한쪽만 필요하므로 한쪽은 잘라 줍니다.

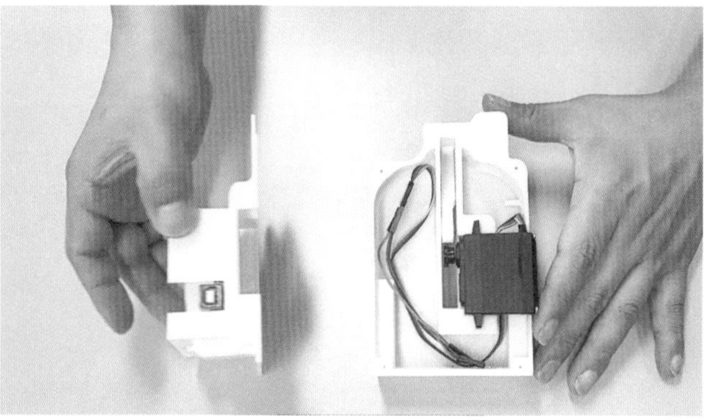

5 상부 프레임1과 상부 프레임2 결합하기

상부 프레임1의 서보모터에서 나온 점퍼선이 상부 프레임2의 구멍으로 빠져나오도록 조립하고 나사(M2×10mm) 4개로 두 프레임을 결합합니다.

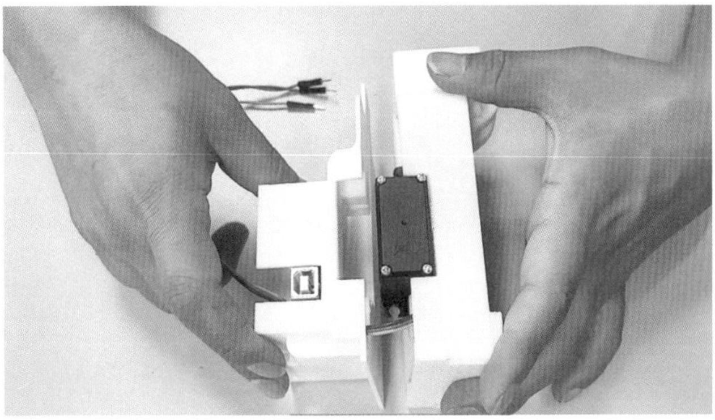

6 서보모터를 아두이노에 연결하기

회로도에 따라 서보모터의 빨강 선은 3.3V에 갈색 선은 GND에 꽂고 주황 선은 디지털 9번에 연결합니다.

7 초음파센서를 아두이노에 연결하기

초음파 센서의 VCC는 5V에 GND는 GND에 꽂아줍니다. 앞서 코딩했던 대로 초음파를 발생시키는 트리거는 12번, 에코는 13번에 연결합니다.

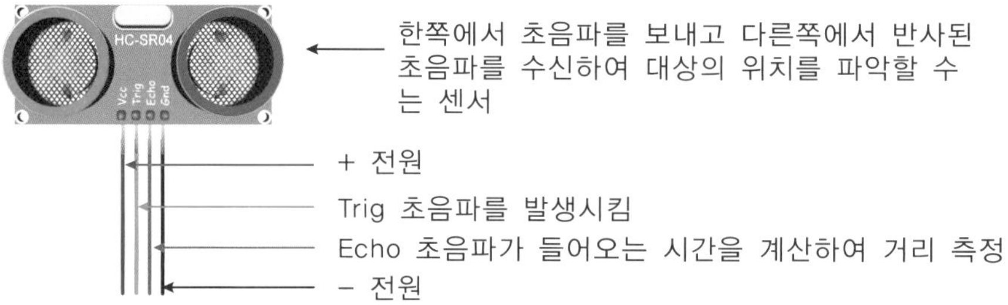

8 하부 프레임과 상부 프레임 결합하기

하부 프레임의 튀어나온 구조물 2개가 상부 프레임의 구멍에 들어가도록 넣어 줍니다.

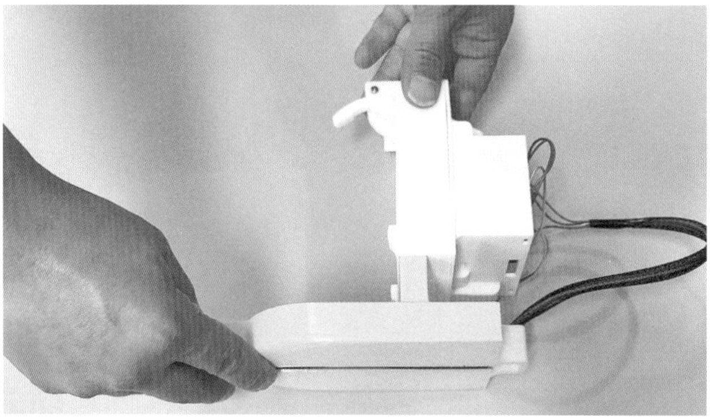

9 사용할 펌프 용기 결합하기

상부 프레임은 펌프의 길이에 따라 조절할 수 있습니다.높이를 정했다면 나사(M3× 10mm) 2개로 고정해 줍니다.

10 사용 테스트

전원을 켜고 테스트를 해봅니다. 컴퓨터와 연결하지 않고 작동을 시키고 싶다면 USB 전원 포트 어댑터가 필요합니다.

가끔 오류가 나는 경우가 있는데 이는 난반사 때문입니다.

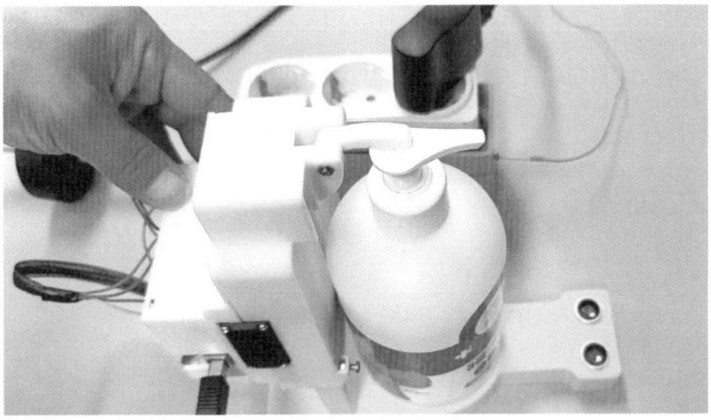

갓쌤 TIPS

난반사란?

물체의 표면이 고르지 않고 울퉁불퉁할 때 물체에 반사되는 빛들이 다양한 방향으로 반사되는 것을 뜻합니다. 표면이 매끄러운 경우 정반대 방향으로만 반사하기 때문에 초음파 센서에서 오류를 일으키지 않지만 울퉁불퉁한 사물이 있는 경우 초음파 센서가 오작동을 일으킬 수 있습니다.

갓쌤 TIPS

조립 시의 주의할 점

사용하는 펌프의 종류에 따라 1회 분사 시의 배출량이 적을 수 있습니다.
이는 2가지 방법으로 해결할 수 있습니다.
상부 프레임의 높이 조절을 통해 펌프가 어느 정도 눌러진 상태에서 고정하면 내용물이 좀 더 많이 나옵니다.
두 번째 방법은 펌프 누르개와 연결된 서보모터의 각도를 코딩으로 변경하는 것입니다.

```
void setup() {
  // put your setup code here, to run once:
  Serial.begin(9600);
  pinMode(trigPin, OUTPUT);
  pinMode(echoPin, INPUT);
  servo.attach(servoPin);
  servo.write(100);
}

void loop() {
  // put your main code here, to run repeatedly:
  digitalWrite(trigPin, HIGH);
  delayMicroseconds(10);
  digitalWrite(trigPin, LOW);
  float ultra_duration = pulseIn(echoPin, HIGH);
  float ultra_distance = ultra_duration / 2 * 0.0343 ;
```

← 서보 모터의 각도를 70도에서 100도로 변경

〈코딩에서 서보 모터의 각도를 70도에서 100도로 변경한 예〉

이 작품으로 대부분의 펌프형 용기를 사용할 수 있습니다.

간혹 용기의 지름이나 높이가 맞지 않아 사용하기가 어렵다면 모델링 치수를 수정하여 크기를 변경할 수 있습니다.

02 리쏘페인 무드등

우리는 생활에서 무드등을 많이 활용합니다. 제품을 고를 때, 전등의 기능뿐만 아니라 미적 요소도 고려하여 구매합니다.

이번에는 디자인적으로 독특한 리쏘페인 무드등을 만들어 볼 것입니다.

저자는 침실에 누워서 무드등을 작동시키고 싶다는 생각이 들어 스마트폰과 무선으로 통신이 되도록 제작하였습니다.

블루투스 모듈이 스마트폰과의 통신을 담당합니다.

준비물

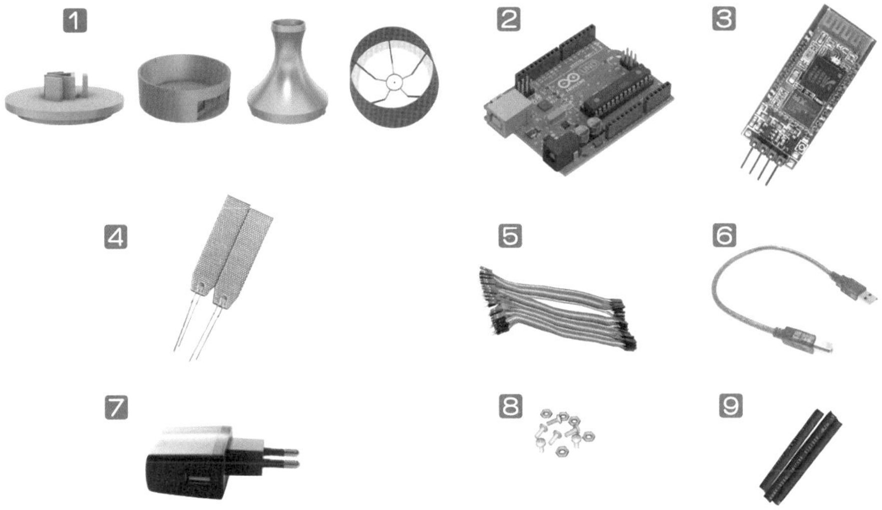

1 3D프린터 출력물 4개 파트
2 아두이노 우노보드
3 블루투스 모듈(HC-06)
4 면발광 LED 3개)
5 점퍼선
6 USB 연결선
7 USB 포트 아답터
8 M2×6mm 나사 4개
9 수축튜브

이 무드등은 갓을 바꿀 수 있는 형태로 제작하기 때문에 활용도가 높습니다.

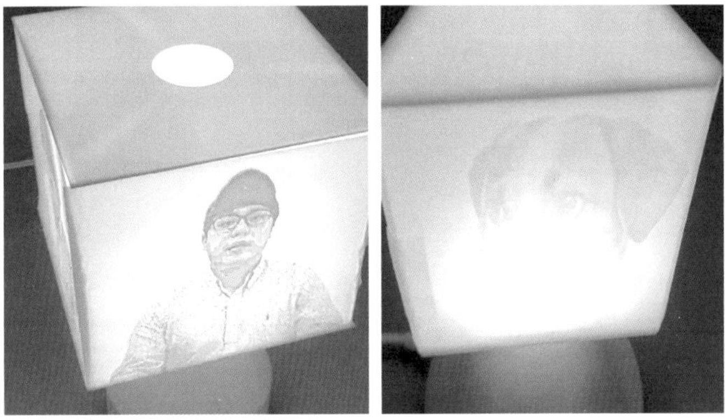

또한, 제작 원리를 응용만 하면 다양한 작품을 만들 수 있습니다. 저자가 예전에 만들었던 한옥 전등도 지금 제작하려는 리쏘페인 무드등과 유사한 코드를 사용합니다.

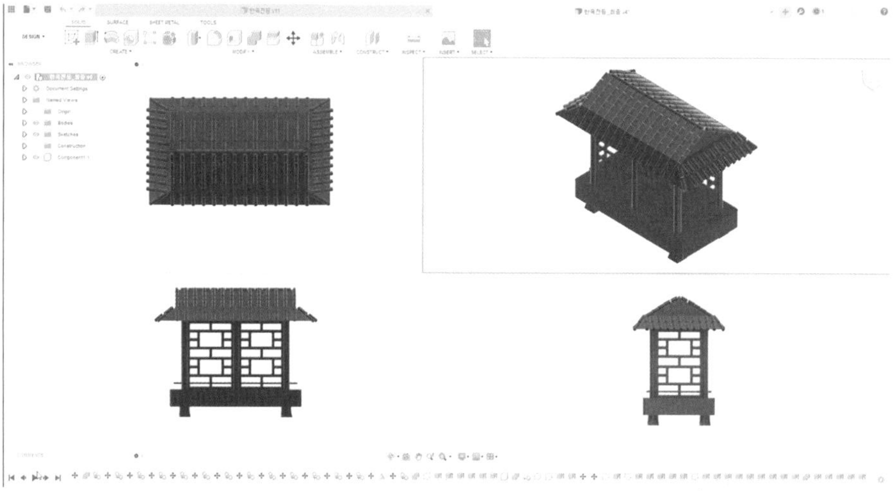

1. 3D프린터로 리쏘페인 만들기

3D프린터로 많이 만드는 것 중의 하나가 리쏘페인(rithophane)입니다.

리쏘페인은 본래 도자기 제작기법의 하나로 문양을 넣은 후 빛을 비추면 비쳐서 보이게 하는 기법입니다. 이 리쏘페인을 3D프린터 출력에 적용하면 다양한 종류의 리쏘페인 작품을 만들 수 있습니다.

〈사진을 리쏘페인으로 변환한 3D프린팅 출력물〉

위의 사진처럼 보이는 것들은 3D프린터로 출력한 리쏘페인입니다.

빛이 없는 곳에서 보면 울퉁불퉁하기만 하고 아무것도 보이지 않습니다. 여기에 빛을 비추면 마치 흑백사진처럼 하나의 색으로 보이게 됩니다.

리쏘페인의 원리는 두께를 다르게 하는 것입니다. 즉, 사진의 밝은 부분은 얇게, 어두운 부분은 두껍게 만드는 것입니다. 이렇게 두께를 다르게 만들면 출력물의 두꺼운 부분과 얇은 부분에 빛이 통과하는 양이 달라져 사진의 모습이 보입니다.

1 큐라 프로그램을 이용하여 리쏘페인을 만드는 방법

리쏘페인을 만드는 방법은 많지만 가장 간단한 방법은 슬라이싱 프로그램에 사진을 불러오는 것입니다. 대중적인 슬라이싱 프로그램인 큐라(CURA)에서 사진을 불러와 리쏘페인으로 만드는 방법을 알아보겠습니다. 큐라 이외의 슬라이싱 프로그램에서도 대부분 비슷한 옵션으로 리쏘페인을 만들 수 있습니다.

사진에서 불필요한 부분을 잘라내야 하거나 비율을 맞춰야 하는 경우, 포토스케이프(무료)나 포토샵 등의 프로그램을 이용해서 사진을 먼저 편집해야 합니다.

사진이 준비되면 큐라 프로그램을 열고 드래그 앤 드롭으로 사진을 큐라의 화면으로 불러옵니다. 그러면 설정창이 나타나는데 옵션이 전부 7개가 나타납니다.

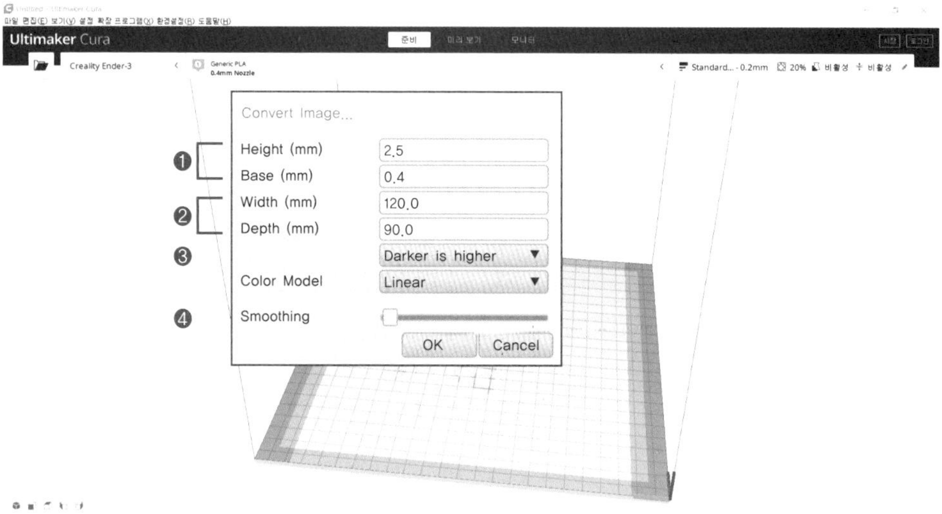

❶ Height는 가장 어두운 부분의 두께이고 Base는 가장 얇은 부분의 두께입니다.

❷ Width와 Depth는 가로, 세로 크기를 의미합니다. 원하는 수치대로 입력하면 되는데, 비율이 바뀌면 사진이 변형됩니다.

❸ Darker is higher는 리쏘페인의 기본 원리대로 어두운 부분이 두껍게 밝은 부분이 얇게 표현되고, Ligh is higher는 반대로 밝은 부분이 두껍게 어두운 부분이 얇게 표현됩니다.

❹ Smoothing은 사진을 부드럽게 만드는 것입니다. 이것을 과도하게 사용하는 경우 품질이 저하될 수 있기 때문에 사용하지 않거나 세밀한 표현이 많은 경우에만 제한적으로 사용하는 것을 권장합니다.

확인 버튼을 누르면 리쏘페인 형상이 수정됩니다. Slice버튼을 눌러 G-CODE로 내보내기를 실행하고 3D프린터에서 출력합니다.

2 lithophanemaker.com 사이트를 이용한 리쏘페인 만들기

https://lithophanemaker.com/ 사이트에 가보면 다양한 입체형태의 리쏘페인을 감상할 수 있습니다. 이 사이트는 단지 감상으로 끝나는 것이 아니라 예시로 제시된 형태의 리쏘페인을 선택해 그 형태의 리쏘페인을 바로 만들 수 있습니다. 프로그램 설치 없이 사이트에서 바로 STL파일을 만들어 줍니다.

사진 파일만 준비하면 평면, 램프, 박스, 구 형태의 다양한 리쏘페인을 만들 수 있습니다.

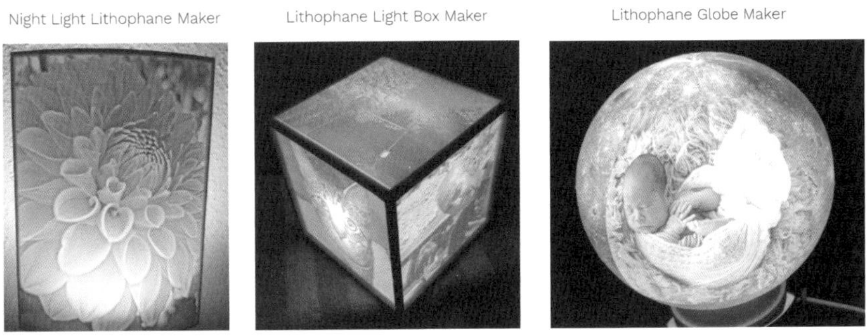

3 lithophanemaker.com 사이트를 이용한 원통형 리쏘페인 만들기

https://lithophanemaker.com/ 사이트에서 원통형 리쏘페인 사진을 클릭하면 다음과 같은 화면이 나타납니다. 이미지 4개를 이용하여 원통형 리쏘페인을 손쉽게 만들어 주는 것입니다.

입력할 수 있는 수치는 크게 Lithophane Parameters와 Interface Parametrs가 있습니다.

Lithophane Paameters는 리쏘페인의 전체적인 외형과 관련된 수치들을 조절할 수 있고, Interface Parameters는 연결부와 관련된 수치 항목들입니다.

Design Schematic은 수치 항목들이 어떤 값을 나타내는지를 보여줍니다.

수치를 변형하면 Your Design에 나타난 형상이 바뀌게 됩니다. 사진은 파일 선택 버튼을 눌러 업로드할 수 있습니다.

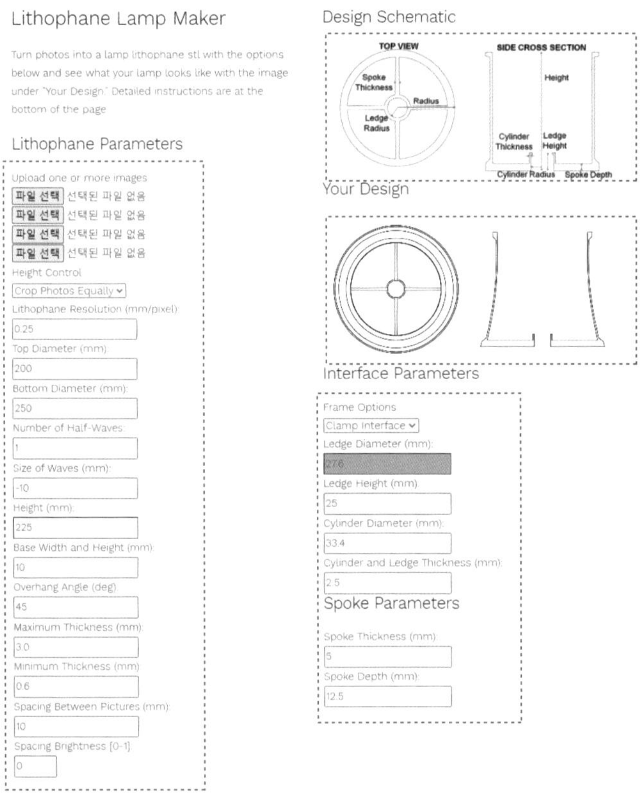

인터넷 창을 밑으로 더 내리면 사진을 어떻게 자를지를 결정하는 창이 나타납니다.

X, Y축으로 나누어 조절할 수 있는데 0.5가 가운데 값입니다.

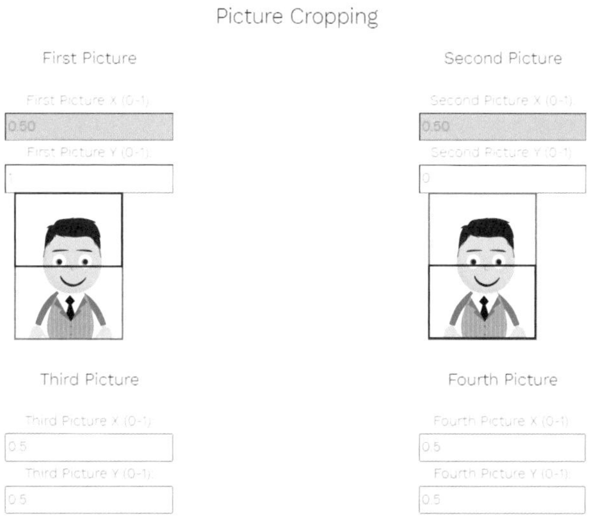

스크롤을 아래로 더 내리면 하단에 이메일 주소 창이 나타납니다.

이곳을 입력하고 아래쪽에 Create.stl 버튼을 누르면 파일을 만들기 시작합니다.

STL 파일을 만드는데 시간이 소요될 수 있습니다. 파일 변환이 완료되면 자동으로 다운로드가 진행됩니다.

lithophane Maker는 이런 원통형뿐만 아니라 여러 종류 형상을 제공하고 있습니다. 다른 형상도 도전해 보시기 바랍니다.

영어로 되어 있어 어느 부분의 치수를 의미하는지 어렵게 느껴질 수 있습니다. 이럴 때는 치수를 변경해 보면서 Your Design에 나타나는 이미지의 어떤 부분이 변형되는지를 확인해 보면 생각보다 쉽게 치수가 나타내는 위치를 찾을 수 있습니다.

2. 퓨전360으로 모델링하기

1 하부 프레임

아두이노를 내장 하는 곳

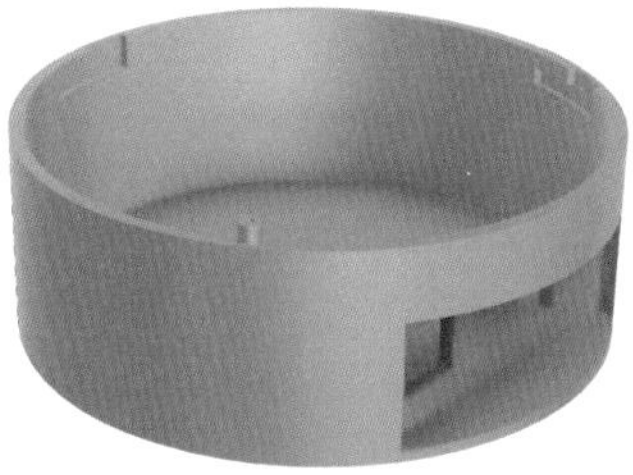

2 상부 프레임

하부 프레임과 연결되고 전등의 전체적인 높이를 높여주는 프레임

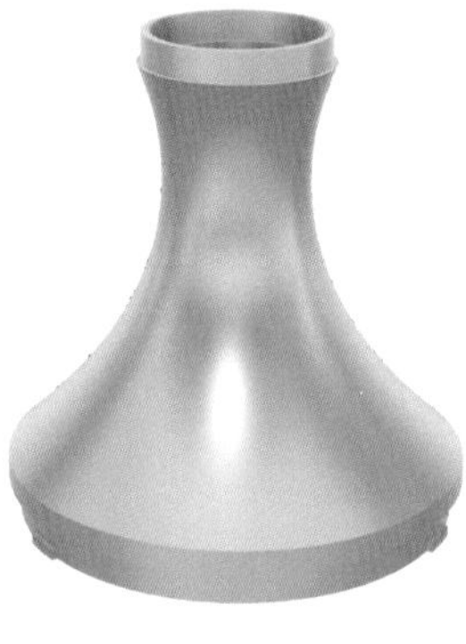

3 LED 부착 프레임

아래쪽은 상부 프레임과 프레임에 장착되고 위쪽에는 면발광 LED3개가 장착됩니다.

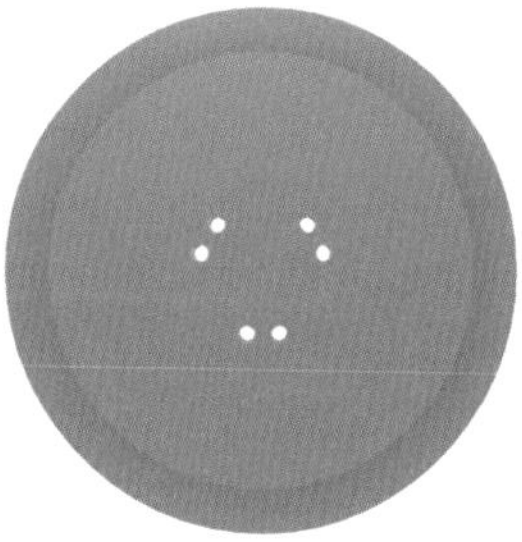

4 전등 갓

전등갓은 정해져 있는 것은 아니므로 독자님들이 취향을 반영해 스스로 만들어 보시기 바랍니다.

제시하는 모델링 자료를 참고하여 제작할 수 있습니다. 또한, 앞서 설명한 큐라를 이용한 리쏘페인을 응용해도 되고, 리쏘페인 메이커 프로그램을 이용해도 됩니다.

주의 할 점은 전등갓의 연결 부위가 상부 프레임의 구멍에 끼워질 수 있도록 하는 것입니다. 자세한 치수는 모델링 설명 부분에서 자세히 다루겠습니다.

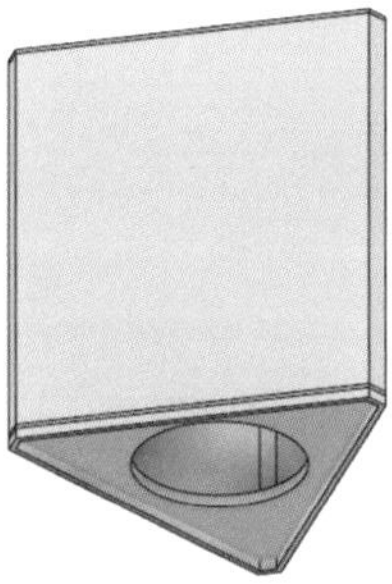

〈큐라와 모델링을 통해 제작한 전등 갓〉

〈리쏘페인 메이커 프로그램을 이용한 전등 갓〉

3. 하부 프레임 모델링

스케치 작성(Create Sketch) 버튼을 누르고 XY평면을 선택합니다.

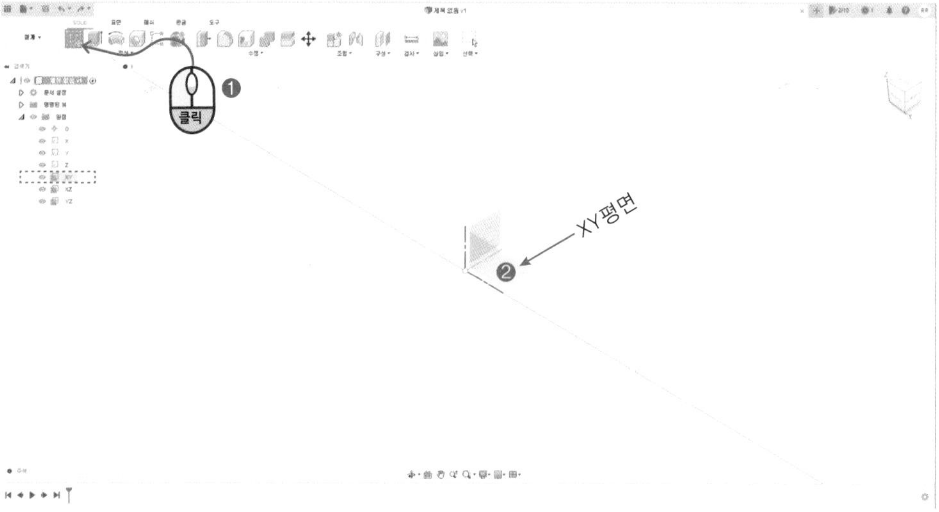

원점을 중심으로 다음과 같은 원을 3개 그립니다.

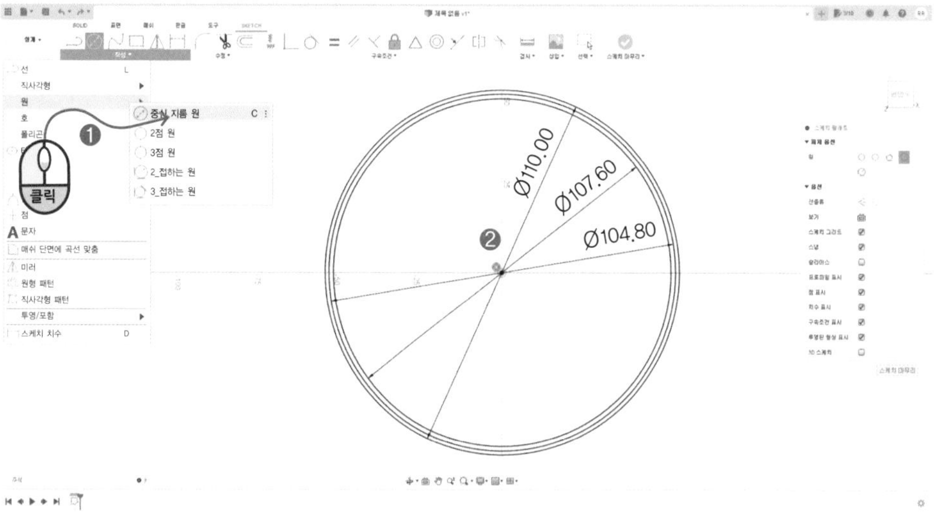

원점을 지나는 선을 그리고 중심선(Centerline)으로 변경합니다.

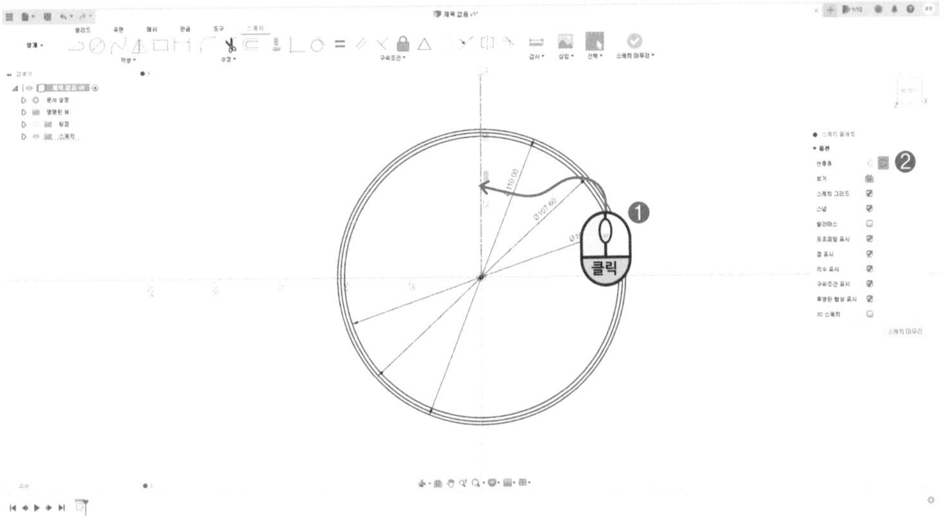

선(Line)으로 두 원을 잇는 3개의 선을 그립니다. 선을 그릴 때 수직 구속이 걸리도록 그려 줍니다.

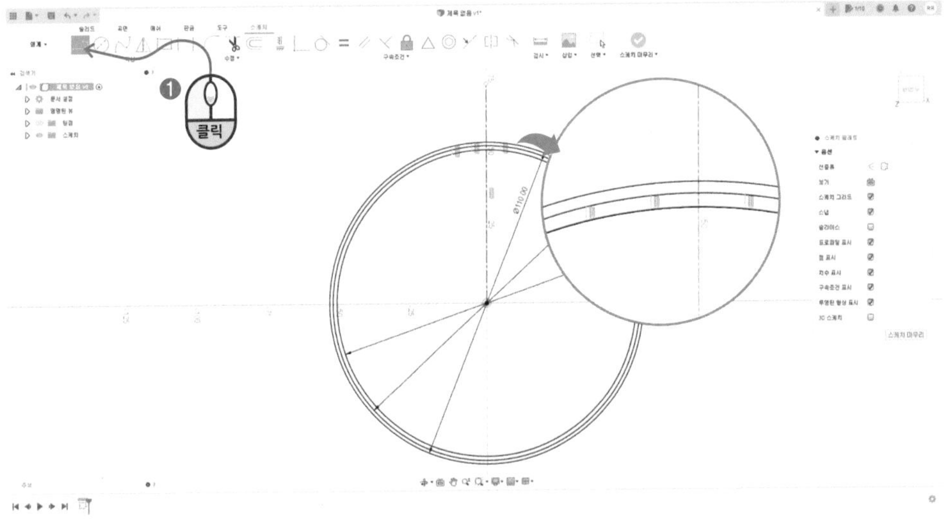

구속을 위의 그림처럼 똑같이 줄 필요는 없습니다. 결과적으로 3개의 선이 모두 수직이면 되기 때문에 한 선을 수직 구속이 걸리도록 그리고 나머지 2개의 선을 처음에 그린 선과 평행 구속이 걸리도록 그려도 됩니다.

자르기(Trim)로 불필요한 스케치를 제거합니다.

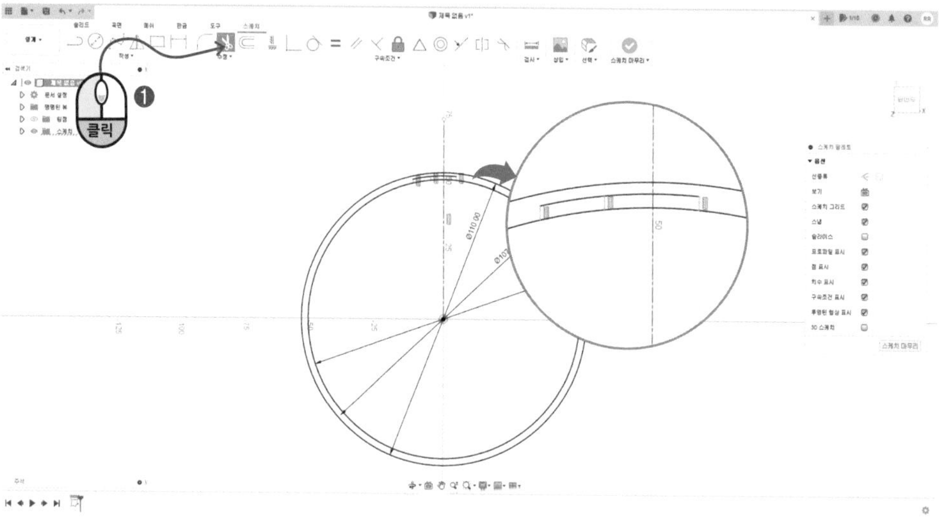

다음과 같이 치수를 입력합니다.

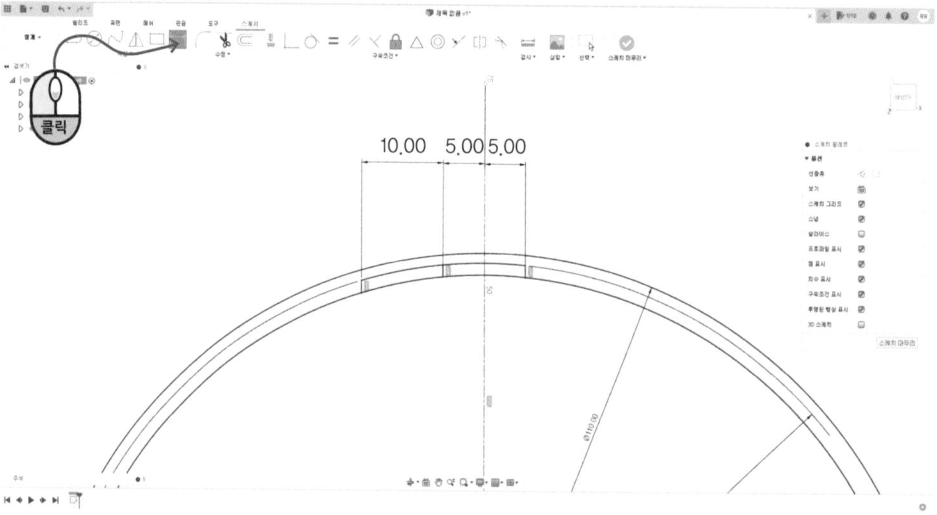

원형 패턴(Circular Pattern)을 실행하여 4개의 선을 선택하고 중심점은 원점을 선택합니다. 복제 개수는 3개입니다.

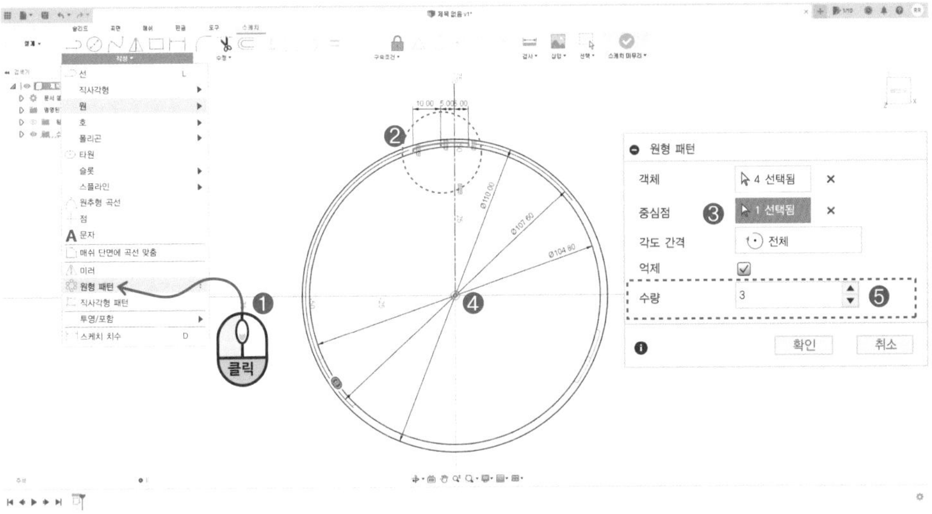

선을 이용하여 그림과 같이 그립니다.

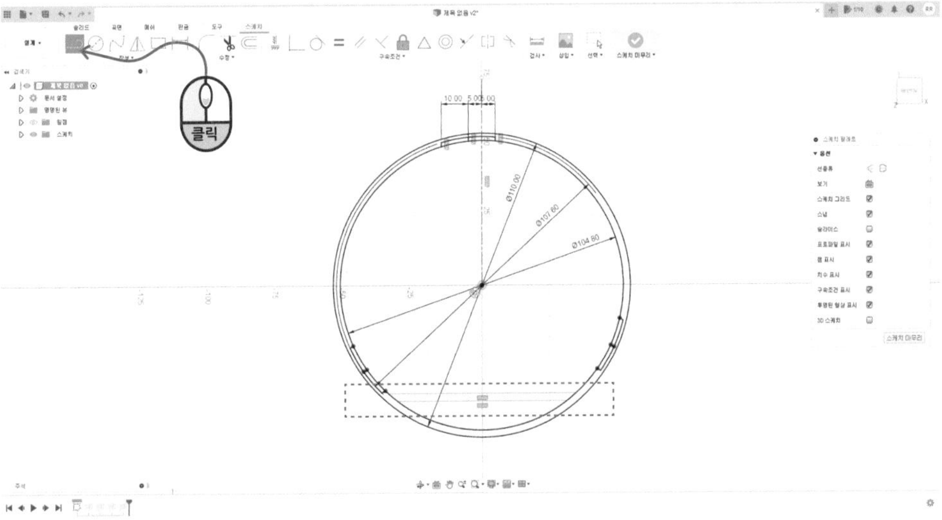

다음과 같이 치수를 입력하고 스케치 마무리를 눌러 스케치 모드에서 나갑니다.

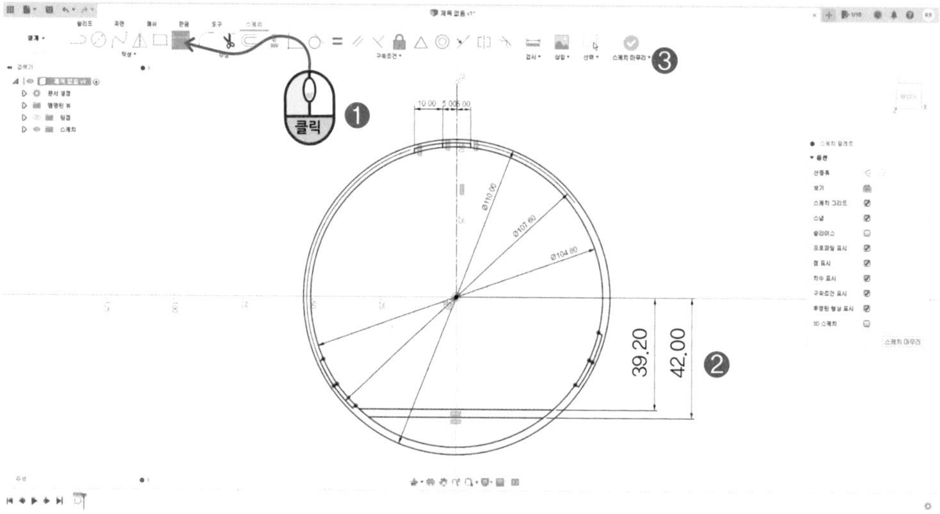

돌출(Extrude)을 실행하고 다음 프로파일을 선택하여 38mm 돌출합니다.

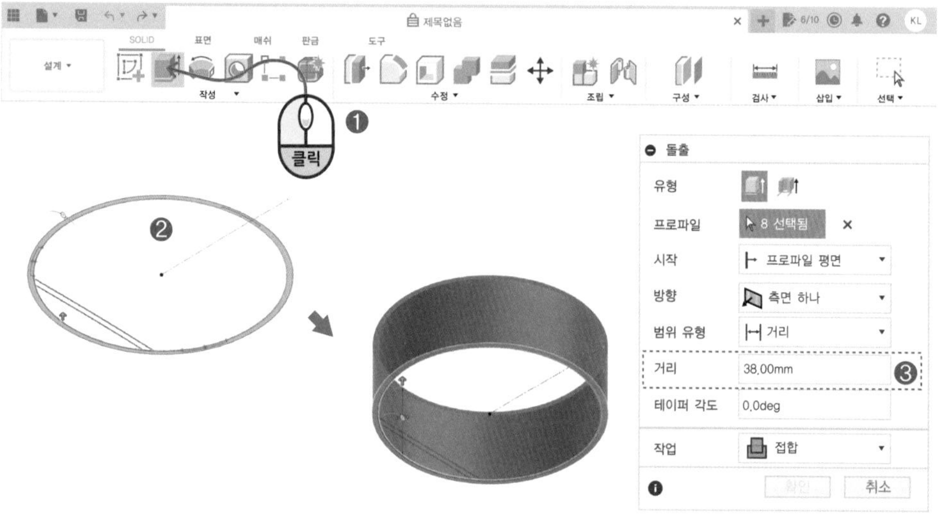

돌출(Extrude)을 실행하고 다음 프로파일을 선택하여 2mm 돌출합니다. 작업(Operation)은 접합(Join)으로 합니다.

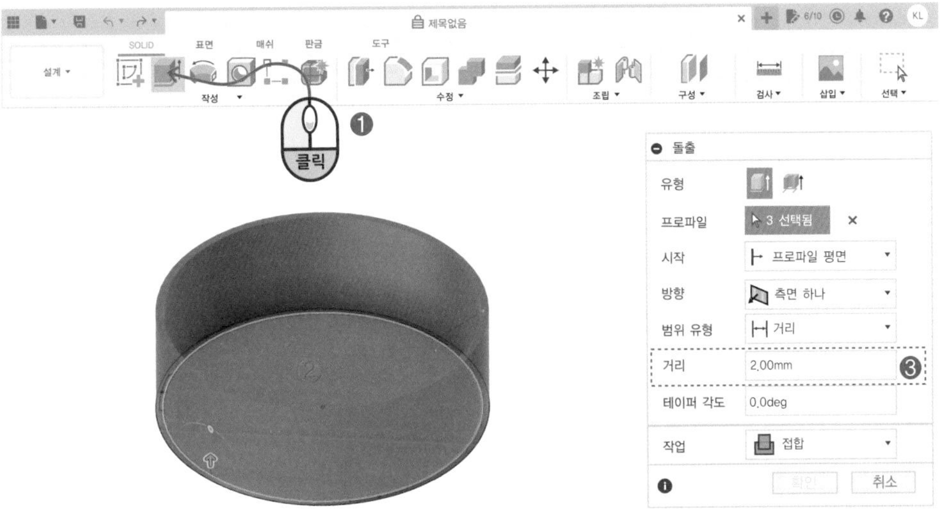

돌출(Extrude)을 실행하고 다음 프로파일을 선택하여 28mm 돌출합니다.

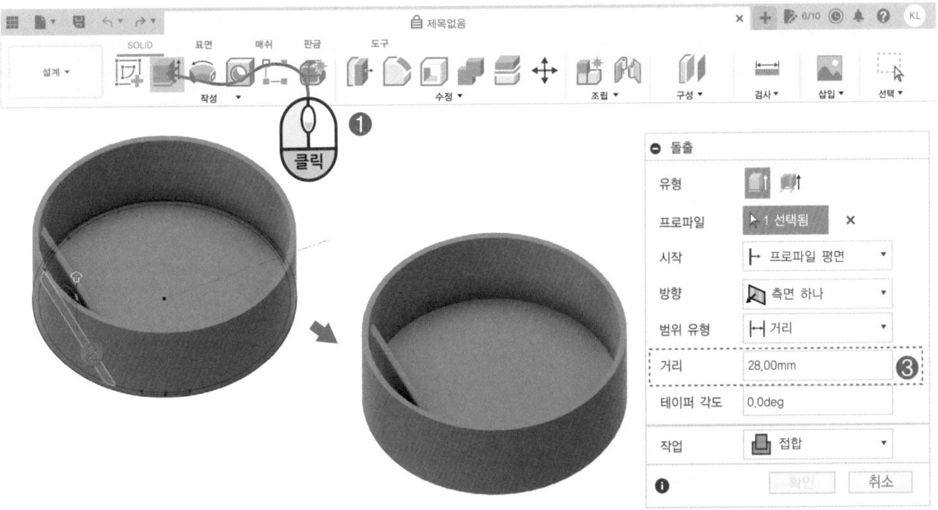

방금 돌출시킨 곳에서 한 면을 돌출(Extrude)하여 기존 곡면을 제거합니다. 범위 유형(Extent type)을 객체로(To Object)로 선택하고 객체(Object)는 바깥 곡면을 선택합니다.

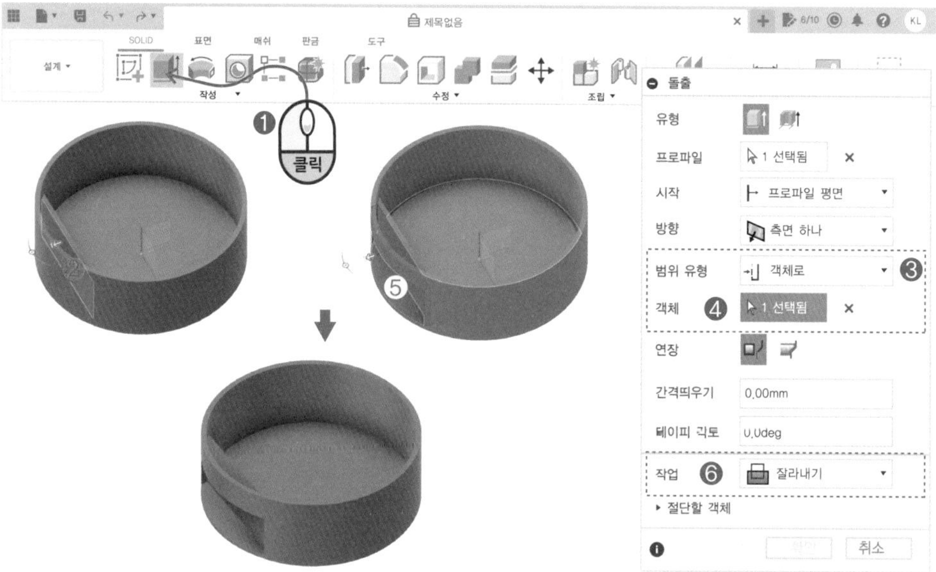

그림과 같이 면을 선택하고 돌출(Extrude)로 형상을 만듭니다. 시작(Start)은 객체(Object)를 선택하고 그림에서 ❺라고 표시된 면을 객체(Object)로 선택합니다. 거리(Distance)는 –3mm를 입력해 줍니다.

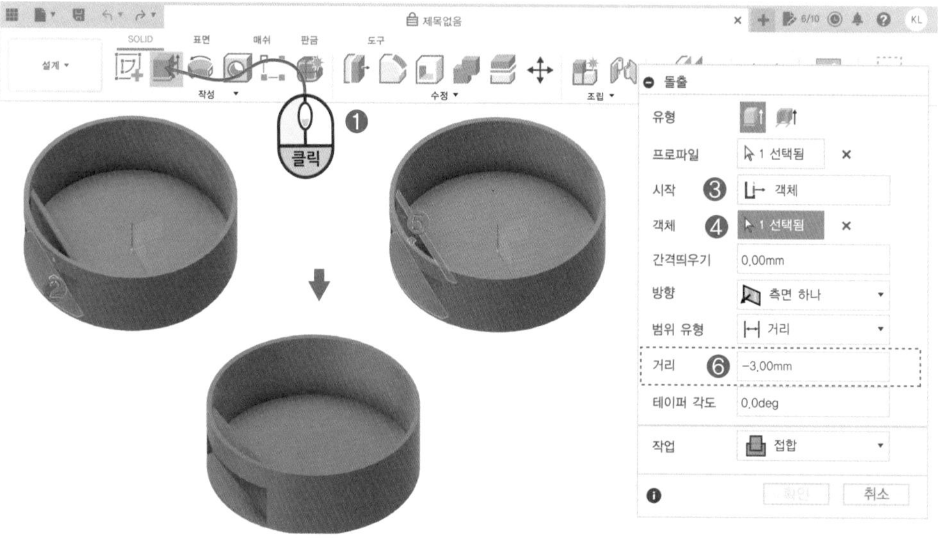

처음에 그린 바닥면의 스케치를 이용하여 위판을 끼울 공간을 만들어 줄 것입니다. 스케치1(Sketch1)의 눈을 켜고 뷰큐브(View Cube)를 밑면도(Bottom)으로 해 줍니다. 돌출(Extrude)을 실행하고 다음 프로파일 3개를 선택합니다.

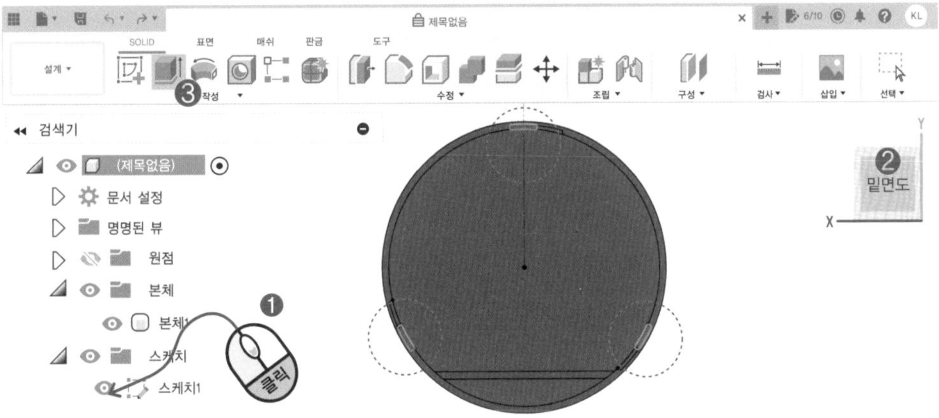

돌출(Extrude) 옵션을 다음과 같이 입력합니다. 시작(Start)은 객체(Object)로 하고 제일 위쪽 면을 선택합니다. 거리(Distance)는 −8.5mm를 입력합니다.

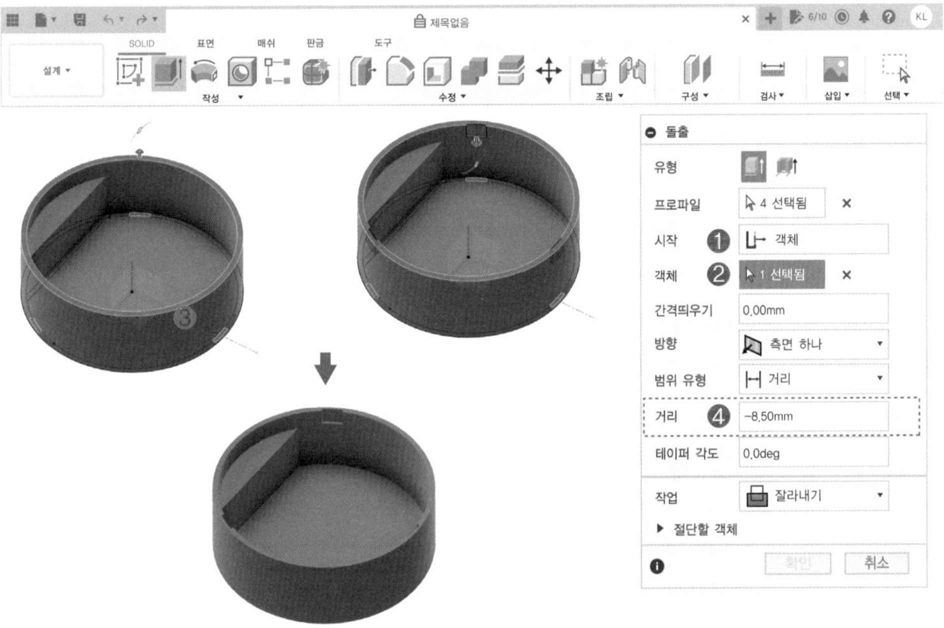

다시 뷰큐브(View Cube)를 밑면도(Bottom)으로 합니다. 돌출(Extrude)을 실행하고 다음 프로파일 3개를 선택합니다.

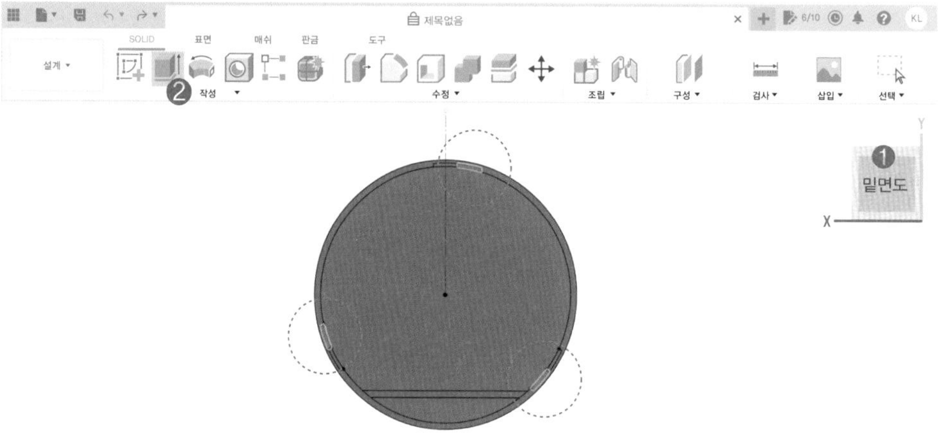

돌출(Extrude) 옵션은 다음과 같이 입력합니다. 시작(Start)은 객체(Object)로 하고 제일 위쪽 면을 선택합니다. 간격띄우기(Offset)은 -5.3mm, 거리(Distance)는 -3.2mm를 입력합니다.

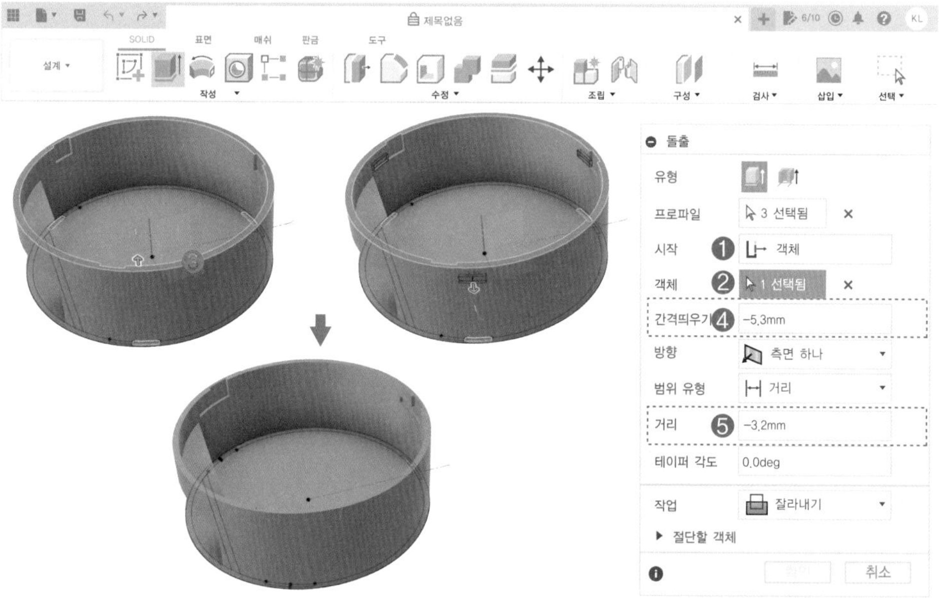

스케치 작성(Create Sketch) 버튼을 누르고 다음 면을 선택합니다

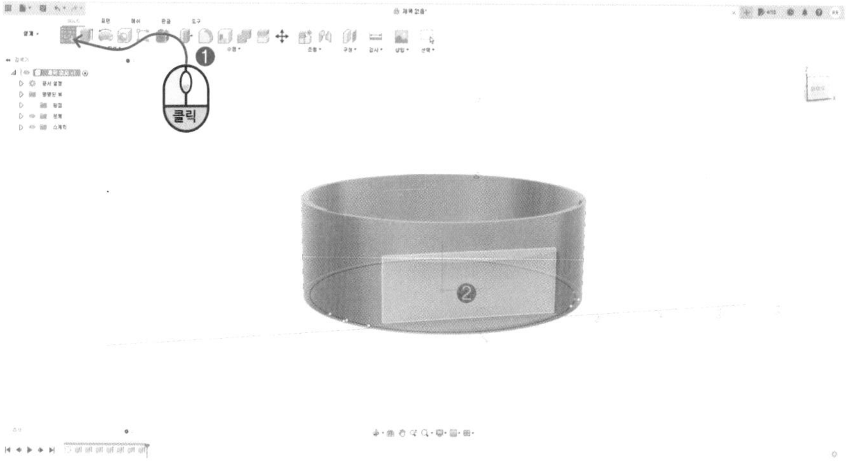

그림과 같이 사각형 2개를 그립니다

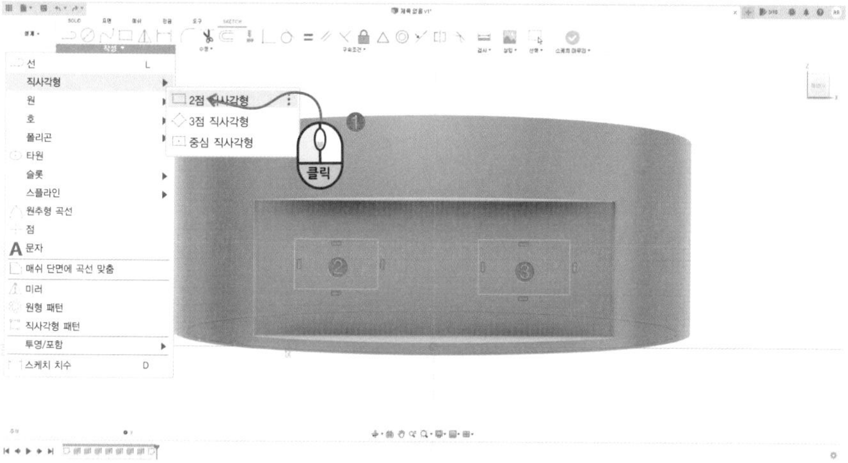

치수를 입력합니다.

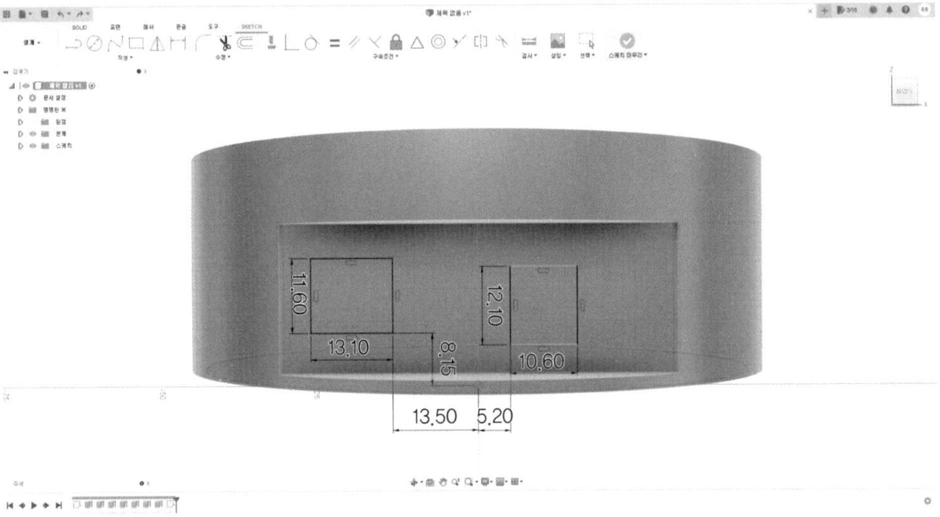

사각형의 두 선을 동일선상(Collinear) 구속으로 같은 선상에 있도록 합니다.

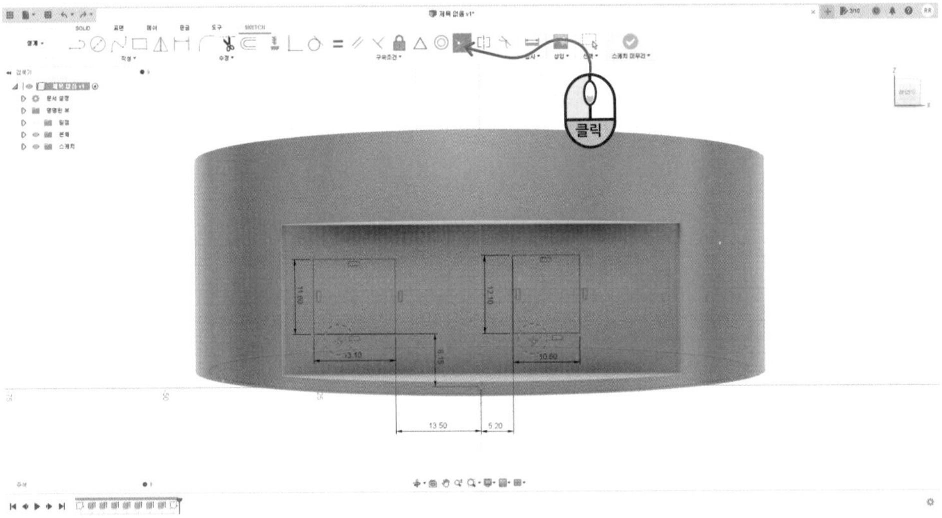

돌출(Extrude)로 앞서 그린 사각형을 잘라냅니다.

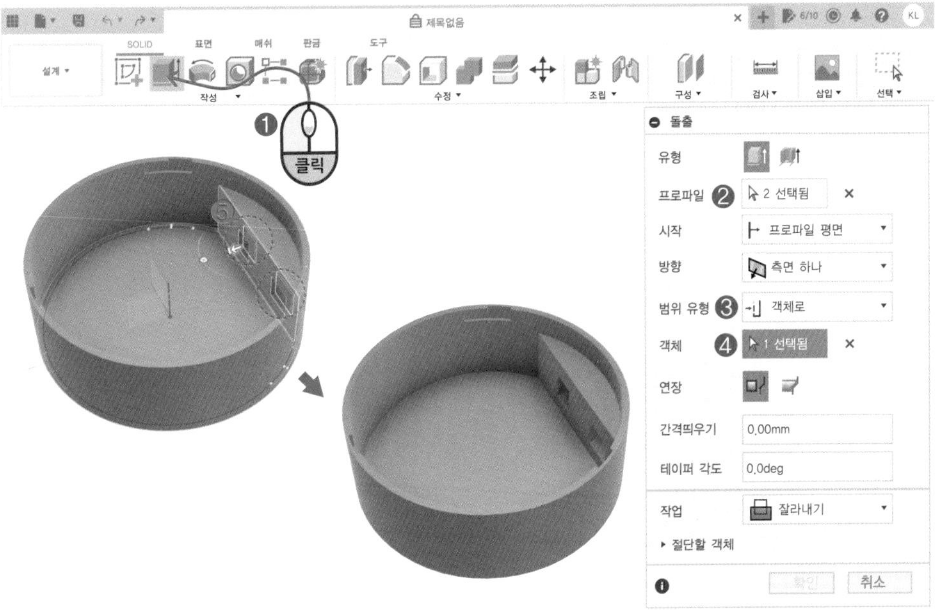

스케치 작성(Create Sketch) 버튼을 누르고 안쪽 바닥면을 선택합니다.

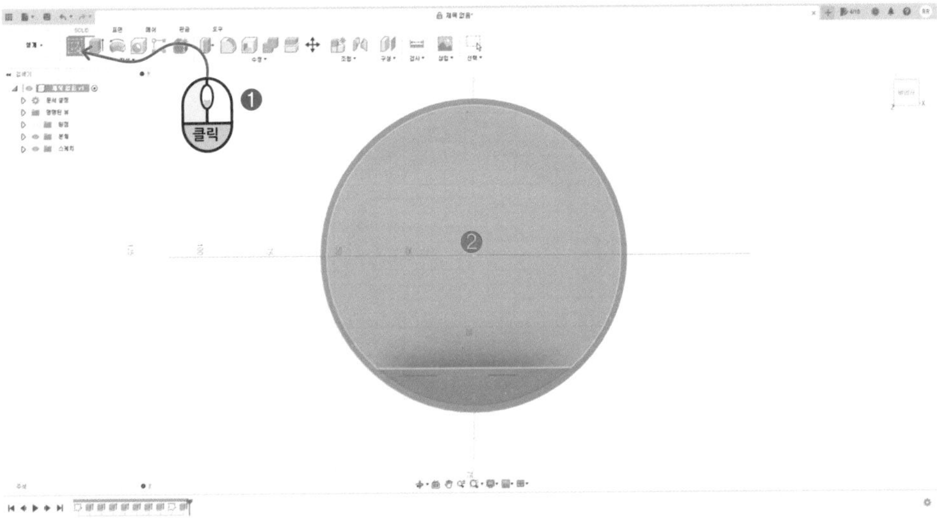

아두이노를 부착할 구멍을 만들어 줄 것입니다. 지름 2mm, 5.175mm인 원을 중심이 같도록 그립니다.

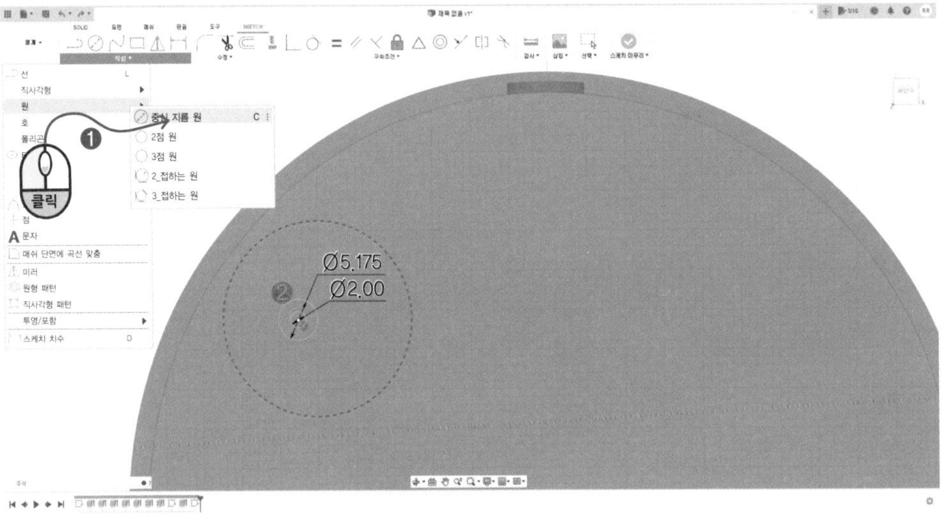

두 원을 선택하고 3개 복사합니다.

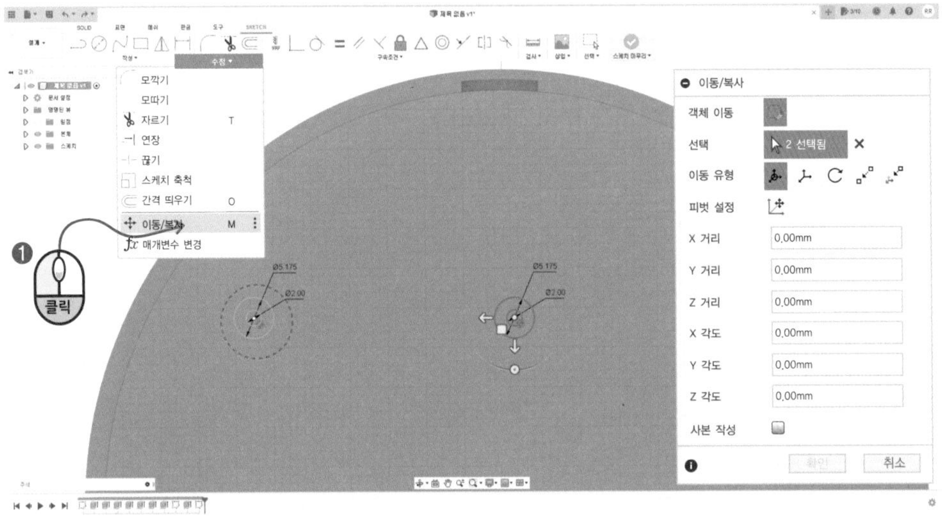

두 원의 중심이 같지 않다면 동심(Concentric) 구속으로 중심이 같아지도록 해줍니다.

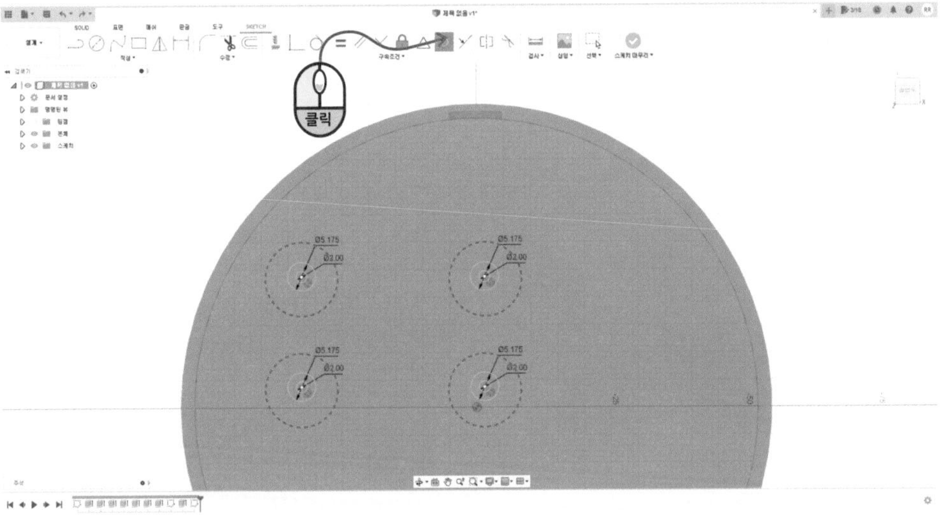

그림과 같이 치수를 입력합니다.

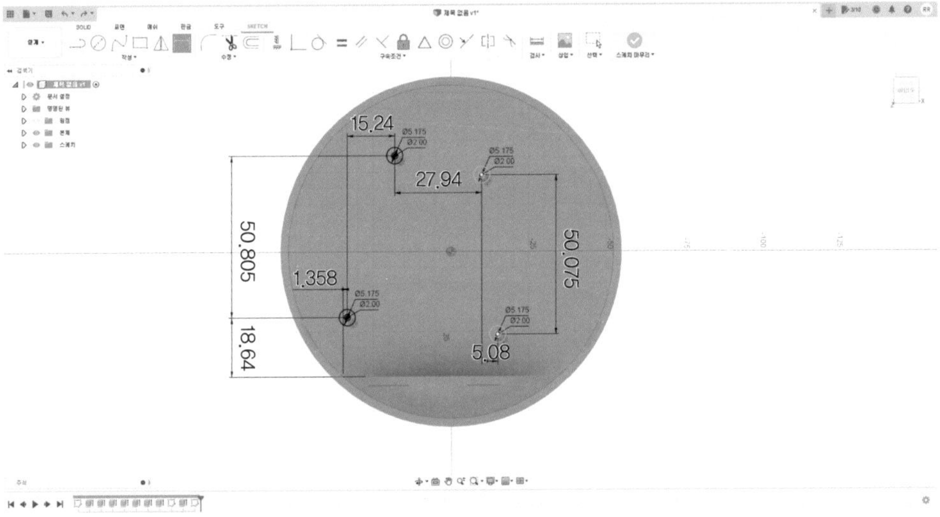

돌출(Extrude)을 실행하고 원8개를 4.5mm 돌출시킵니다.

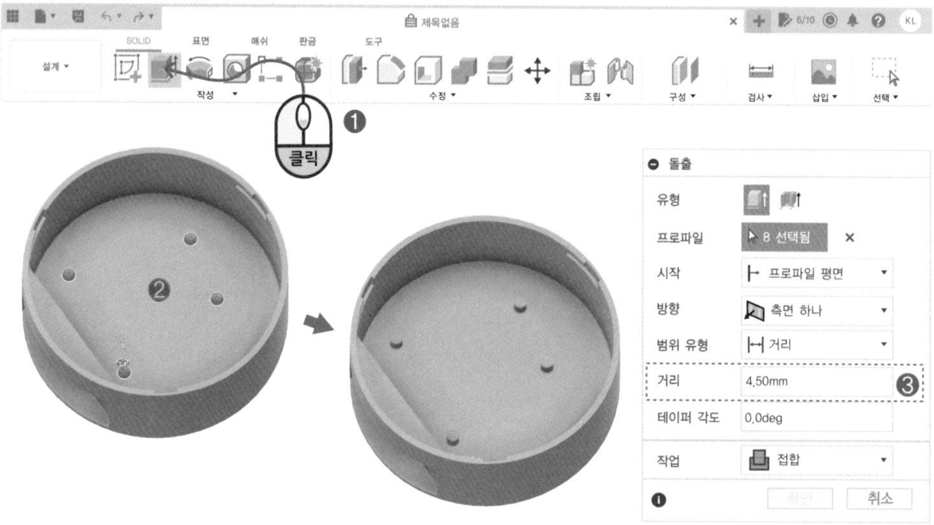

돌출(Extrude)을 실행하고 브라우저에서 본체1(Body1)의 눈을 끄고 작은 원 4개를 선택합니다. 시작(Start)을 개체(Object)로 선택합니다.

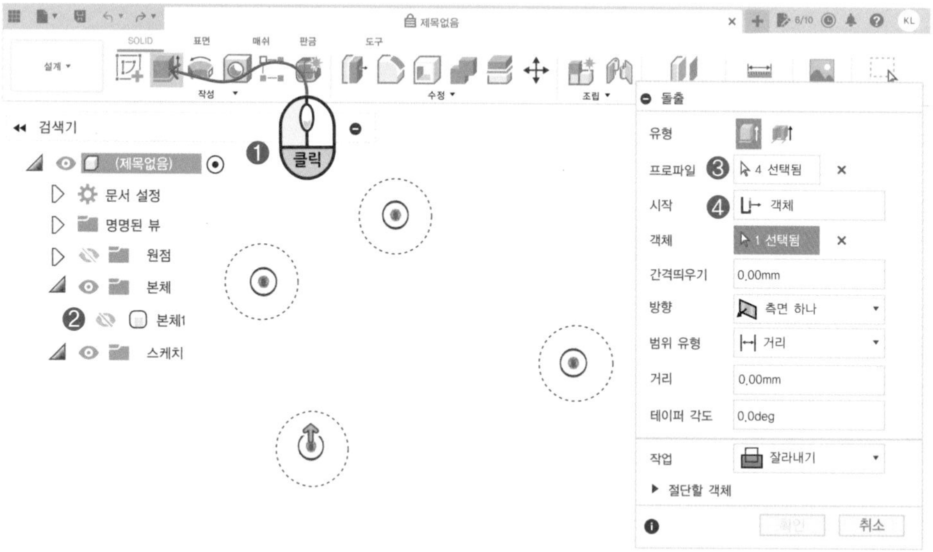

본체1(Body1)의 눈을 다시 켭니다. 객체(Object)는 원기둥의 윗면을 선택합니다. 거리(Distance)에 －3mm를 입력하여 구멍을 만들어 줍니다. 이곳에 아두이노를 고정하게 됩니다.

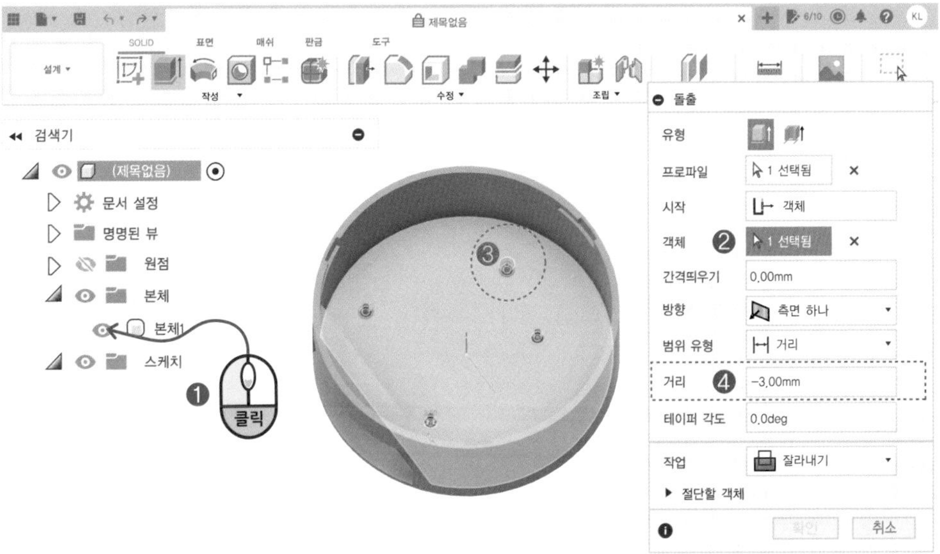

하부 프레임이 다음과 같이 완성되었습니다.

4. 상부 프레임 모델링

스케치 작성(Create Sketch) 버튼을 누르고 XY 평면을 선택합니다.

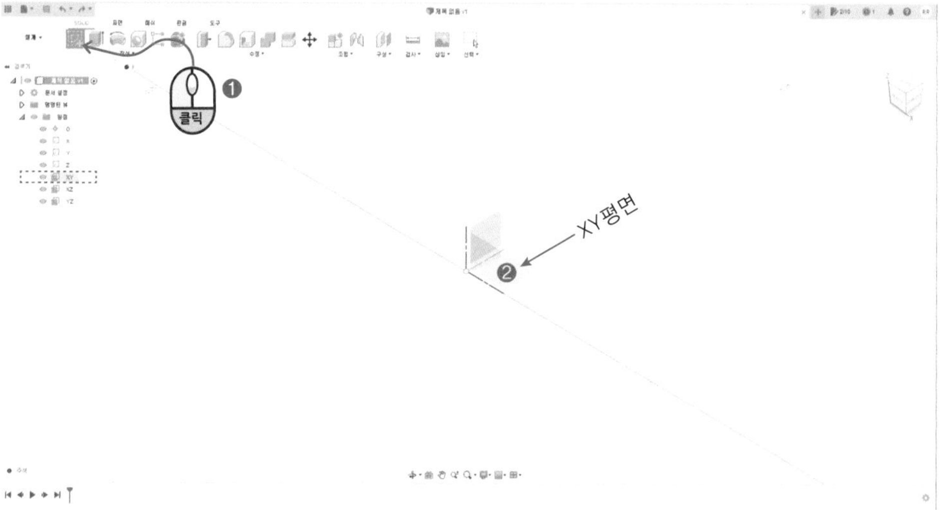

원점을 중심으로 다음과 같은 원을 3개 그립니다.

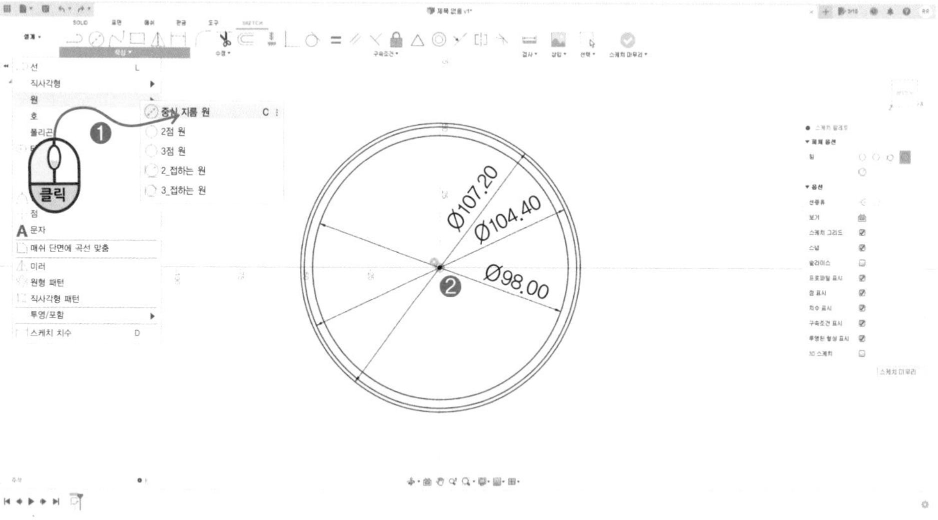

원점을 지나는 선을 그리고 중심선(Centerline)으로 변경합니다.

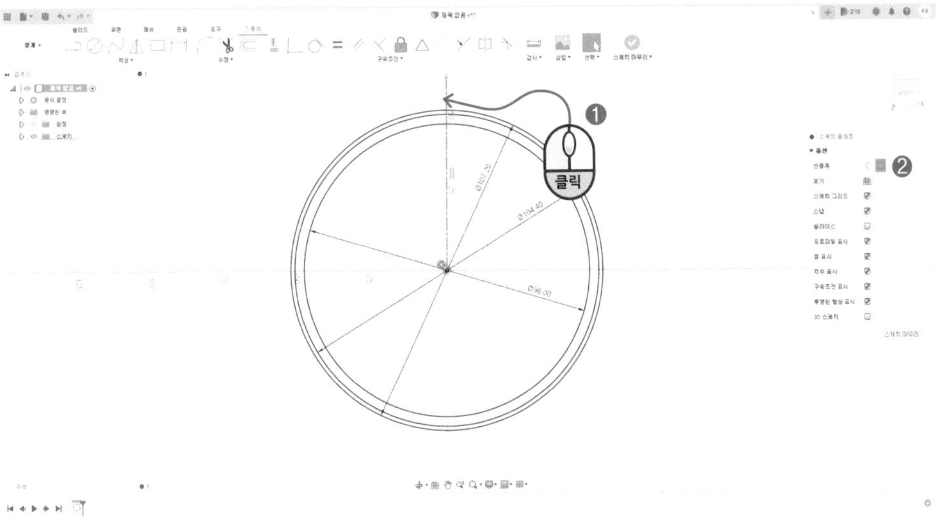

선(Line)으로 두 원을 잇는 2개의 선을 그립니다. 선을 그릴 때 수직 구속이 걸리도록 그려 줍니다.

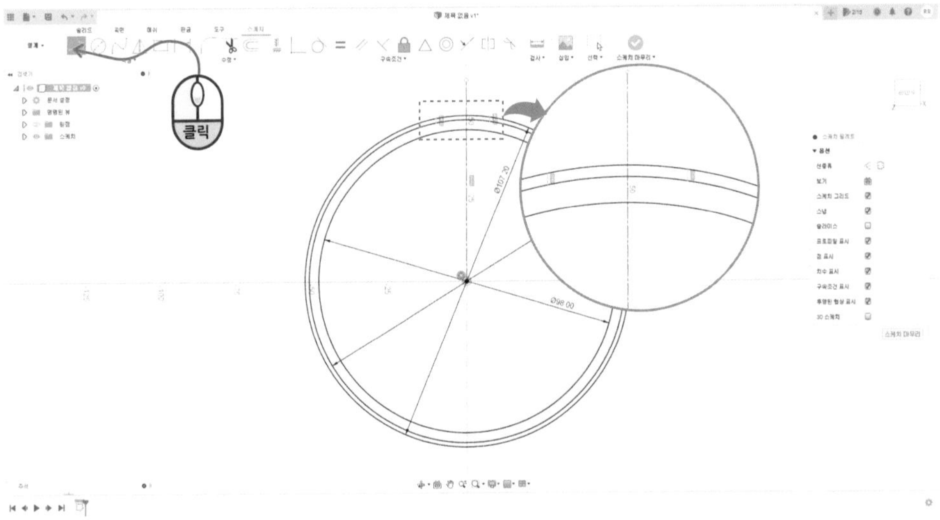

다음과 같이 치수를 입력합니다.

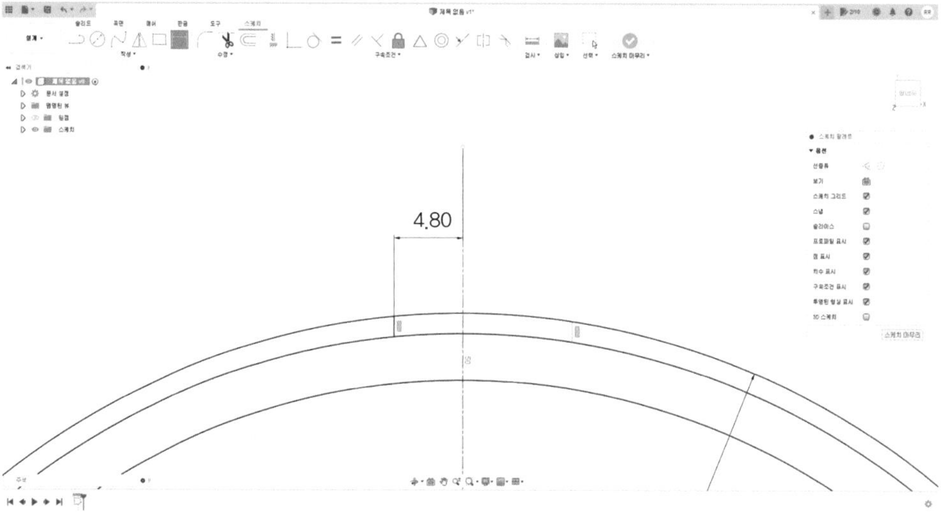

2개의 선을 중심선(Centerline)을 기준으로 대칭 구속합니다.

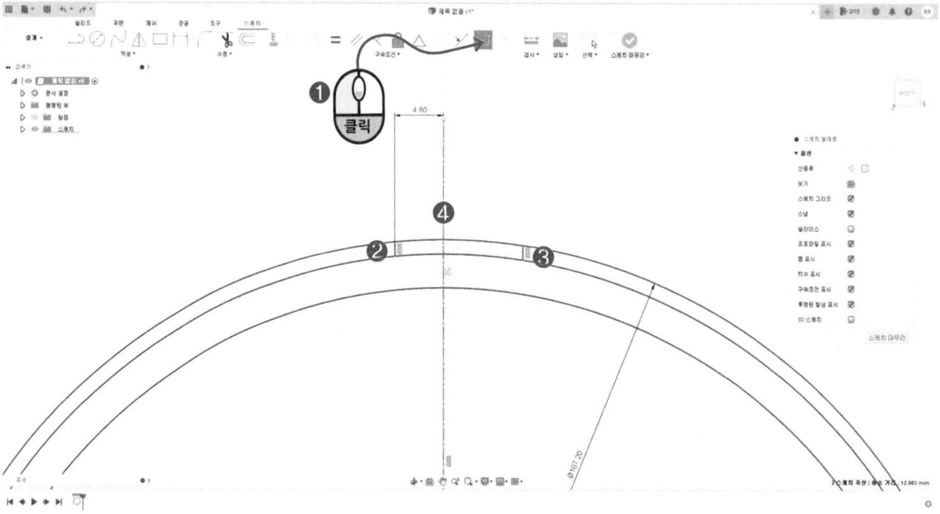

자르기(Trim)로 불필요한 스케치를 제거합니다.

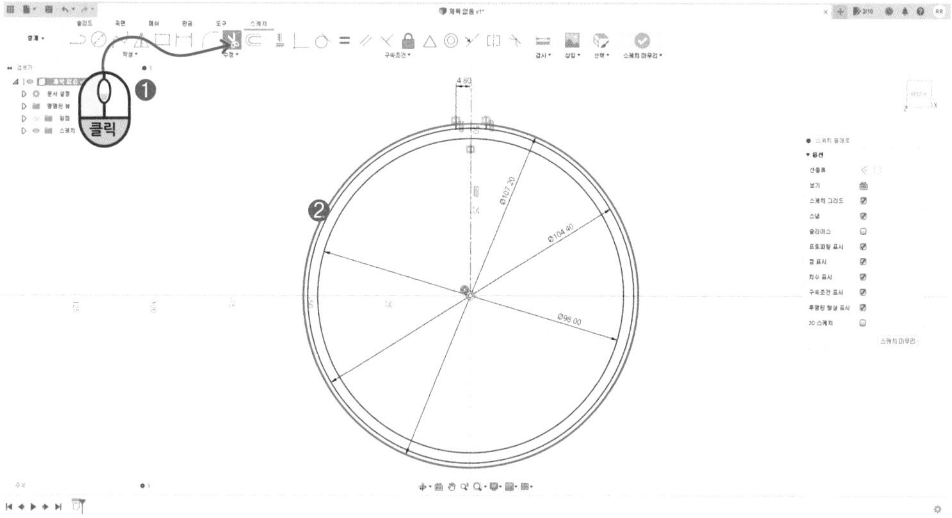

원형 패턴(Circular Pattern)을 실행하여 3개의 선을 선택하고 중심점은 원점을 선택합니다. 복제 개수는 3개입니다. 그리고 스케치마무리를 눌러 스케치모드에서 나갑니다.

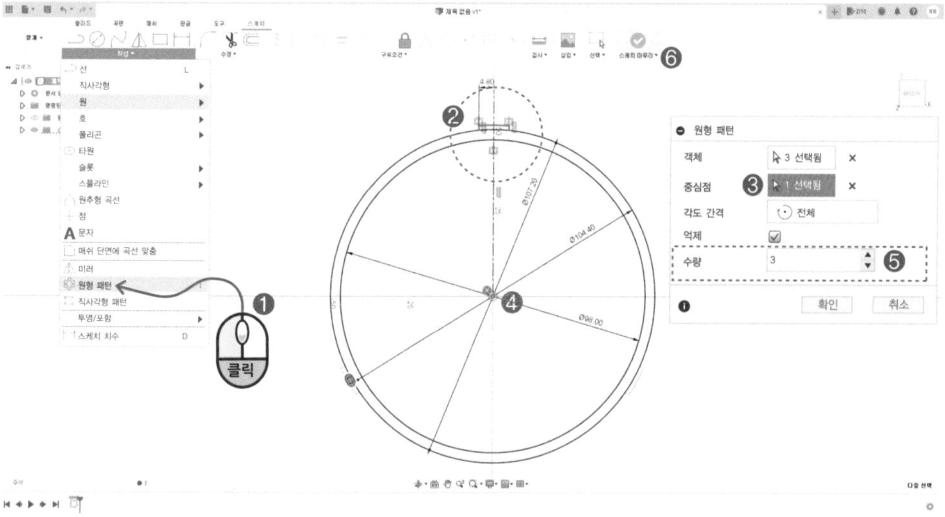

그림과 같이 프로파일을 선택하고 8.3mm 돌출시킵니다.

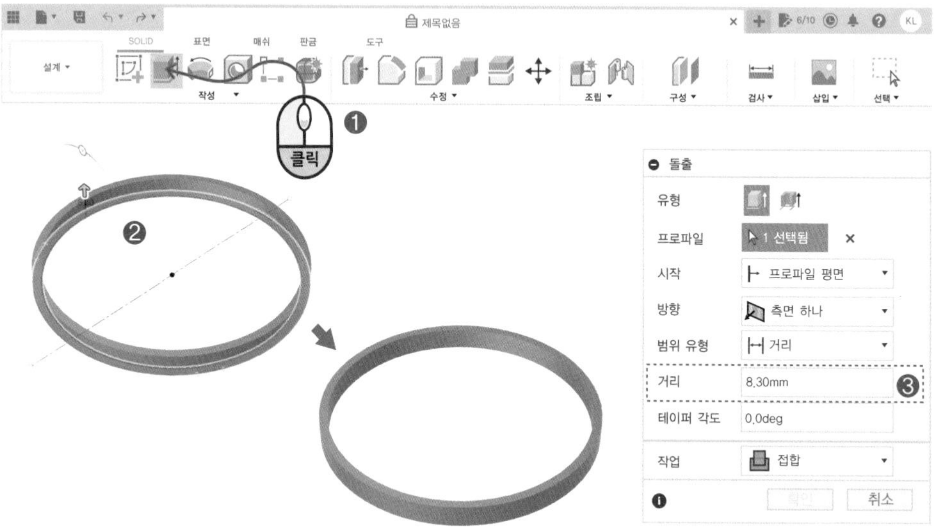

그림과 같이 바깥쪽 프로파일 3개를 2.3mm 돌출시킵니다. 이렇게 생성된 3개의 돌출 부위는 하부프레임과 결합하는 부위입니다.

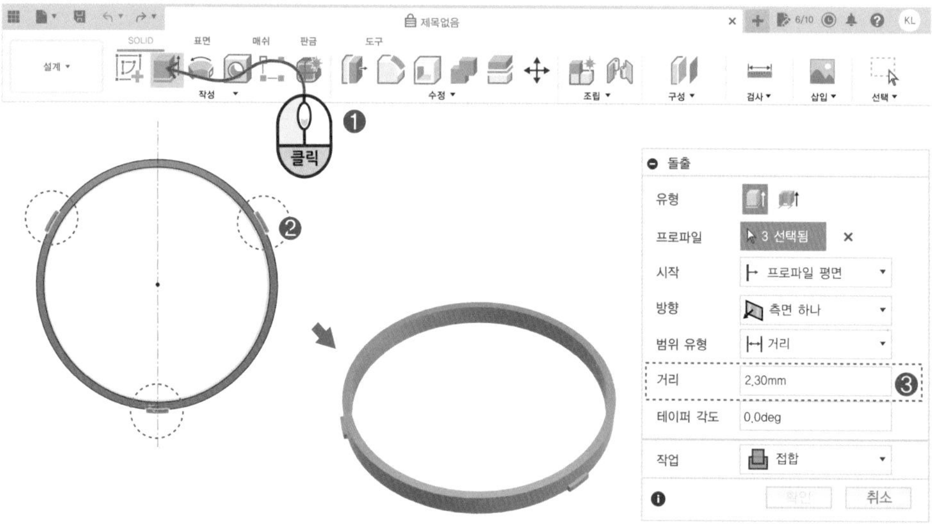

스케치 작성(Create Sketch)를 누르고 윗면을 선택합니다.

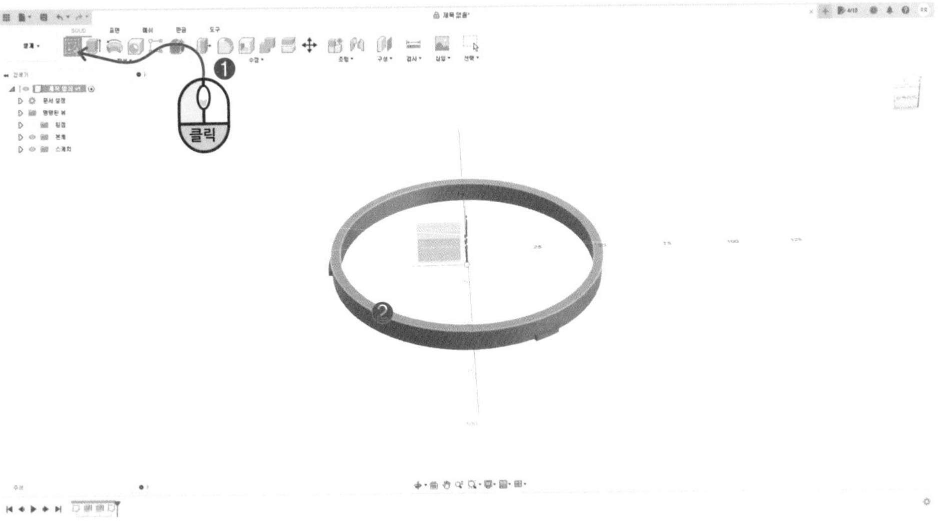

지름 110mm인 원을 그립니다.

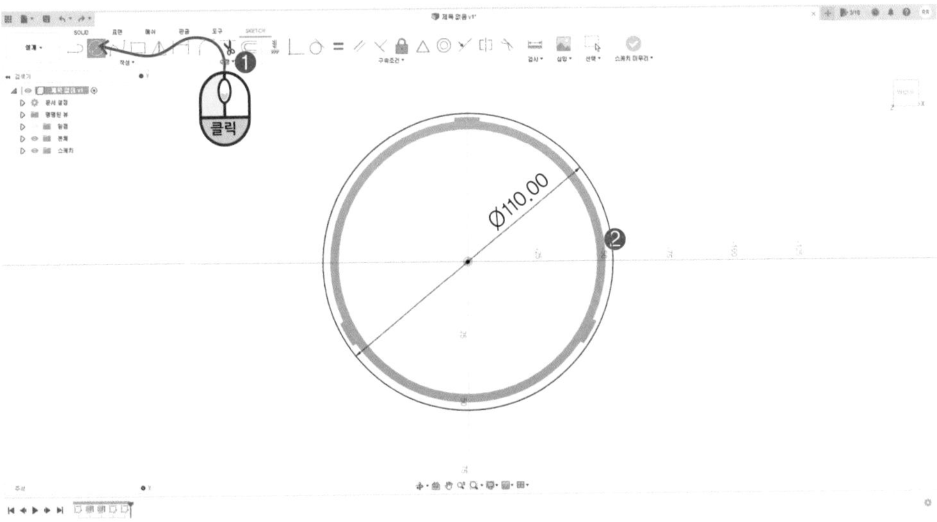

그림과 같이 프로파일 2개를 5.6mm 돌출시킵니다.

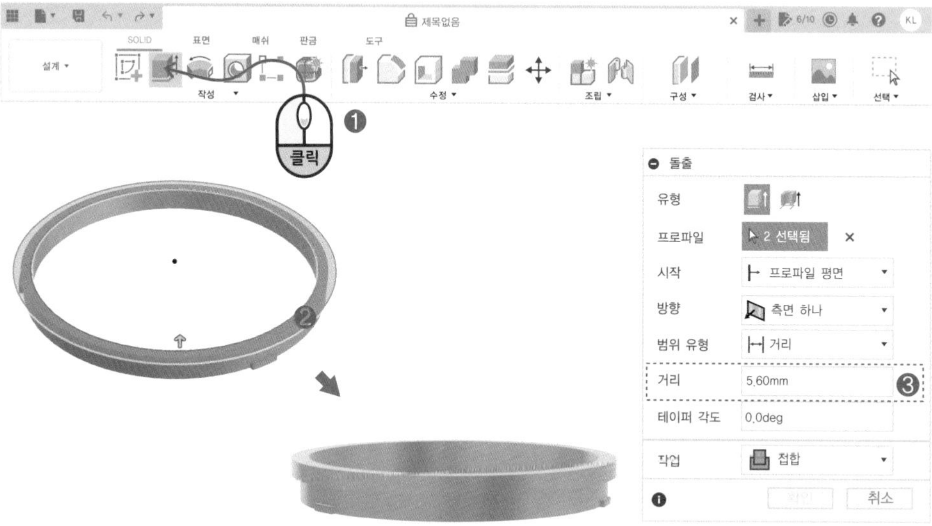

스케치 작성(Create Sketch) 버튼을 누르고 가장 위쪽 면을 선택합니다.

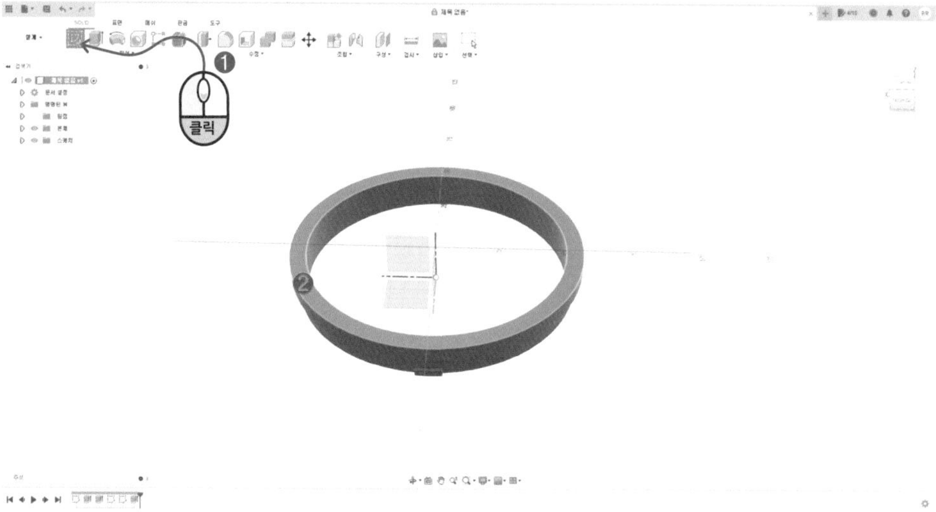

프로젝트(Project)를 실행하여 다음 외곽선을 스케치화 합니다.

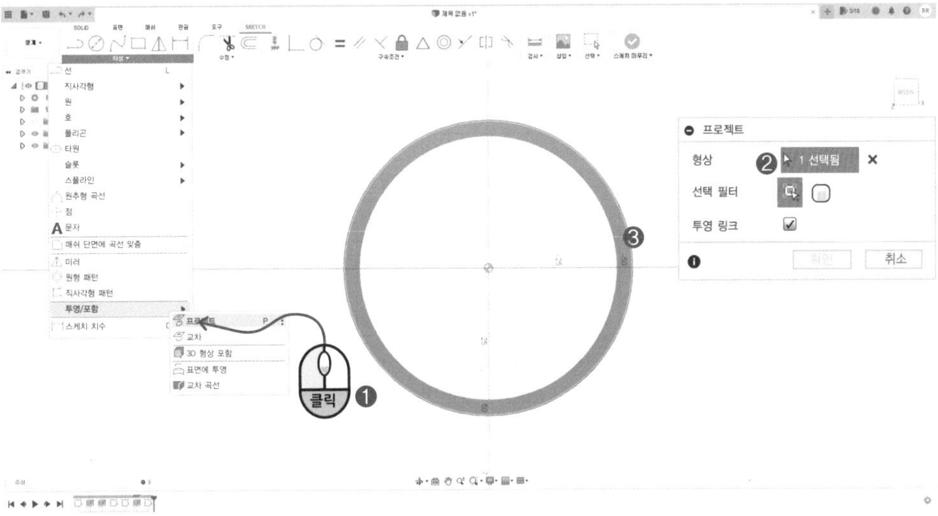

〈구성(Construct)〉-〈평면 간격띄우기(Offset Plane)〉 메뉴를 실행합니다. 기존에 제작한 형상에서 가장 위쪽 면을 선택하고 80mm의 간격을 띄웁니다.

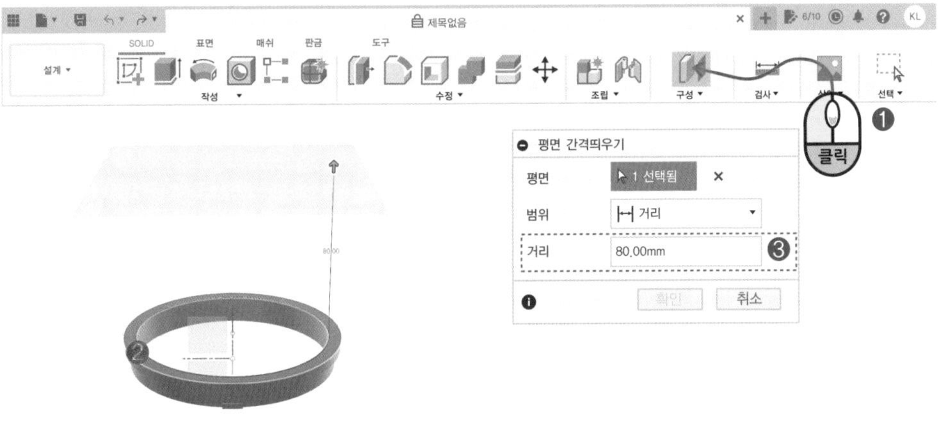

방금 생성한 평면을 선택하고 원점이 중심인 지름 38mm 원을 그립니다.

스케치 마무리(FINISH SKETCH) 버튼을 누릅니다.

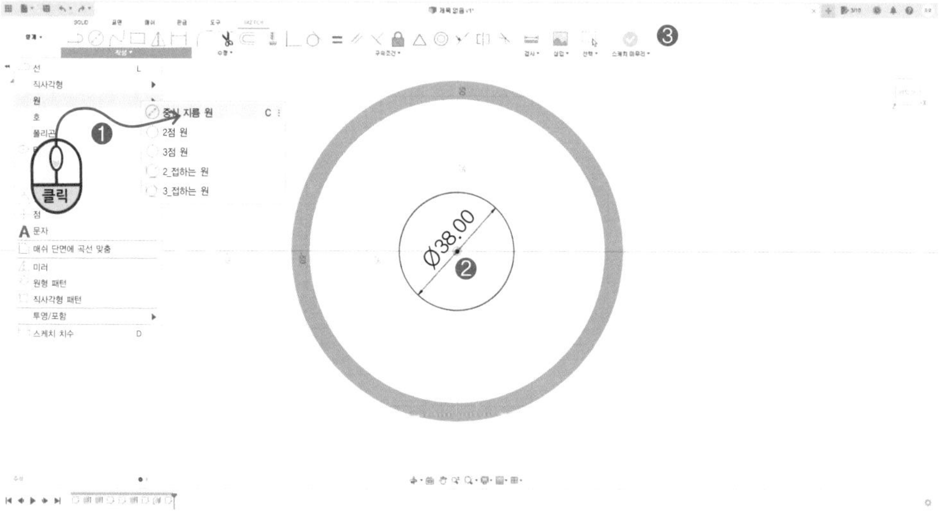

제일 위쪽의 면을 선택하고 평면 간격띄우기(Offset Plane)로 12mm 간격을 띄워 평면을 만듭니다.

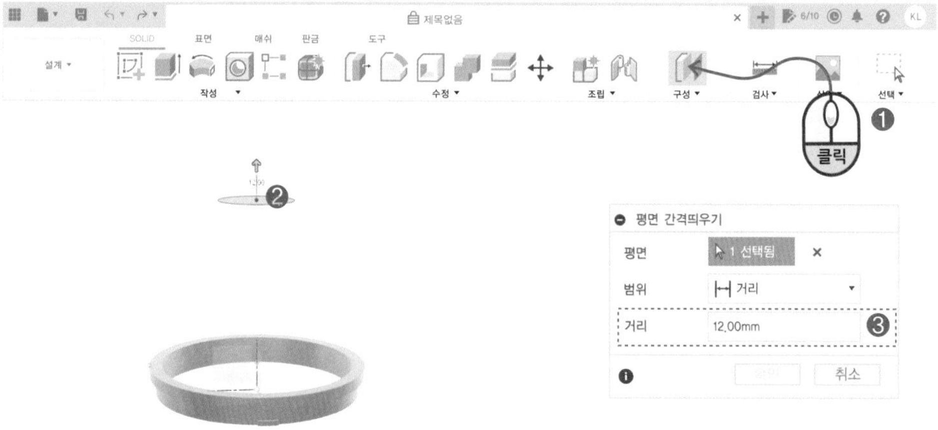

방금 만든 평면에 46mm의 원을 만듭니다.

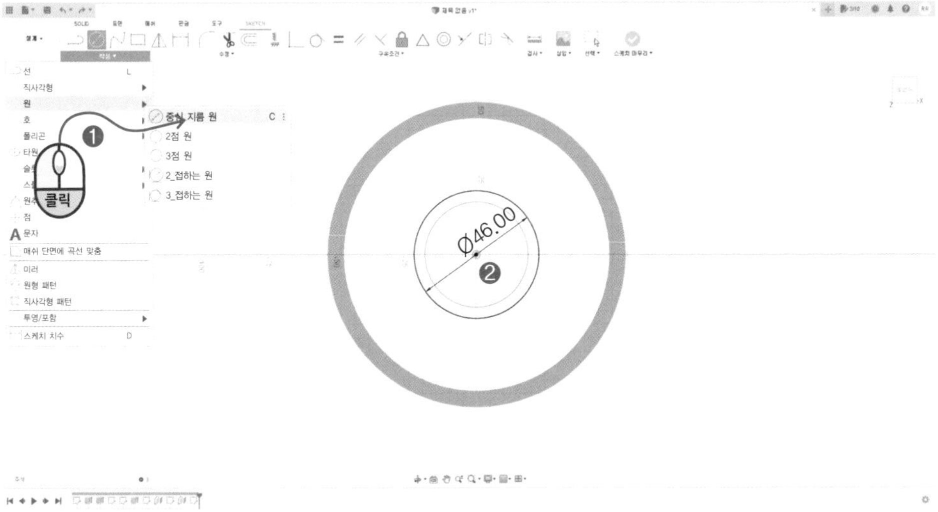

로프트(Loft)를 실행해서 프로파일 3개를 연결합니다. 프로파일3(Profile3)은 두 개의 면을 선택해야 합니다.

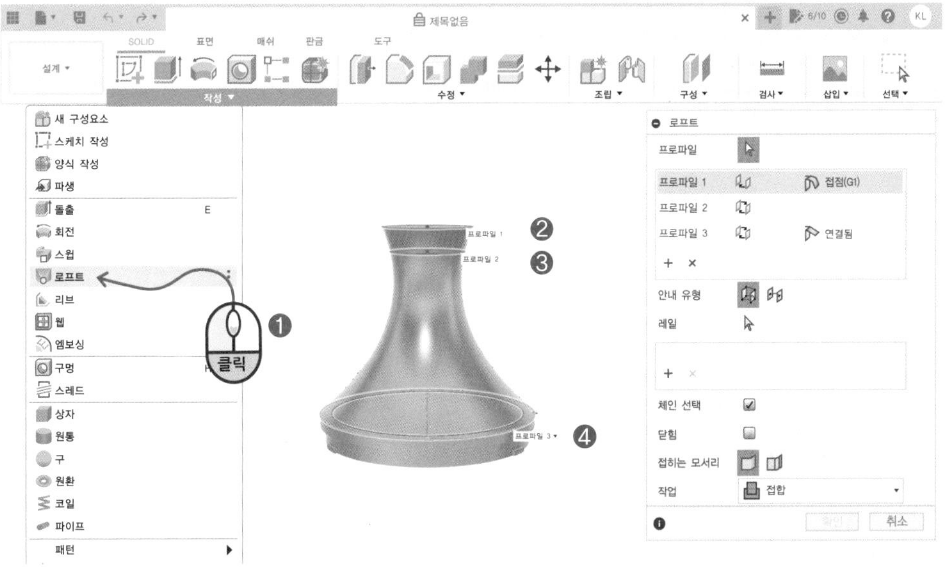

〈수정(MODIFY)〉-〈쉘(Shell)〉을 선택하고 윗면과 바닥 면을 선택합니다. 두께는 4mm를 줍니다.

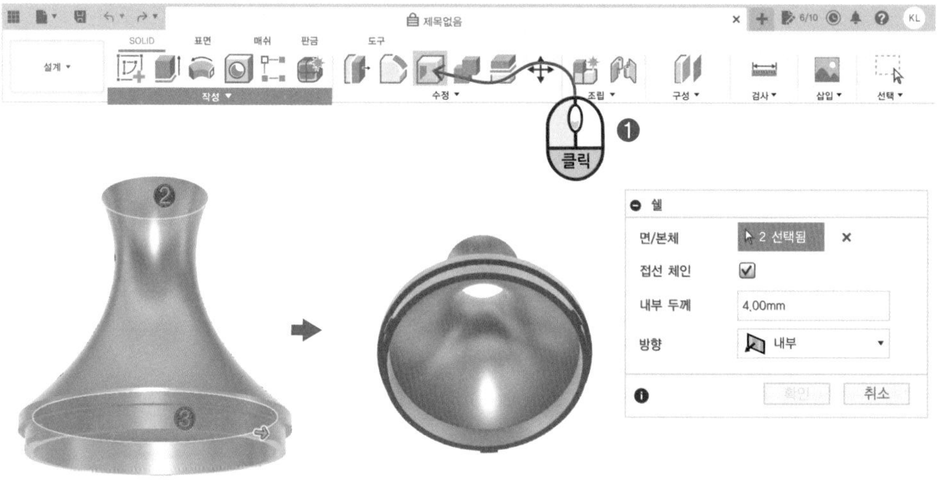

스케치 작성(Create Sketch) 버튼을 누르고 가장 위쪽 면을 선택합니다.

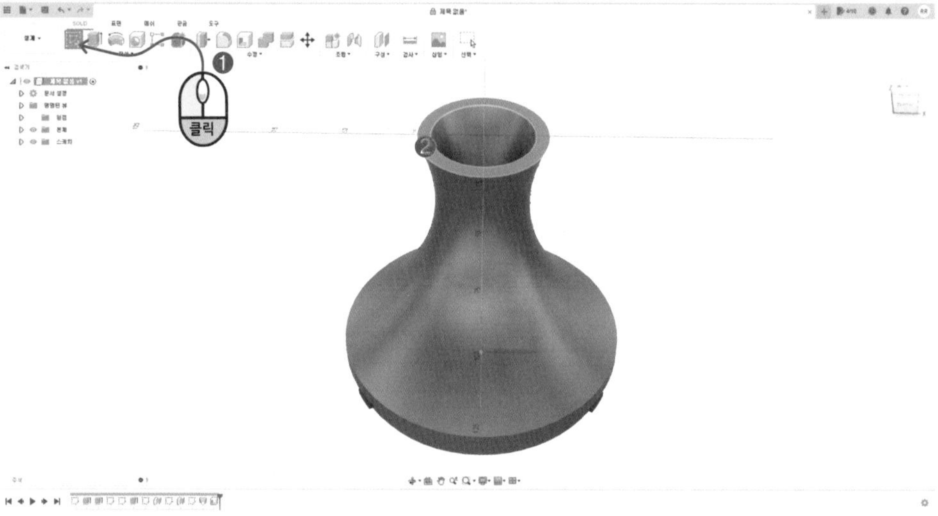

지름 40mm와 44mm의 원을 그립니다.

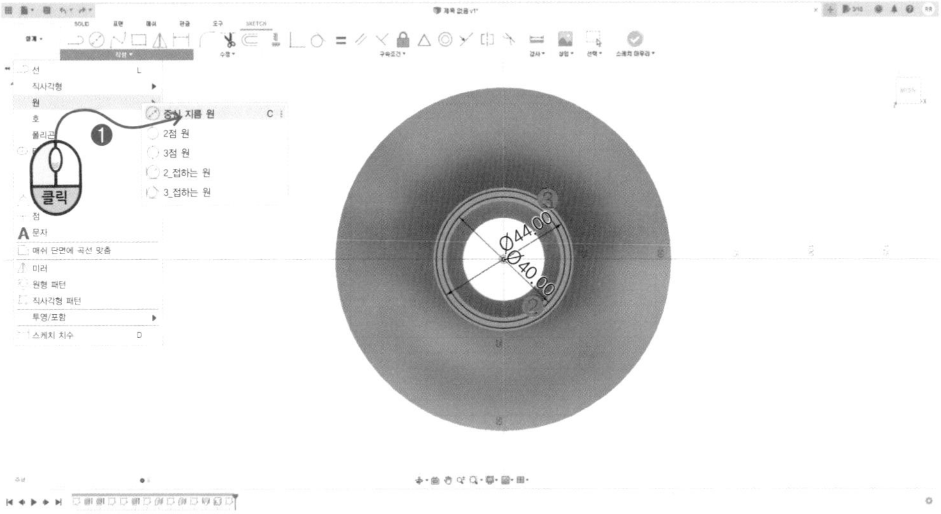

그림과 같이 프로파일을 선택하고 7mm 돌출(Extrude) 시킵니다.

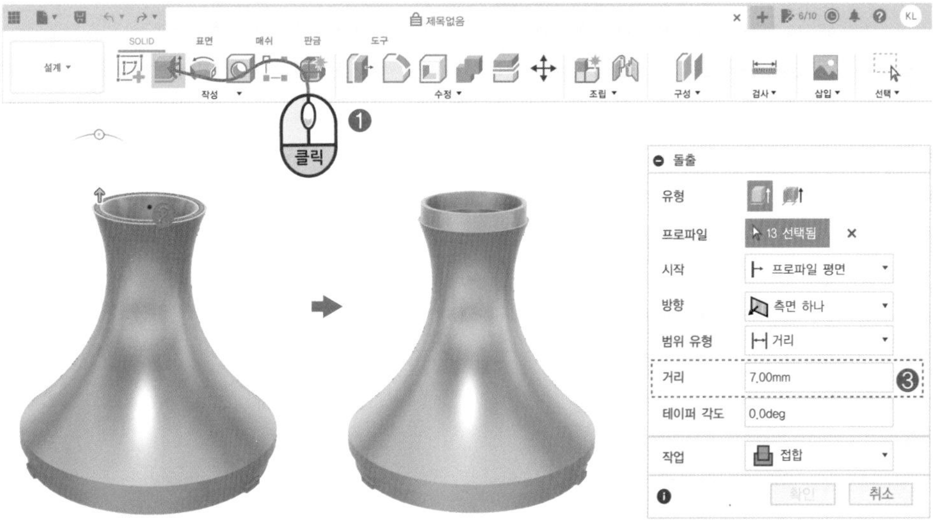

상부 프레임이 완성되었습니다.

5. LED 연결부

스케치 작성(Create Sketch) 버튼을 누르고 XY 평면을 선택합니다.

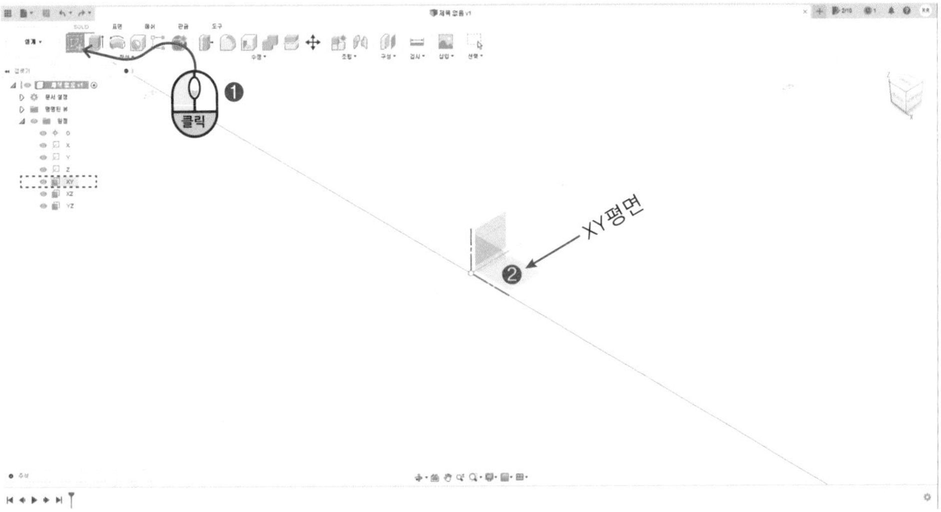

원점을 중심으로 다음과 같은 원을 2개 그립니다.

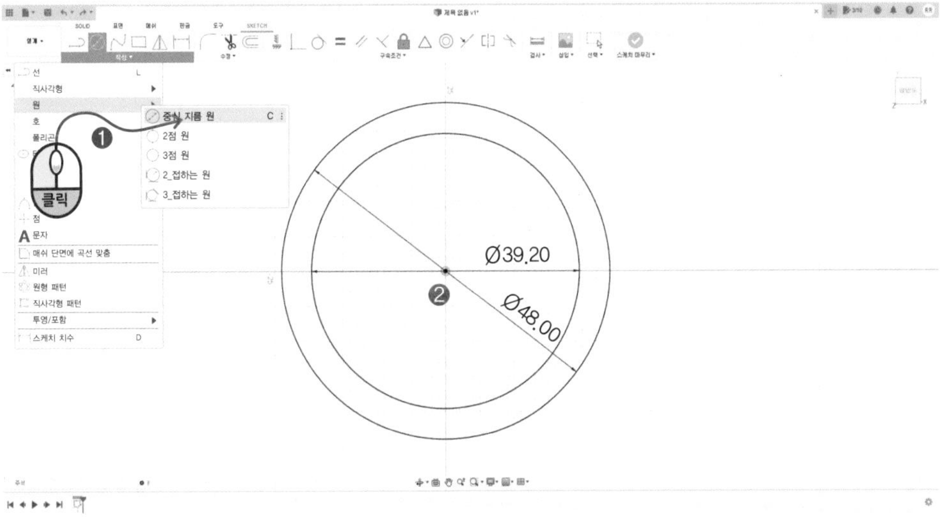

안쪽 원을 3mm 돌출시킵니다.

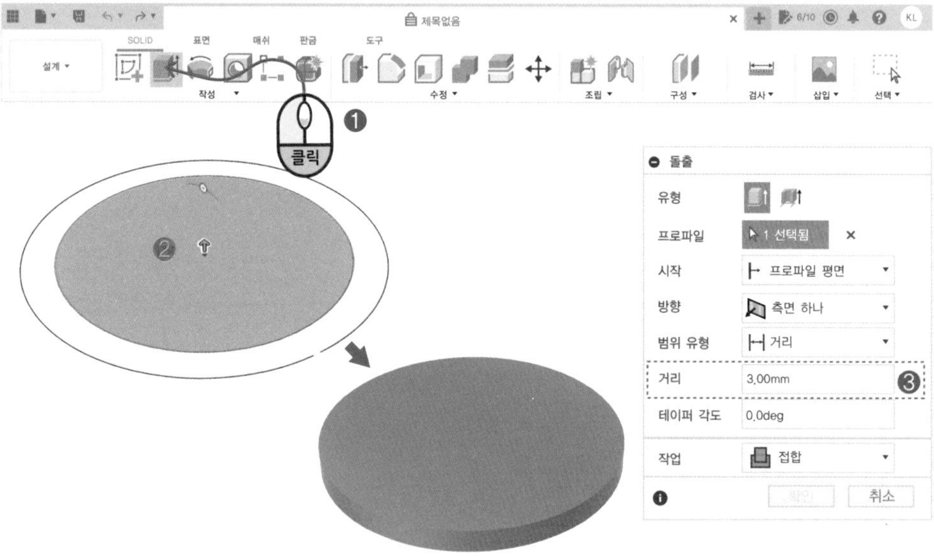

스케치1(Sketch1)의 눈을 켭니다.

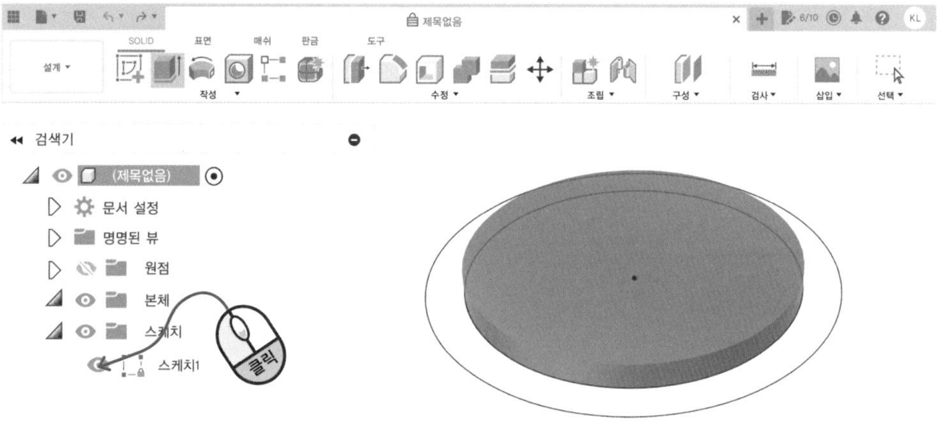

프로파일 2개를 모두 선택하고 다음과 같이 돌출(Extrude) 시킵니다. 시작(Start)을 개체(Object)로 설정하고 원기둥의 윗면을 객체(Object)로 지정합니다.

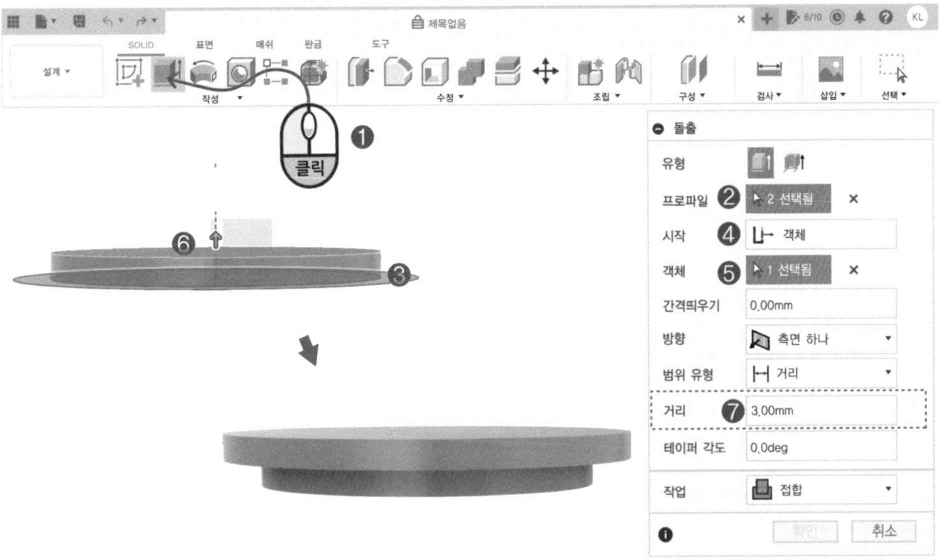

스케치 작성(Create Sketch) 버튼을 누르고 가장 위쪽의 면을 선택합니다.

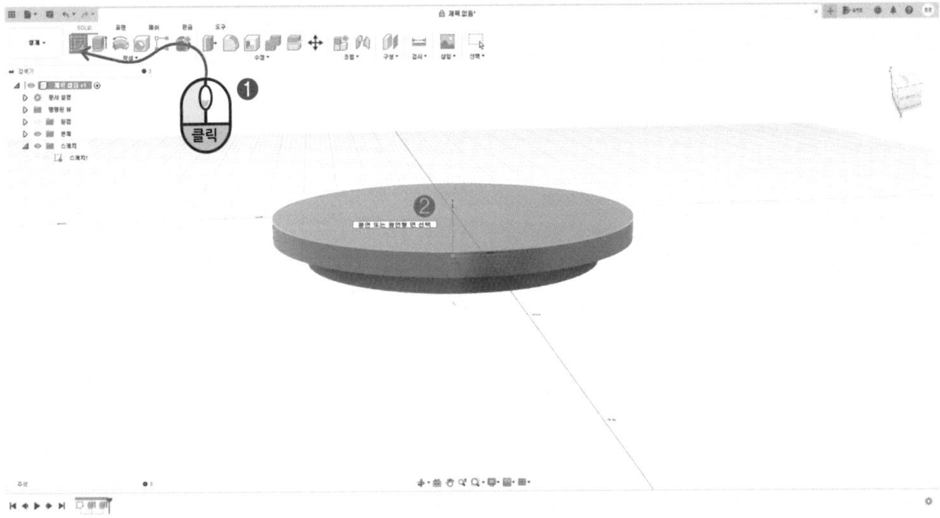

내접 폴리곤(Inscribed Polygon)을 이용하여 중심이 원점인 삼각형을 2개 그려 줍니다.

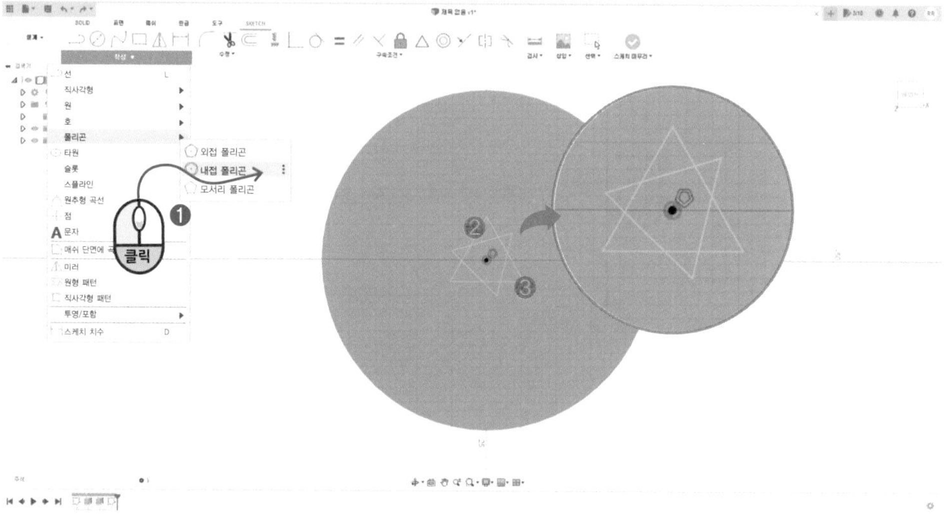

두 삼각형의 밑변을 수평 구속합니다.

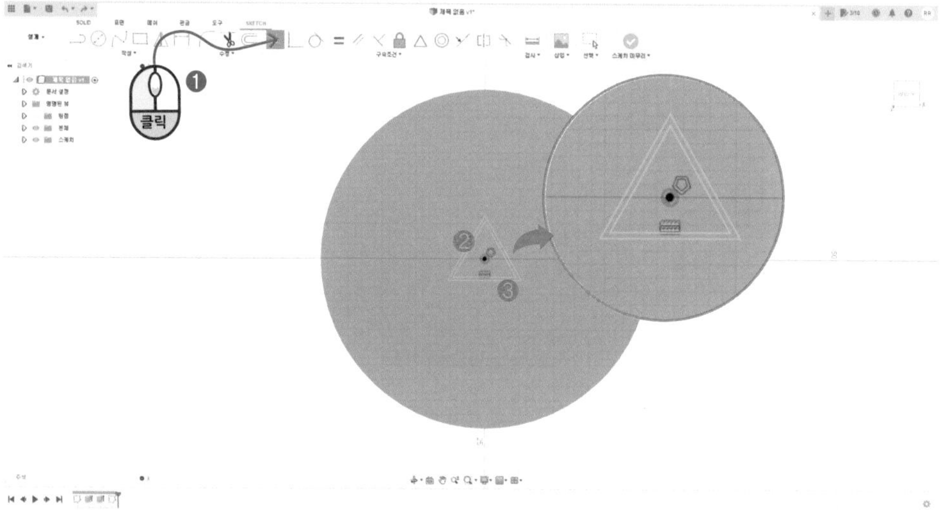

치수를 그림과 같이 입력합니다.

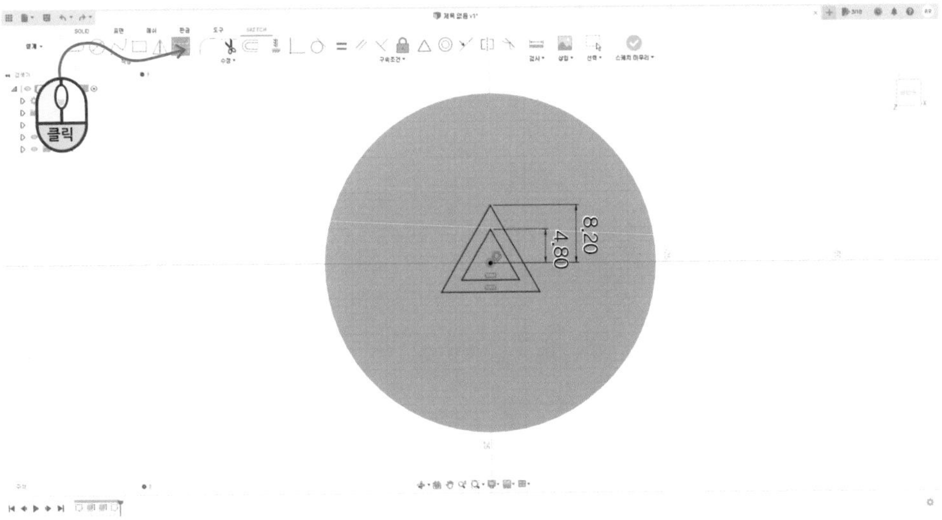

방금 그린 삼각형의 아랫부분에 사각형 하나를 그리고 다음과 같이 치수를 입력합니다.

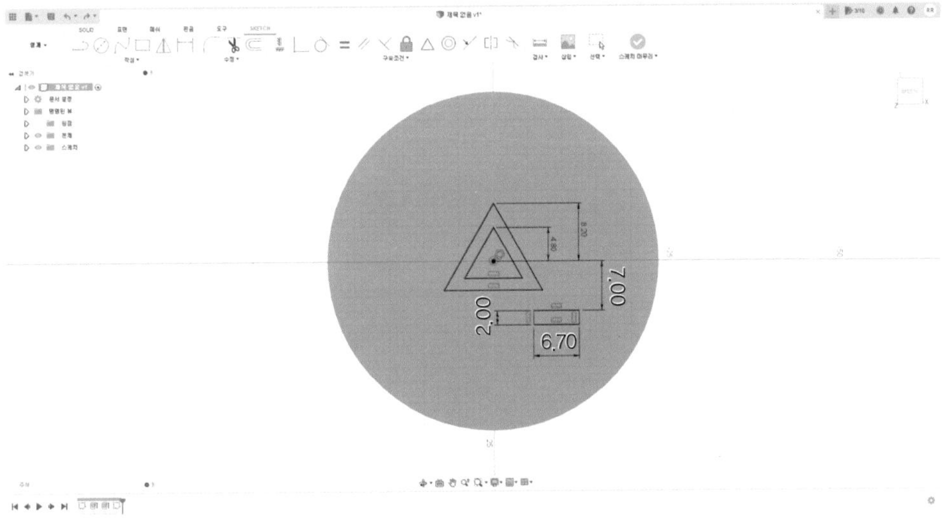

사각형의 가로변의 중심을 원점과 수직 구속합니다. 변의 중심은 Shift키(⇧Shift)를 누른 채로 마우스 커서를 가져다 대면 나타납니다.

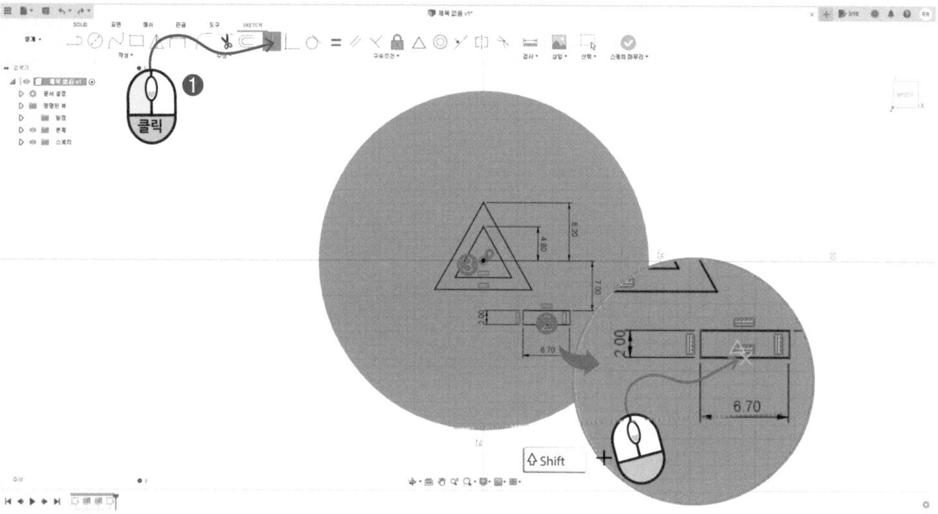

지름 1.5mm인 원을 그리고 다음과 같이 치수를 입력합니다.

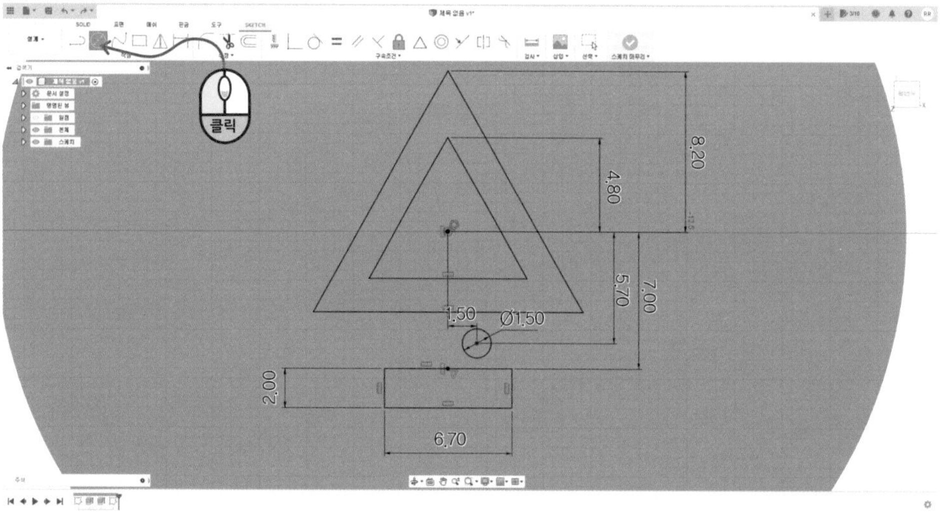

미러(Mirror)를 실행하여 Y축을 기준으로 대칭 하여 복제합니다.

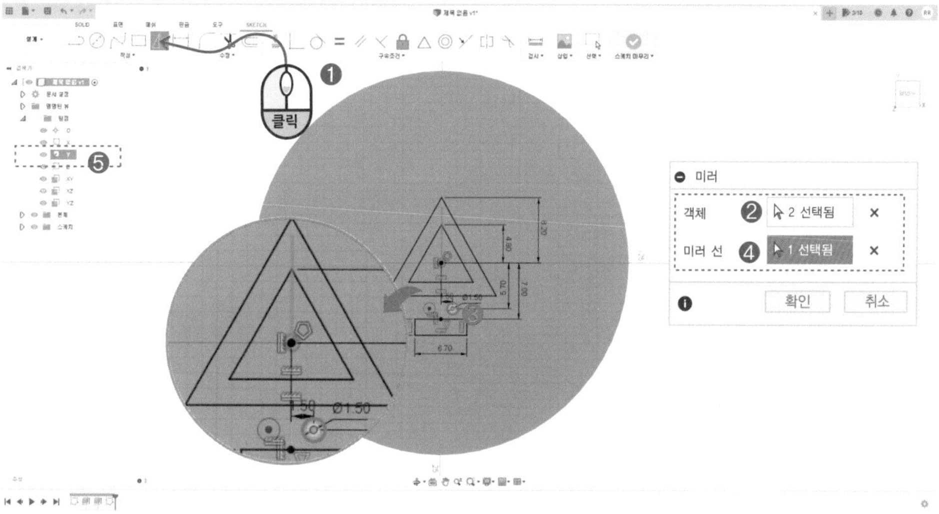

원형 패턴(Circular Pattern)을 이용하여 원과 사각형을 회전하여 복제합니다.

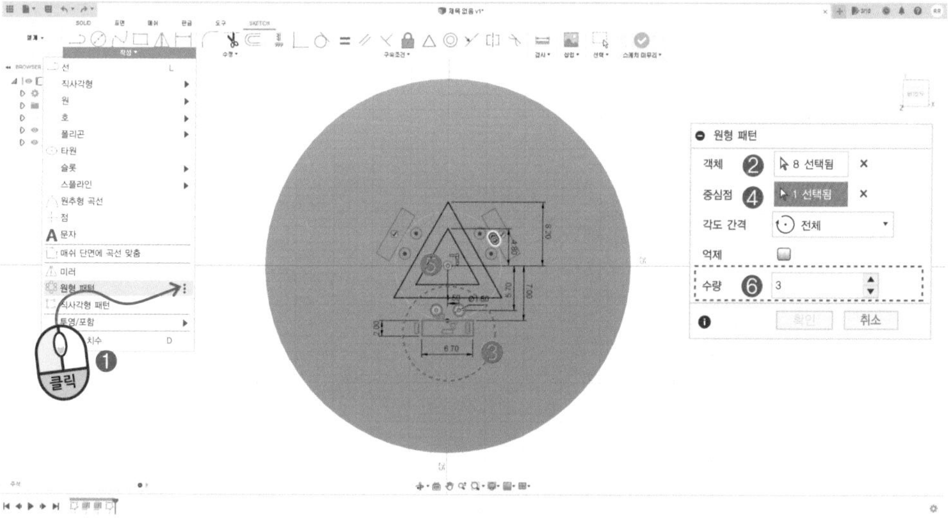

스케치2(Sketch2)의 눈을 켜고 삼각형과 사각형을 모두 선택하여 8.8mm 돌출(Extrude) 시킵니다.

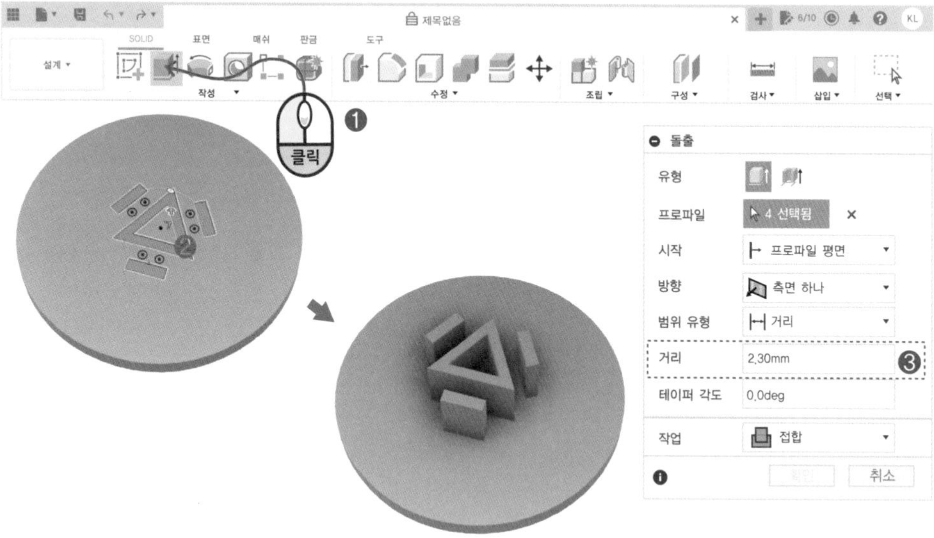

다시 돌출(Extrude)을 실행합니다. 원을 모두 선택하고 바닥 면까지 뚫어 줍니다.

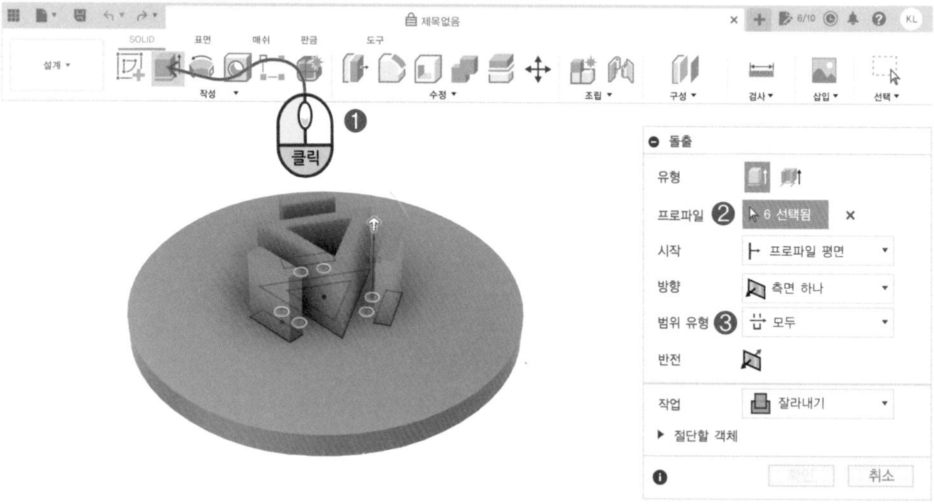

범위(Extent Type)를 모두(All)로 설정하고 방향이 맞지 않는다면 반전(Flip)으로 조종합니다.

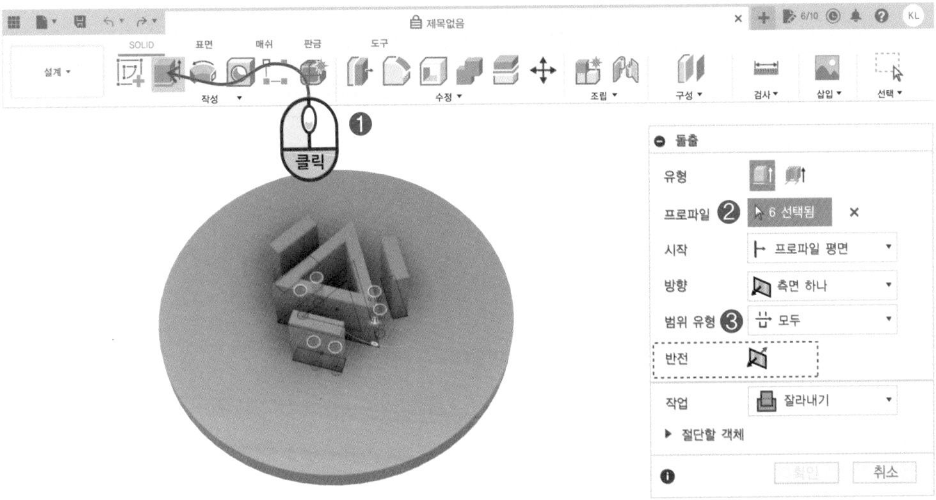

LED 연결부가 완성되었습니다.

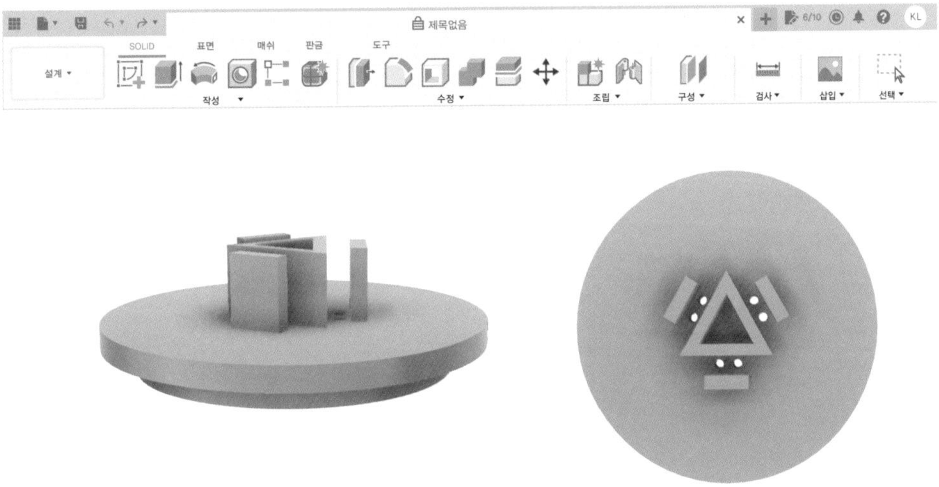

6. 전등 갓 만들기

스케치 작성(Create Sketch) 버튼을 누르고 XY 평면을 선택합니다.

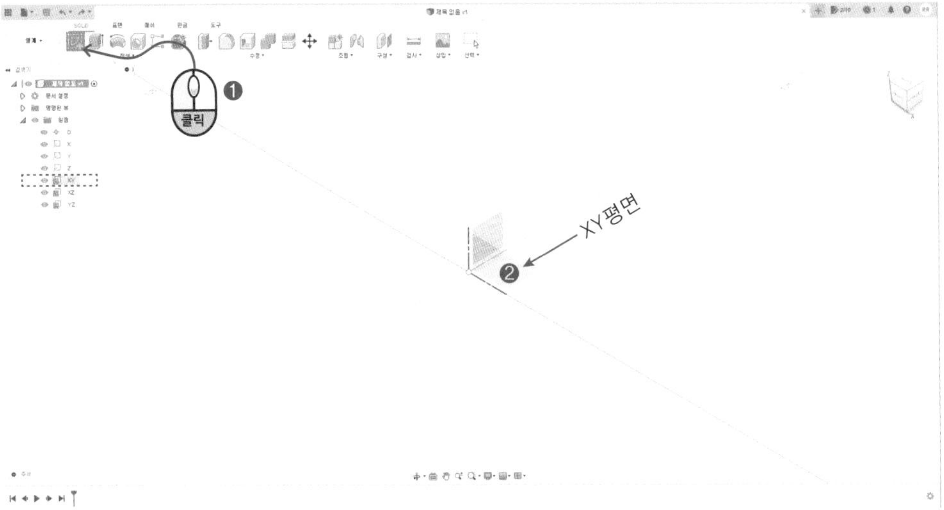

원점을 중심으로 하는 원 3개를 그리고 스케치 마무리를 눌러 스케치 모드에서 나갑니다.

〈구성(CONSTRUCT)〉-〈평면 간격 띄우기(Offset Plane)〉를 실행하여 XY평면으로부터 150mm 떨어진 곳에 평면을 만듭니다.

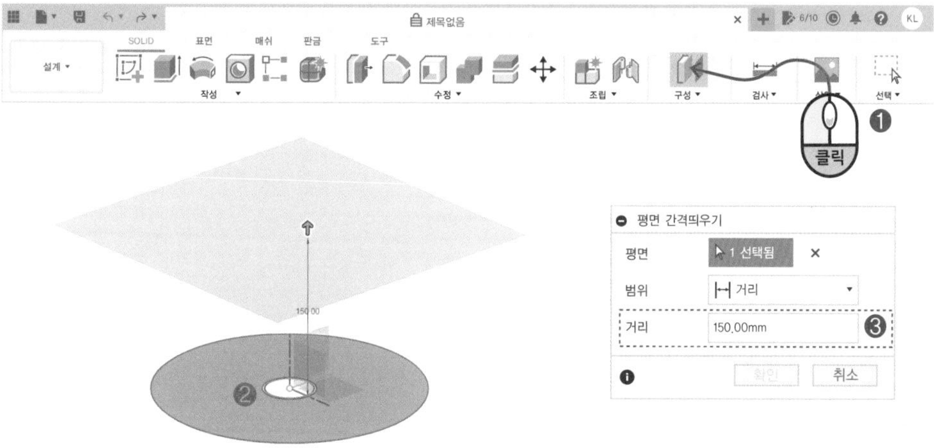

평면을 선택하고 Create Sketch를 눌러 스케치 모드로 갑니다.

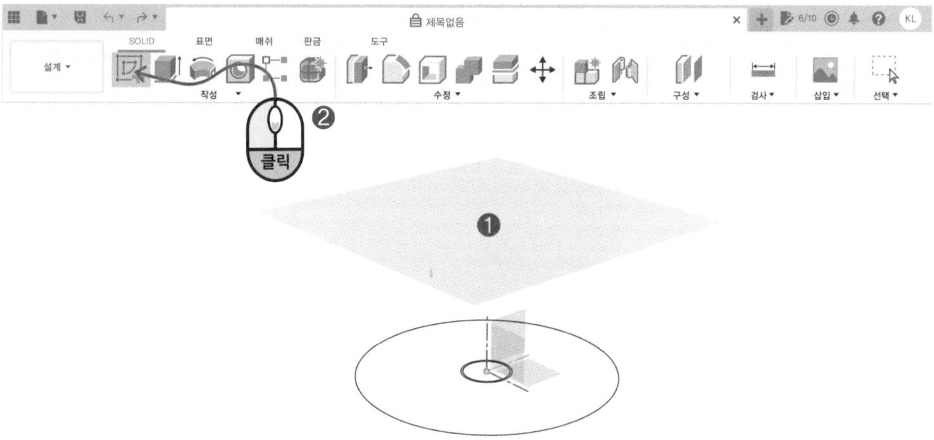

새로 만든 평면에 원점이 중심인 지름 200mm의 원을 그리고 스케치 모드에서 나갑니다.

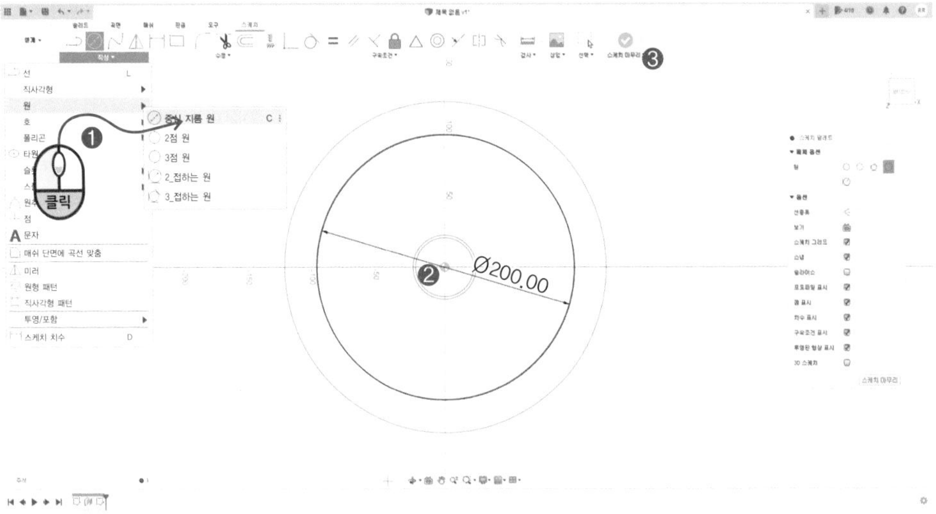

로프트(Loft)를 실행하고 2개의 프로파일을 선택합니다.

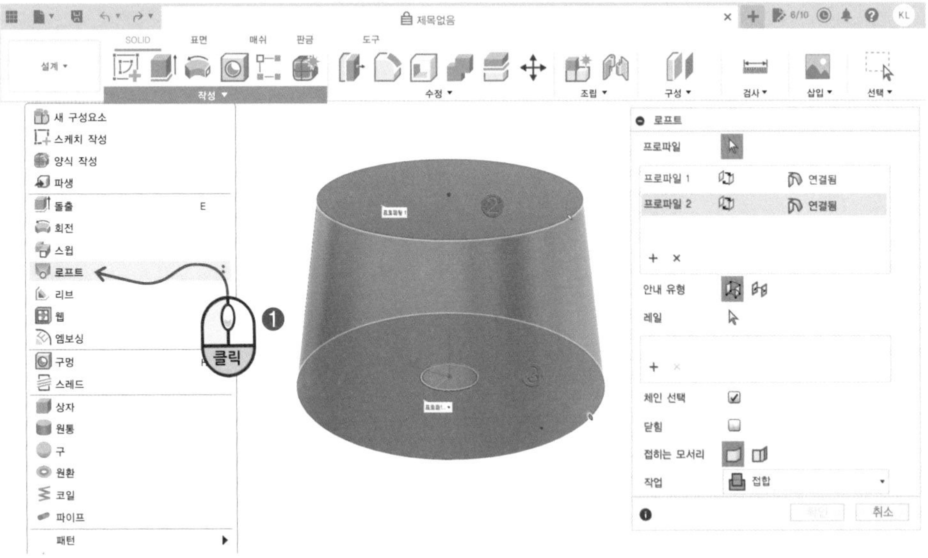

쉘(Shell)을 실행해서 위쪽면과 아래쪽 면을 선택하고 내부 두께(Inside Thickness)를 1.5mm로 합니다.

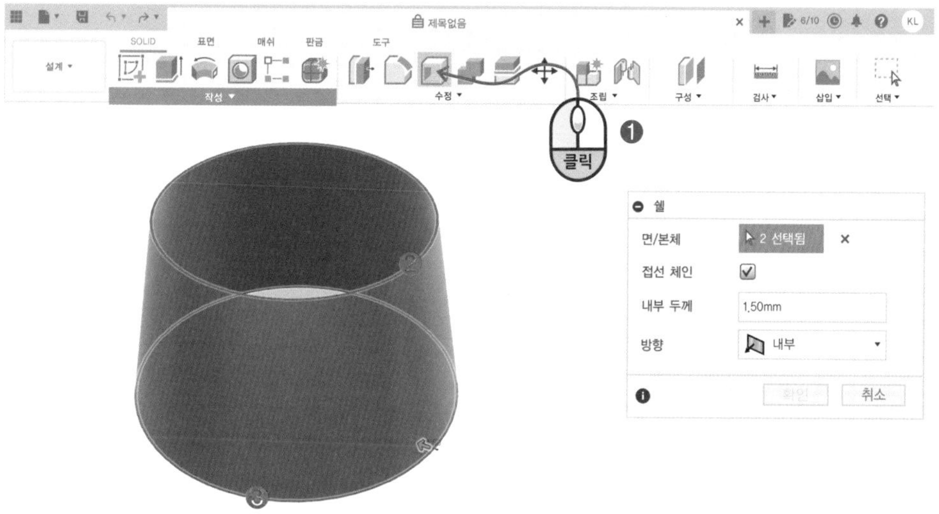

스케치1(Sketch1)의 눈을 켜고, 돌출(Extrude)을 실행합니다. 다음과 같은 프로파일 1개를 선택하고 3mm 돌출시킵니다.

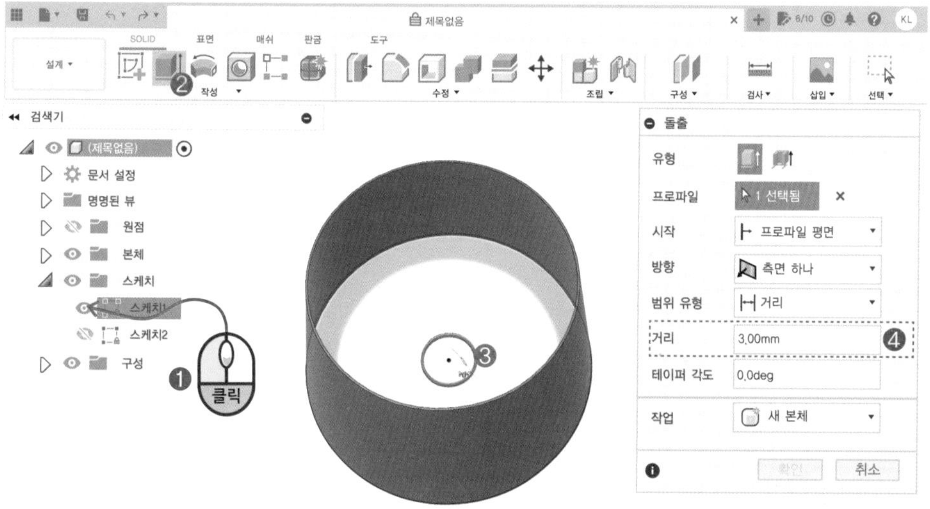

스케치 작성(Create Sketch) 버튼을 누르고 XZ평면을 선택합니다.

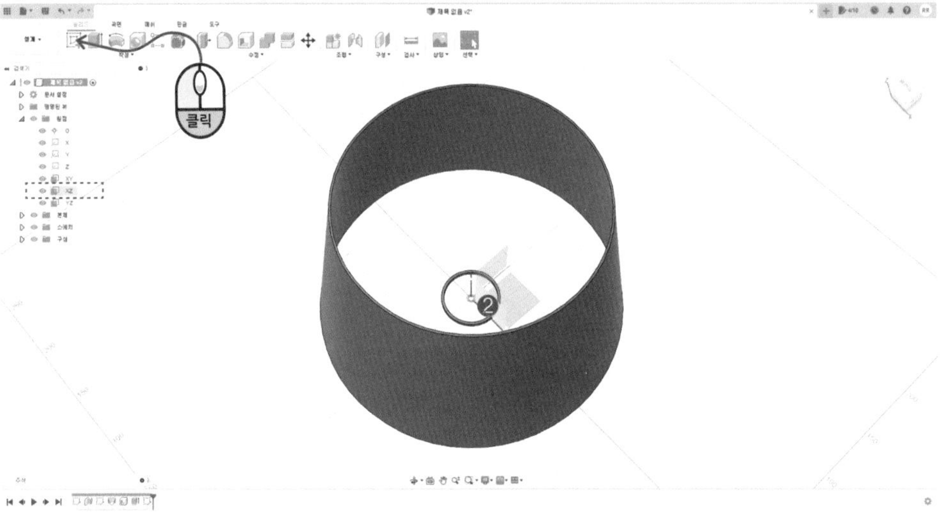

스케치 팔레트(SKETCH PALETTE)의 슬라이스(Slice)버튼을 눌러 평면에 해당하는 본체의 단면을 볼 수 있도록 합니다. 그리고 선을 이용해서 다음과 같이 선을 그립니다.

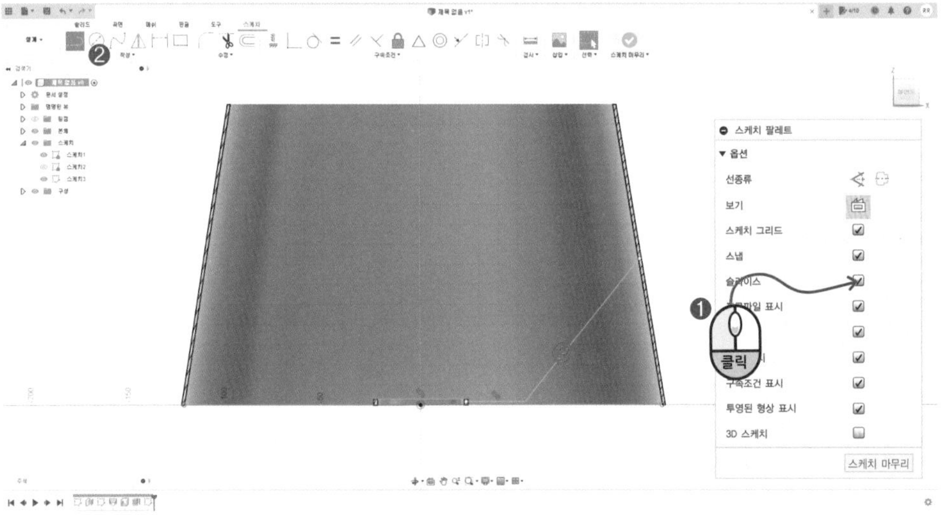

다음과 같이 치수를 입력합니다.

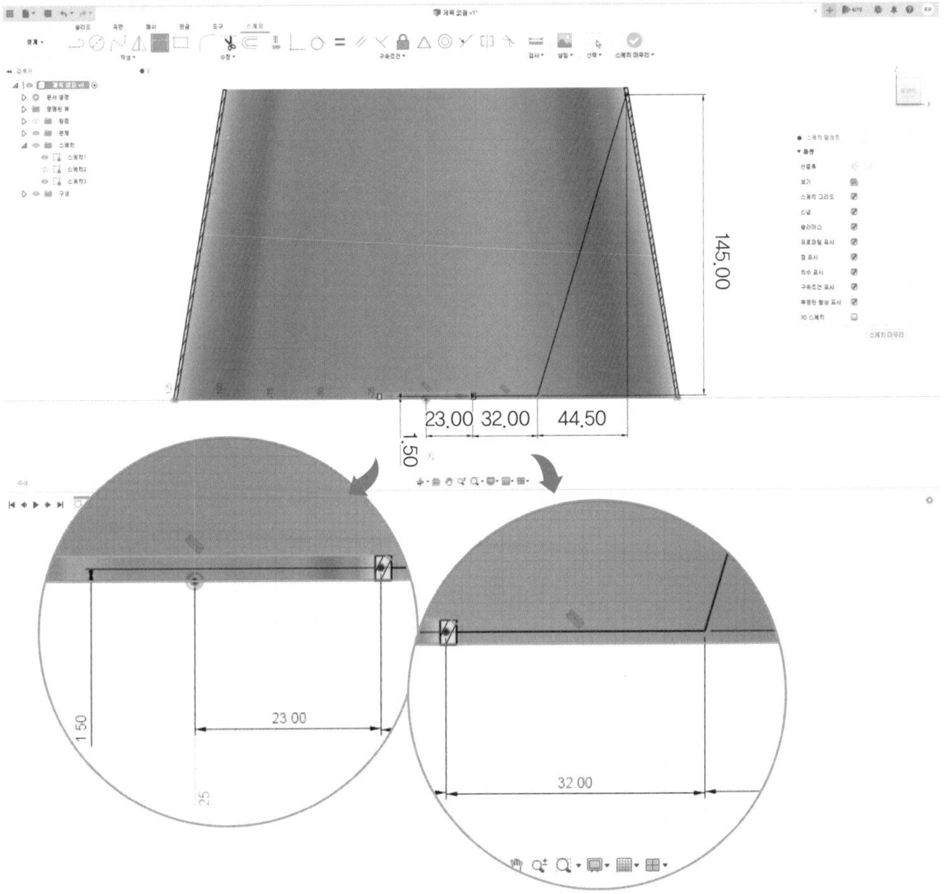

파이프(Pipe)를 실행하고 조금 전에 작성한 경로를 선택합니다. 거리는 0.99, 단면은 사각형, 단면 크기는 3mm로 합니다. 작업은 새 본체를 선택합니다.

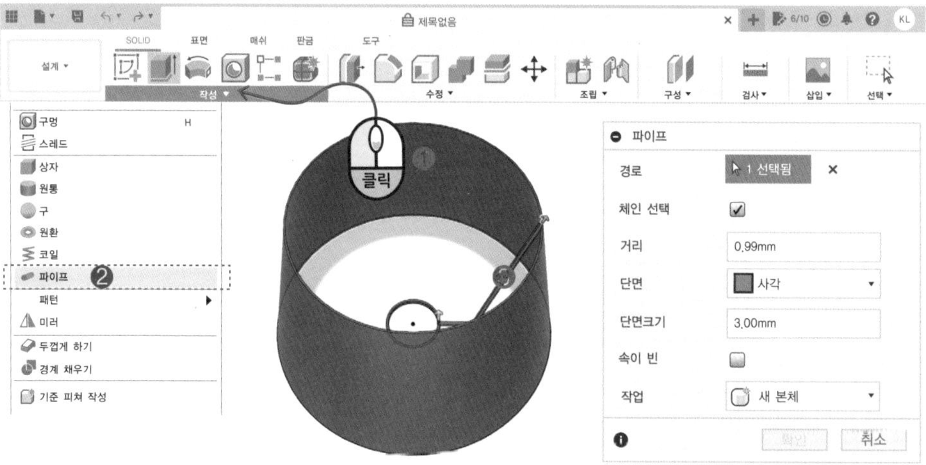

원형 패턴(Circular Pattern)을 실행해서 파이프로 생성된 본체를 원형으로 복제합니다. 옵션을 다음과 같이 입력해 줍니다. 축은 Z축을 선택해도 되고 갓의 가장 바깥쪽 곡면을 선택해도 됩니다.

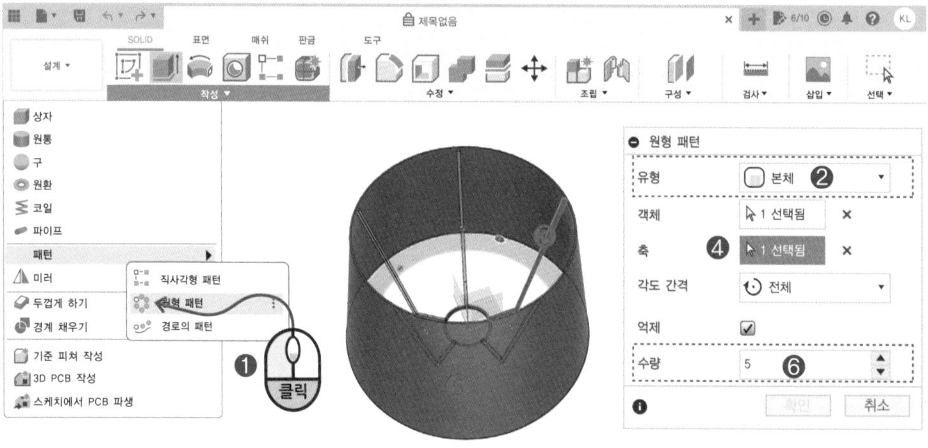

결합(Combine)으로 7개의 본체를 하나로 만들어 줍니다. 대상 본체 1개와 도구 본체 6개를 선택하면 되는데, 대상 본체는 어떤 것이나 선택해도 됩니다.

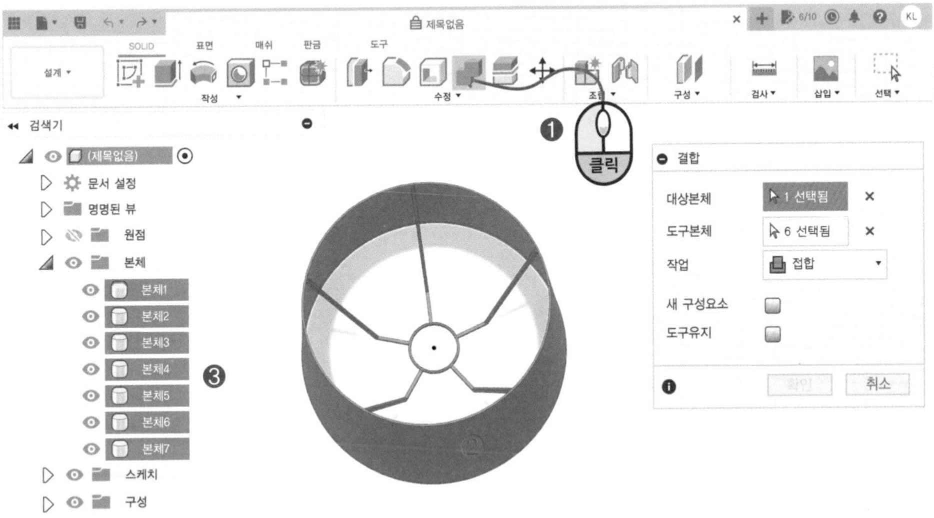

전등 갓이 다음과 같이 완성되었습니다.

7. STL파일로 변환하기

지금까지 모델링한 4개의 파일을 STL 파일로 변환해 줍니다.

바디1(Body1)에서 마우스 오른쪽 버튼을 누르고 메쉬로 저장(Save As STL)을 누릅니다.

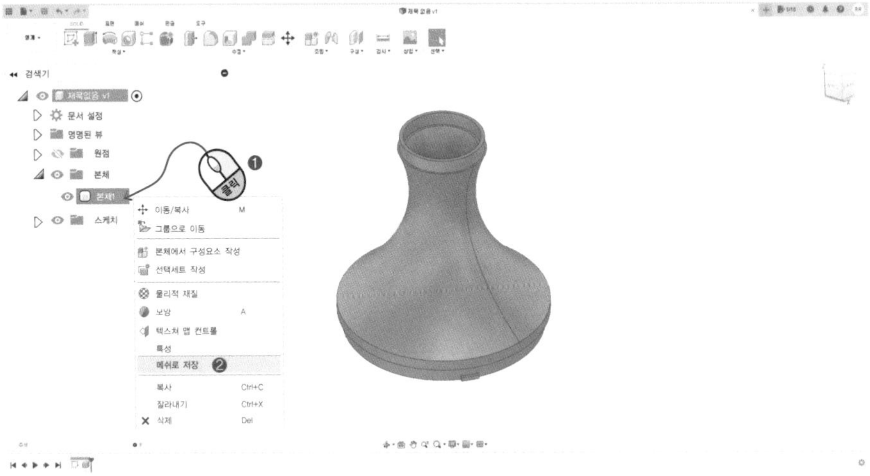

8. CURA프로그램에서 슬라이싱하고 출력하기

STL파일을 G-CODE파일로 변환합니다.

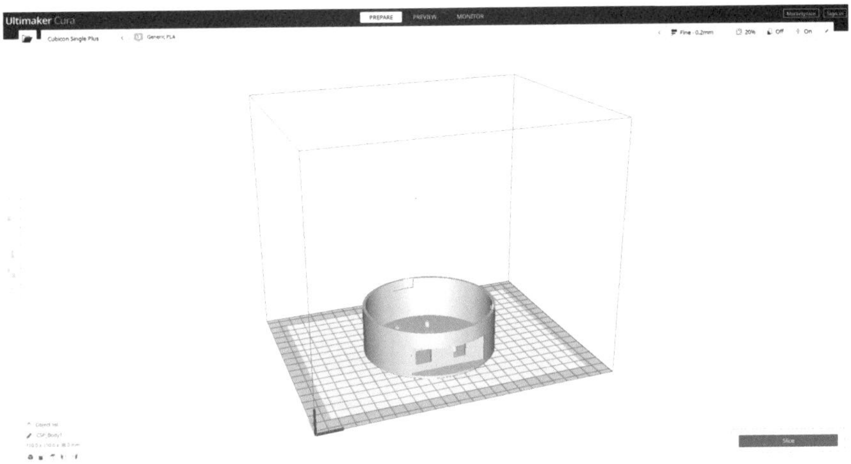

변환한 G-CODE파일을 3D프린터에서 출력합니다. 출력 후에는 지지대를 제거하고 표면을 정리합니다.

9. 리쏘페인 무드등 코딩하기

아두이노

파일 편집 스케치 툴 도움말

sketch_may27a

```
#include <SoftwareSerial.h>

const int BT_TX = A4;
const int BT_RX = A5;
const int ledPin = 10;

int cmd;

SoftwareSerial HC05(BT_TX, BT_RX);

void setup() {
  Serial.begin(9600);
  HC05.begin(9600);
  pinMode(ledPin, OUTPUT);
}

void loop() {
  if(HC05.available()) {
    cmd = HC05.read();
    Serial.write(cmd);
    if (cmd == '0') {
      analogWrite(ledPin, 0);
    } else if (cmd == '1') {
      analogWrite(ledPin, 64);
    } else if (cmd == '2') {
      analogWrite(ledPin, 128);
    } else if (cmd == '3') {
      analogWrite(ledPin, 192);
    } else if (cmd == '4') {
      analogWrite(ledPin, 255);
    }
  }

  if(Serial.available()) {
    HC05.write(Serial.read());
  }
}
```

1번 줄의 SoftwareSerial.h는 아두이노 보드의 디지털 핀을 시리얼 포트로 사용하게 해 주는 라이브러리입니다.
Arduino Uno 보드에는 기본적으로 1개의 시리얼 포트만 제공되지만, SoftwareSerial.h 라이브러리를 사용하여 디지털 핀이 시리얼 포트의 역할을 할 수 있습니다.

SoftwareSerial.h는 아두이노 설치 시 포함되기 때문에 별도의 설치 없이 #include 〈SoftwareSerial.h〉 라고만 입력해 주면 됩니다.

3, 4, 5번 줄에 있는 const(constant: 일정한)는 아두이노의 핀 번호를 어떤 용도로 쓸지 지정해 주는 명령어입니다.

3번 줄 : BT_TX(블루투스 발신)는 A4 핀에 연결한다는 의미

4번 줄 : BT_RX(블루투스 수신)는 A5 핀에 연결한다는 의미

5번 줄 : ledPin(LED 연결핀)은 10번 핀에 연결한다는 의미

7번 줄의 int는 정수 범위의 변수를 만드는 함수입니다. 'cmd'라는 정수형 변수를 만들었습니다.

9번 줄의 SoftwareSerial HC05는 BT_TX(A4핀), BT_RX(A5핀)를 사용하는 HC05라는 객체를 생성한다는 것입니다.

12, 13번 줄에서 시리얼 통신과 블루투스 통신 속도를 9600으로 하고 시리얼 포트를 활성화한다는 의미입니다.

14번 줄의 pinMode는 ledPin을 출력용으로 사용하겠다는 것입니다.

18번 줄의 HC05.available은 시리얼 수신 버퍼에 데이터가 있는지를 확인하라는 명령어입니다.

19번 줄의 cmd = HC05.read() 는 cmd 값을 HC05에서 수신 데이터 1바이트를 읽고, 수신 버퍼에서 읽은 데이터를 지우라는 의미입니다.

20번 줄의 Serial.write(cmd) cmd 값을 읽어 바이트 단위의 데이터를 출력하라는 의미입니다.

21번부터 30번 줄의 내용은 cmd값에 따라 anlogWrite(핀 번호, 아날로그 수치)를 실행하라는 의미입니다. 즉, 지정된 핀의 아날로그 값을 제어하는 명령어입니다.
아날로그값이 높을수록 LED 등의 밝기가 더 밝아집니다. 따라서 아날로그값이 0일 때는 LED가 꺼지고 아날로그값이 255일 때 LED의 밝기가 가장 밝습니다.

cmd 값	아나로그 값
0	0
1	64
2	128
3	192
4	255

10. 스마트폰과의 통신을 위한 앱 설치하기

스마트폰(안드로이드)으로 아두이노와 블루투스 통신을 하기 위해서 Ardunino bluetooth controller(블루투스 컨트롤러)라는 앱을 설치합니다.

스마트폰의 Play 스토어에서 이 앱을 검색하여 설치합니다.

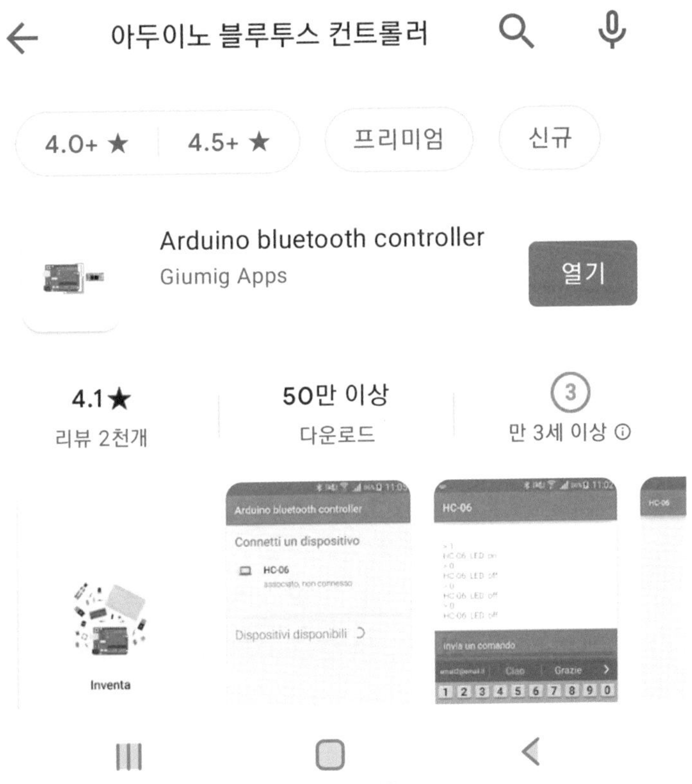

블루투스 앱을 실행하면 다음과 같은 화면이 나타나는데, 블루투스 모듈이 작동 대기 상태이면 하단의 Available devices에 연결할 장치가 나타납니다.

Available devices는 처음 장치를 연결할 때만 나타나고 한 번 연결이 됐던 장치들은 위쪽의 Connect to a device에 나타납니다. 추가 연결할 장치를 터치하면 비밀번호를 입력하라는 창이 나타납니다. 0000 또는 1234를 입력합니다.

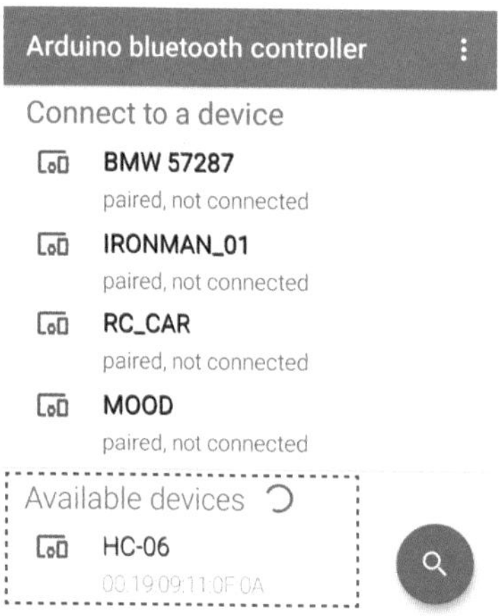

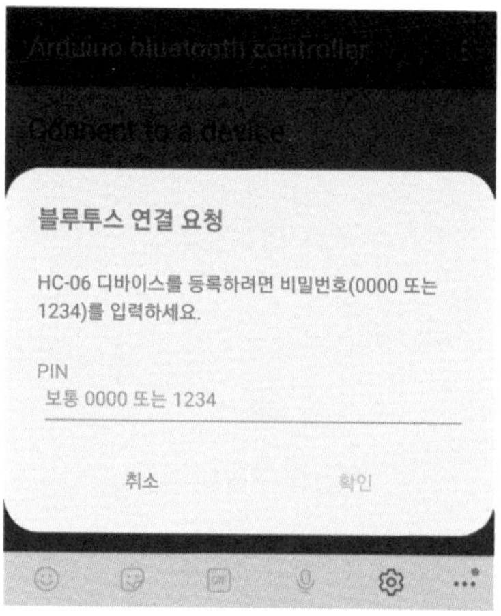

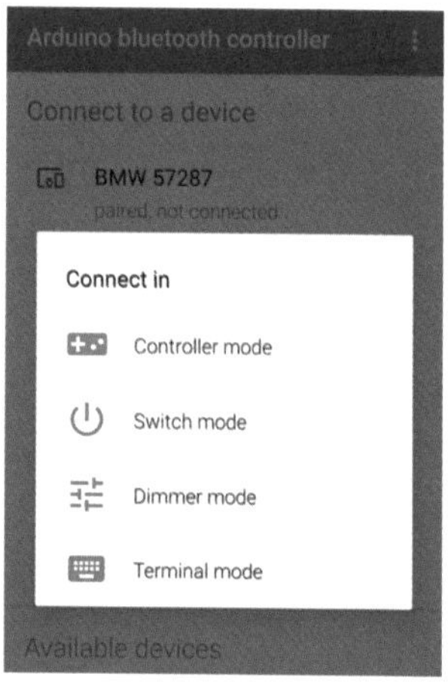

연결되면 그림과 같은 창이 나타나는데, 입력 모드로 4개의 모드가 있습니다. Controller mode는 조이스틱 형태로 입력할 수 있습니다. RC카 등을 작동시킬 때 편리한 방식입니다.

Swich mode는 on/off 방식으로 작동시키기 유용합니다.

dimmer mode는 0에서부터 255까지의 값을 슬라이드 형태로 변형시킬 수 있는 방식입니다.

Terminal mode는 직접 문자나 순자를 입력하여 명령을 실행하는 방식입니다. 우리는 코딩에서 0, 1, 2, 3, 4에 따라 값이 달라지도록 했기 때문에 Terminal mode를 선택하면 됩니다.

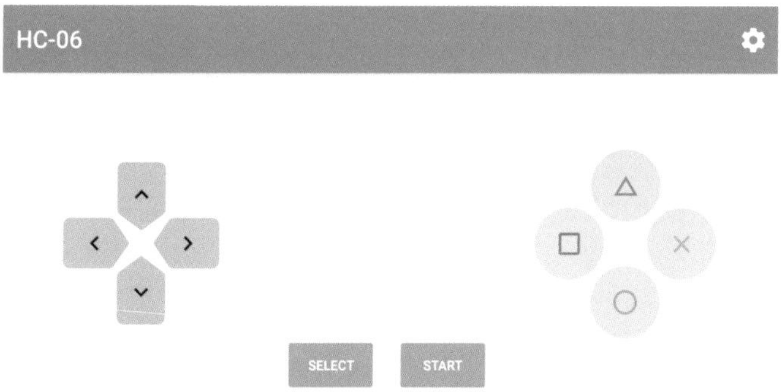

〈Controller mode〉

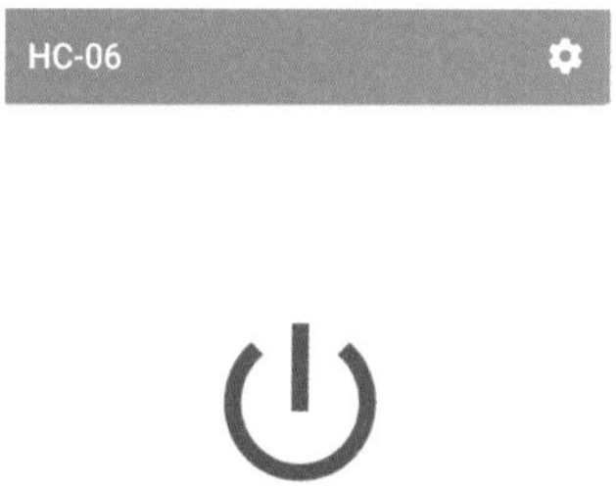

〈Switch mode〉

〈Dimmer mode〉

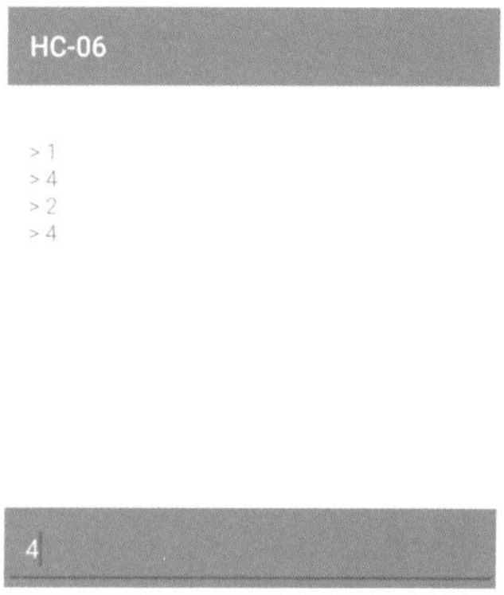

〈Terminal mode〉

11. 조립하기

1 분배형 점퍼선 만들기

면발광 LED가 3개이기 때문에 한 선에서 3개의 선이 분배되도록 다음과 같이 작업을 해야 합니다.

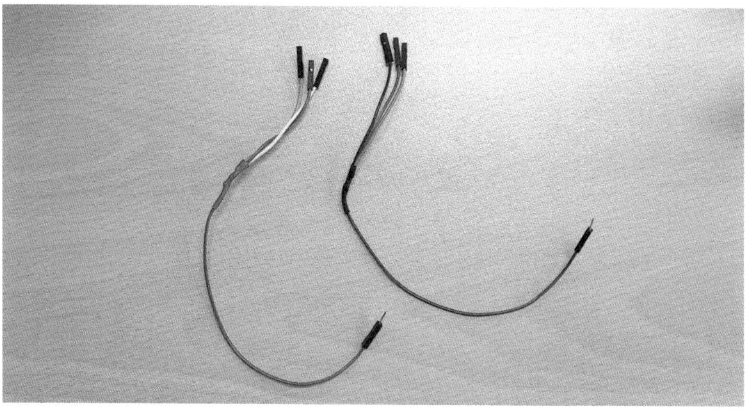

아두이노에 연결된 하나의 점퍼선이 3개의 선으로 나뉘는 것입니다.

탈피기로 4개의 점퍼 선의 한쪽을 잘라 3개와 1개를 서로 연결해 주면 되는데 전선을 꼬아준 연결 부위는 튜브를 넣어서 전선이 잘 고정되도록 합니다.

튜브는 위치를 잡아 주고 열을 가해주면 됩니다.

면 발광 LED는 다리가 2개가 있는데 긴 쪽이 (+)극, 짧은 쪽이 (-)극입니다.

빨강 색 점퍼선은 면 발광 LED의 (+)극에 꽂아 주고 검은색 점퍼선은 면발광 LED의 (-)극에 꽂아 줍니다.

LED를 2개만 사용하려면 하나의 선이 2개로 분배되도록 만들면 됩니다. LED가 1개일 때는 그냥 연장만 해서 사용하면 됩니다.

2 작동 테스트

완벽한 조립에 앞서 아두이노와 전자 부품만을 먼저 연결하여 테스트를 해봐야 합니다. 블루투스 컨트롤러 앱을 실행하고 Terminal 모드에서 LED가 잘 작동되는지 확인합니다.

3 하부프레임에 아두이노 고정하기

아두이노를 하부프레임에 위치시키고 나사(M2×6mm) 4개로 고정합니다. USB 포트와 전원 포트가 출력물의 구멍에 들어가 노출되도록 해야 합니다.

4 아두이노에 블루투스 모듈 연결하기

블루투스 모듈 뒷면에 보면 VCC, GND, TXD, RXD라고 표시가 되어 있고 각각에 해당하는 핀 4개가 있습니다. 4개의 핀에 점퍼선을 꽂고 VCC핀은 아두이노의 5V에 GND핀은 아두이노의 GND에 꽂아 줍니다. TX핀은 아두이노의 A4에 RX핀은 아두이노의 A5에 꽂아 줍니다.

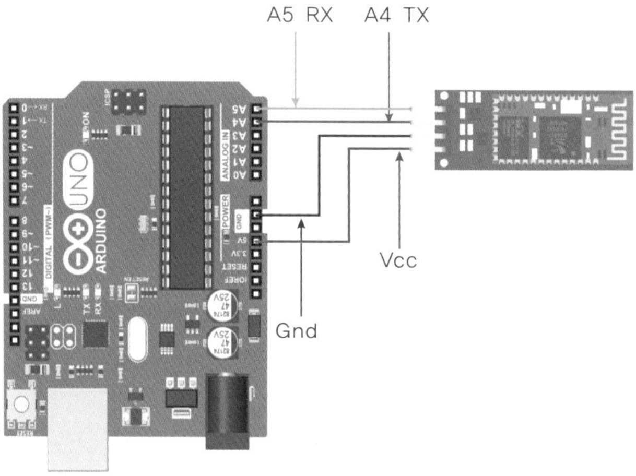

5 아두이노에 면발광 LED를 위한 점퍼선 꽂기

앞서 만든 분배형 점퍼선 중 빨강 선은 아두이노의 디지털 10번에 검정 선은 아두이노의 GND에 꽂습니다.

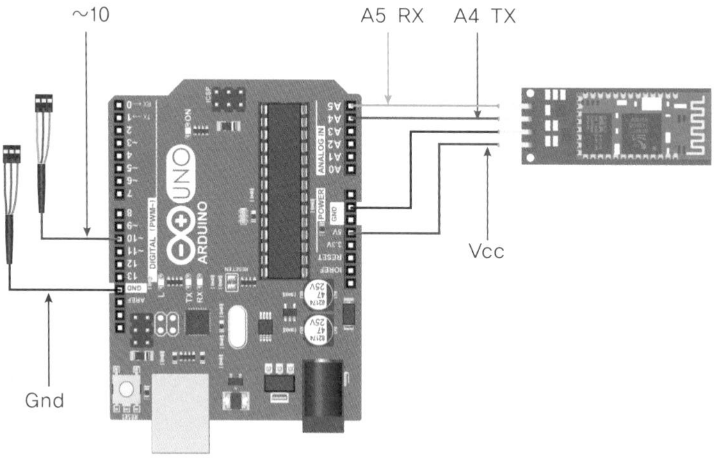

6 하부프레임과 상부 프레임 결합하기

하부프레임 위쪽에 상부 프레임을 결합할 것입니다. 상부 프레임의 하단 돌출부를 하부프레임의 파인 부분에 잘 끼워주고 오른쪽으로 돌려 고정합니다. LED에 연결할 점퍼선이 위쪽으로 잘 올라오도록 해 줍니다.

7 전등 갓 부착

상부 프레임의 바깥쪽 원에 전등 갓을 씌워 줍니다.

전등갓은 상부 프레임의 위쪽 원에 끼워져야 합니다. 따라서 전등 갓 연결부의 원은 지름이 44.4~44.6mm 범위인 것이 좋습니다.

위와 같은 전등갓과 출력물이 있을 때 조립을 한다면 우선 전등갓의 연결 부위를 상부 프레임에 다음과 같이 끼워 줍니다.

8 LED 부착 프레임에 면발광 LED 부착하기

면발광 LED 3개를 LED 부착 프레임에 꽂아 줍니다. 구멍에 LED 다리가 잘 들어가도록 넣어 주고 고정이 안 되는 경우에는 순간 접착제로 움직이지 않도록 해줍니다.

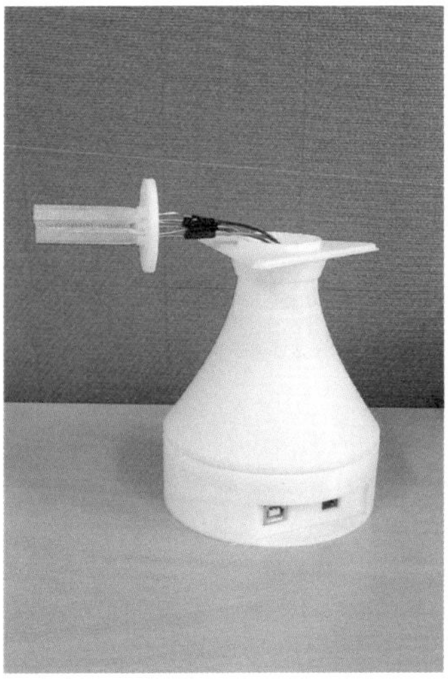

9 상부 프레임과 LED 부착 프레임 결합

상부 프레임의 위쪽에 LED 부착 프레임을 꽂아 줍니다.

⑩ 사용 테스트

갓의 나머지 부분을 끼워줍니다. 이제 리쏘페인 무드등이 완성되었습니다. 전원선을 연결하고 테스트해 봅니다. 스마트폰으로 작동시켰을 때 잘 작동되는지 확인합니다.

리쏘페인 전등갓을 여러 종류의 다른 것으로 대체할 수 있습니다.

시중에서 판매하는 전등갓도 연결 부위의 크기를 맞춰 사용할 수 있습니다. 이처럼 메이커는 정해진 틀에 맞추어 제작하는 것보다는 자신만의 개성과 창의성을 발휘하여 자신만의 작품을 만드는 것이 중요합니다.

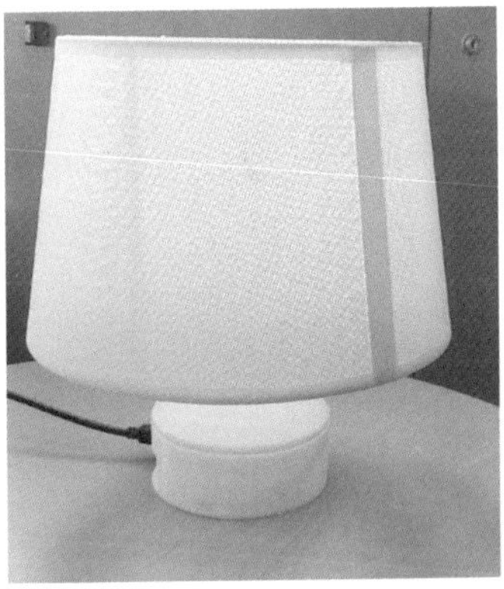